全国高职高专水利水电类专业规划教材

水利工程施工组织与管理

主　编　张玉福
副主编　费成效　刘昌礼　芈书贞
主　审　梁建林

黄河水利出版社
·郑州·

内 容 提 要

本书是全国高职高专水利水电类专业规划教材，是根据全国水利水电高职教研会制定的水利工程施工组织与管理课程教学大纲编写完成的。本书从水利工程施工组织与管理方面较全面地阐述了常见的水利工程项目施工组织与管理的原则、方法和要求。全书共分十章，包括施工组织与管理概论、网络计划技术、施工准备工作、施工组织总设计、单位工程施工组织设计、施工质量管理、施工成本管理、施工进度管理、施工合同管理、施工安全与环境管理等。

本书是为适应国家高等职业技术教育的发展而编写的，可作为高等职业技术学院、高等专科学校等水利水电建筑工程、水利工程、水利工程施工、工程造价、工程监理等专业的教材或水利建造师的考试参考书，也可供土木建筑类其他专业、中等专业学校相应专业的师生及工程技术人员参考使用。

图书在版编目(CIP)数据

水利工程施工组织与管理/张玉福主编. —郑州：黄河水利出版社，2009.8

全国高职高专水利水电类专业规划教材

ISBN 978-7-80734-705-7

Ⅰ.水… Ⅱ.张… Ⅲ.①水利工程-工程施工-施工组织-高等学校：技术学校-教材 ②水利工程-施工管理-高等学校：技术学校-教材 Ⅳ.TV512

中国版本图书馆 CIP 数据核字(2009)第 148363 号

组稿编辑：王路平　电话：0371-66022212　E-mail：hhslwlp@163.com
　　　　　马　翀　　　　66026749　　　machong2006@126.com

出 版 社：黄河水利出版社
　　地址：河南省郑州市顺河路黄委会综合楼 14 层　　邮政编码：450003
发行单位：黄河水利出版社
　　发行部电话：0371-66026940、66020550、66028024、66022620(传真)
　　E-mail：hhslcbs@126.com
承印单位：黄河水利委员会印刷厂
开本：787 mm×1 092 mm　1/16
印张：13
字数：300 千字　　印数：1—4 100
版次：2009 年 8 月第 1 版　　印次：2009 年 8 月第 1 次印刷

定价：25.00 元

前 言

本书是根据教育部《教育部、财政部关于实施国家示范性高等职业院校建设计划，加快高等职业教育改革与发展的意见》（教高[2006]14号）、《教育部关于全面提高高等职业教育教学质量的若干意见》（教高[2006]16号）等文件精神，由全国水利水电高职教研会拟定的教材编写规划，在中国水利教育协会指导下，由全国水利水电高职教研会组织编写的第二轮水利水电类专业规划教材。第二轮教材以学生能力培养为主线，具有鲜明的时代特点，体现出实用性、实践性、创新性的教材特色，是一套理论联系实际、教学面向生产的高职高专教育精品规划教材。

在本书编写过程中，考虑到高等职业技术教育的特点和教学要求，并借鉴高等院校现有《水利工程施工组织与管理》教科书的体系，本着既要贯彻“少而精”，又要力求突出科学性、先进性、针对性、实用性和注重技能培养的原则将本书共分十章，主要介绍了施工组织与管理概论、网络计划技术、施工准备工作、施工组织总设计、单位工程施工组织设计、施工质量管理、施工成本管理、施工进度管理、施工合同管理、施工安全与环境管理等。

本书尽量采用新标准、新规范，各专业可根据自身的教学目标及教学学时数，对本书的内容进行取舍。

本书编写人员及编写分工如下：沈阳农业大学高等职业技术学院张玉福（第一、三、五、十章），刘宏丽（第九章）；华北水利水电学院水利职业学院芈书贞（第二章）；安徽水利水电职业技术学院费成效（第四章）；山东水利职业学院刘昌礼（第六章）；四川水利职业技术学院张松（第七章）；内蒙古机电职业技术学院尹会珍（第八章）。本书由张玉福担任主编并负责全书统稿，由费成效、刘昌礼、芈书贞担任副主编，由黄河水利职业技术学院梁建林担任主审。

由于编者水平有限，书中难免有不妥之处，恳请广大读者批评指正。

编 者

2009年5月

目　录

第一章　施工组织与管理概论

本章重点

基本建设程序与工作步骤，水利工程建设特点，施工组织设计的工作步骤和主要内容，施工组织的基本原则。

教学目标

熟悉水利工程基本建设程序、施工特点、施工组织设计作用、项目划分和施工组织设计的类型；掌握水利工程基本建设程序和工作步骤，施工组织设计的工作步骤和主要内容以及施工组织的基本原则。

第一节　水利工程基本建设程序

一、基本建设程序含义

基本建设程序是指建设项目从决策、设计、施工到竣工验收整个建设过程中各个阶段、各环节、各工程之间存在着先后顺序关系。按基本建设程序进行水利工程建设是保证工程质量和投资效果的基本要求，是水利建设项目管理的重要工作。为此，水利部于1995年4月21日发布施行了《水利工程建设项目管理规定》（水建[1995]128号），于1998年1月7日发布施行了《水利工程建设程序管理暂行规定》（水建[1998]16号）。

根据《水利工程建设项目管理规定》（水建[1995]128号）和有关规定，水利工程基本建设程序一般分为项目建议书、可行性研究、初步设计、施工准备（包括招标设计）、建设实施、生产准备、竣工验收、项目后评价等阶段。一般情况下，将项目建议书、可行性研究、初步设计称为前期工作，将项目建议书和可行性研究阶段作为立项过程。

必须坚持基本建设程序。实践证明，坚持基本建设程序，基本建设就能顺利进行，就能充分发挥投资的经济效益；反之，违背基本建设程序，就会造成施工混乱，影响质量、进度和成本，甚至给建设工作带来严重的危害。因此，坚持基本建设程序是工程顺利建设的有力保证。

二、基本建设工作步骤

（一）项目建议书

项目建议书是在流域规划的基础上，由建设单位向主管部门提出项目建设的轮廓设想，主要从宏观上分析项目建设的必要性、建设条件的可行性、经济活动的可能性，即从国家或地区的长远需要分析建设项目是否有必要、从当前的实际情况分析建设条件是否具备、从投入与产出的关系分析是否值得投入资金和人力。项目建议书应委托有相应资质的设计或工程咨询单位进行编制，并按国家现行规定权限向水行政主管部门申报审批。项目建议书被批准并列入国家建设计划后就可以开始可行性研究工作了。

项目建议书依据的流域规划是根据该流域的水资源条件和国家中长期计划对某地区水利水电建设发展的要求，提出该流域水资源梯级开发和综合利用的最优方案。

（二）可行性研究

可行性研究是综合应用工程技术、经济学和管理学等学科基本理论，对项目建设的各方案进行的技术、经济比较分析，论证项目建设的必要性、技术可行性和经济合理性。可行性研究报告是项目决策和初步设计的重要依据，一经批准，将作为初步设计的依据，不得随意修改和变更。可行性研究报告的内容一定要做到全面、科学、深入、可靠。

可行性研究报告应由项目法人组织有相应资质的工程咨询或设计单位编写。申报项目可行性研究报告时，必须同时提出项目法人组建方案运行机制、资金筹措方案、资金结构及回收资金的办法，并依照有关规定附具有管辖权的水行政主管部门或流域机构签署的规划同意书、对取水许可预审书的书面审查意见。

项目可行性研究报告批准后，应正式成立项目法人，并按项目法人责任制实行项目管理。

（三）初步设计

初步设计是根据已批准的项目可行性研究报告和必要而准确的设计资料，对设计对象进行通盘研究，进一步阐明拟建工程在技术上的可行性和经济上的合理性，将项目建设计划具体化，作为组织项目实施的依据。其具体内容包括确定项目中各建筑工程的等级、标准；工程选址；明确主要建筑物的组成，进行工程总体布置；根据特征水位，确定主要建筑的形式、尺寸；提出施工要求和施工组织设计；编制项目的总概算。初步设计任务应择优选定有相应资质的设计单位承担，依照批准的项目可行性研究报告和有关初步设计编制规定进行编制。批准后的初步设计文件是项目建设实施的技术文件基础。

（四）施工准备

项目在主体工程开工之前，必须完成各项施工准备工作，其主要工作内容包括：

（1）落实施工用地的征用。

（2）完成施工用水、用电、通信、道路和场地平整的工程。

（3）建设生产、生活必需的临时工程。

（4）准备必要的施工图纸。

（5）完成施工招投标工作，择优选定监理单位、施工单位和材料设备供应厂家。

（五）建设实施

建设单位提出开工报告并经主管部门批准后就可以组织施工。主体工程开工须具备下列条件：

（1）前期工程各阶段文件已按规定批准，施工详图设计可以满足初期主体工程施工需要。

（2）建设项目已列入国家或地方建设投资年度计划，年度建设资金已落实。

（3）主体工程招标已经决标，工程承包合同已经签订，并向主管部门备案。

（4）现场施工准备和征地移民等建设外部条件能够满足主体工程开工需要。

施工阶段是工程实体形成的主要阶段，建设各方都要围绕建设总目标的要求，为工程的顺利实施积极努力工作。项目法人要充分发挥建设管理的主导作用，为施工创造良好的建设条件；监理单位要在业主的委托授权范围之内，制定切实可行的监理规划，发挥自己在技术和管理方面的优势，独立负责项目的建设工期、质量、投资的控制和现场施工的组织协调；施工单位应严格遵照施工承包合同的要求，建立现场管理机构，合理组织技术力量，加强工序管理，执行施工质量保证制度，服从监理监督，力争工程按质量要求如期完成。

（六）生产准备

生产准备是项目投产前由建设单位进行的一项重要工作，是项目由基本建设阶段进入生产经营阶段的必要条件。项目法人应按照建管结合和项目法人责任制的要求，适时做好有关生产准备的工作，确保项目建成后及时投产、及时发挥效能。

生产准备应根据不同类型的工程要求确定，一般应包括以下主要内容：

（1）生产组织准备。建立生产经营的管理机构，配备生产人员，制定相应管理制度。

（2）招聘和培训人员。按照生产经营的要求配备的生产管理人员需要通过多种形式的培训，提高人员素质，使之能满足正常的运营要求。有条件时，应组织生产管理人员尽早介入工程的施工建设，参加设备的安装调试和工作验收，熟悉情况，掌握好生产技术和工艺流程，为顺利衔接基本建设阶段和生产经营阶段做好准备。

（3）生产技术准备。主要包括技术资料的汇总、运行技术方案的规定、操作规程的制定和新技术的准备。

（4）生产物资准备。主要是落实投产运营所需要的原材料、协作产品、工器具、备品备件和其他协作配合条件的准备。

（5）正常的生活福利设施准备。

（七）竣工验收

竣工验收是工程完成建设目标的标志，是全面考核基本建设成果、检验设计和工程质量的重要步骤。当建设项目的建设内容全部完成，并经过单位工程验收符合设计要求时，可向验收主管部门提出申请，根据国家和有关部颁布的验收规程组织验收。验收的程序会随工程规模的大小而有所不同，一般为两阶段验收，即初步验收和正式验收。工程规模较大、技术较复杂的建设项目可先进行初步验收，初步验收工作由监理单位会同设计、施工、质量监督、主管单位代表共同进行，初步验收的目的是帮助施工单位发现遗漏的质量问题，及时补救；待施工单位对初步验收的问题作出必要的处理之后，再申请有关单位进行正式验收。验收合格的项目办理工程正式移交手续，工程即从基本建设阶段转入生产或使用阶段。

（八）项目后评价

建设项目竣工投产并已生产运营 1 ~2 年后，对项目所作的系统评价，称为项目后评价。其主要内容包括：

（1）影响评价。项目投产后对各方面的影响进行评价。

（2）经济效益评价。对项目投资、国民经济效益、财务效益、技术进步和规模效益、可行性研究深度等进行评价。

(3)过程评价。对项目的立项、设计施工、建设管理、竣工投资、生产运营等全面过程进行评价。

项目后评价的目的是总结项目建设的成功经验,发现项目管理中存在的问题,及时吸取教训,不断提高项目决策水平和投资效果。

以上所述基本建设程序可概括成三个阶段,即以可行性研究为中心的项目决策阶段、以初步设计为中心的施工准备阶段和以建设实施为中心的工程实施阶段,习惯中常把前两个阶段合并称为建设前期。水利工程基本建设程序如图 1-1 所示。

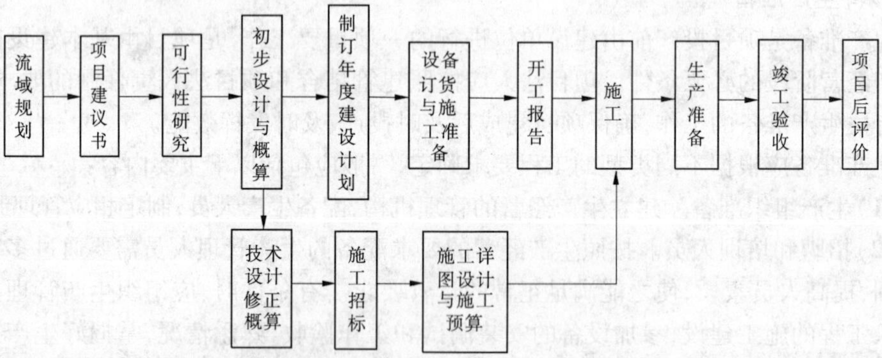

图 1-1 水利工程基本建设程序

第二节 水利工程建设特点

水利工程施工的最终成果是水利工程建筑产品。水利工程建筑产品与一般的工业产品不同,具有体型庞大、整体难分、不能移动等特点。同时,水利工程建筑产品还有着与其他工程建筑产品不同的特点。只有对水利工程建筑产品的特点及其生产过程进行研究,才能更好地组织建筑产品的生产,保证建筑产品的质量。

一、水利工程建筑产品的特点

(一)与一般工业产品相比

1. 具有固定性

水利工程建筑产品与其他工程的建筑产品一样,是根据使用者的使用要求,按照设计者的设计图纸,经过一系列的施工生产过程,在固定点建成的。由于建筑产品的基础与作为地基的土地直接联系,因而建筑产品在建造中和建成后是不能移动的,建筑产品建在哪里就在哪里发挥作用。在有些情况下,一些建筑产品本身就是土地不可分割的一部分,如油气田、桥梁、地铁、水库等。固定性是建筑产品与一般工业产品的最大区别。

2. 具有多样性

水利工程建筑产品一般是由设计和施工部门根据建设单位(业主)的委托,按特定的要求进行设计和施工的。由于对水利工程建筑产品的功能要求多种多样,因而对每种水利建筑产品的结构、造型、空间分割、设备配置都有具体要求。即使功能要求、建筑类型相同，但由于地形、地质等自然条件不同以及交通运输、材料供应等社会条件不同，在建造时施工组织、施工方法也存在差异。水利工程建筑产品的这种特点决定了水利工程建筑产品不能像一般工业产品那样进行批量生产。

3. 体积庞大

水利工程建筑产品是生产与应用的场所，要在其内部布置各种生产与应用必要的设备与用具，因而与其他工业产品相比，水利工程建筑产品体积庞大，占有广阔的空间，排他性很强。因其体积庞大，对环境的影响很大，所以必须控制建筑区位、密度等，建筑必须服从流域规划和环境规划的要求。

4. 具有高值性

能够发挥投资效用的任一项水利工程建筑产品，在其生产过程中都会耗用大量的材料、人力、机械及其他资源，其不仅形体庞大，而且造价高昂，动辄数百万、数千万、数亿元人民币，特大的水利工程项目的工程造价可达数十亿、数百亿元，甚至几千亿元人民币。产品的高值性即其工程造价，关系到各方面的重大经济利益，同时也会对宏观经济产生重大影响。

（二）与其他建筑产品相比

1. 水利建筑产品进入地下部分比重较大

水利工程建筑产品是建筑产品的一类，但与其他建筑产品（如工业与民用建筑、道路建筑等）又有所不同。主要特点是水利工程进入地下的部分比其他的建筑工程比重较大，枢纽工程、闸、坝、桥（涵）、洞（涵）都具有这一特点。

2. 水利工程建筑产品临时工程比重较大

水利工程的建设除建设必需的永久工程外，还需要建设一些临时工程，如围堰、导流、排水、临时道路等，其大多都是一次性的，主要功能是为了永久建筑物的施工和设备的运输安装。因此，临时工程的投资比较大，根据不同规模、不同性质，所占总投资比重一般为10%～40%。

二、水利工程建筑产品施工的特点

（一）施工生产的流动性

水利工程建筑产品施工的流动性具有两层含义。

一层含义指由于水利工程建筑产品是在固定地点建造的，生产者和生产设备要随着建筑物建造地点的变更而流动，相应材料、附属生产加工企业、生产和生活设施也随之经常迁移。

另一层含义指由于水利工程建筑产品固定在土地上，与土地相连，在生产过程中，产品固定不动，人、材料、机械设备围绕着建筑产品移动，要从一个施工段移到另一个施工段，从水利工程的一部分转移到另一部分。这一特点要求通过施工组织设计使流动的人、机、物等相互协调配合，做到连续、均衡施工。

（二）施工生产的单件性

水利工程建筑产品施工的多样性决定了水利工程建筑产品的单件性。每项建筑产品都是按照建设单位的要求进行施工的，都有其特定的功能、规模和结构特点，所以工程内容和实物形态都具有个别性、差异性。而工程所处的地区、地段不同更增强了水利工程建筑产品的差异性，同一类型工程或标准设计，在不同的地区、季节及现场条件下，施工准备工作、施工工艺和施工方法不尽相同，所以水利工程建筑产品只能是单件产品，而不能按通过定型的施工方案重复生产。这一特点就要求施工组织实际编制者考虑设计要求、工程特点、工程条件等因素，制定出切实可行的水利工程施工组织方案。

（三）施工生产过程的综合性

水利工程建筑产品的施工生产涉及到施工单位、业主、金融机构、设计单位、监理单位、材料供应部门、分包单位等多个单位、多个部门的相互配合、相互协助，决定了水利水电工程建筑产品施工生产过程具有很强的综合性。

（四）施工生产受外部环境影响较大

水利工程建筑产品体积庞大，使水利工程建筑产品不具备在室内施工生产的条件，一般都要求露天作业，其生产受到风、霜、雨、雪、温度等气候条件的影响；水利工程建筑产品的固定性决定了其生产过程会受到工程地质、水文条件变化的影响，以及地理条件和地域资源的影响。这些外部因素对工程进度、工程质量、建造成本都有很大影响。这一特点要求水利工程建筑产品生产者提前进行原始资料调查，制订合理的季节性施工措施、质量保证措施、安全保证措施等，科学组织施工，使生产有序进行。

（五）施工生产过程具有连续性

水利工程建筑产品不能像其他许多工业产品一样可以分解成若干部分同时生产，而必须在同一固定场地上严格按程序继续生产，其上一道工序不完成，下一道工序就不能进行。水利工程建筑产品是持续不断的劳动过程的成果，只有全部生产过程完成才能发挥其生产能力或使用价值。一个水利工程建设项目从立项到使用要经历多个阶段和过程，包括设计前的准备阶段、设计阶段、施工阶段、使用前准备阶段（包括竣工验收和试运行）和保修阶段。这是一个不可间断的、完整的周期性生产过程，要求在生产过程中各阶段、各环节、各项工作有条不紊地组织起来，在时间上不间断、空间上不脱节。要求生产过程的各项工作必须合理组织、统筹安排、遵守施工程序，按照合理的施工顺序科学地组织施工。

（六）施工生产周期长

水利工程建筑产品的体积庞大决定了建筑产品施工生产周期长，有些水利工程建设项目施工周期少则 1 ~ 2 年，多则 3 ~ 4 年、5 ~ 6 年，甚至 10 年以上。因此，它必须长期大量地占用并消耗人力、物力和财力，要到整个生产周期完结才能出产品。故应科学地组织建筑生产，不断缩短生产周期，尽快提高投资效益。

第三节　施工组织设计

一、施工组织设计的作用

施工组织设计是水利工程设计文件的重要组成部分，是优化工程设计、编制工程总概算、编制投标文件、编制施工成本及国家控制工程投资的重要依据，是组织工程建设、选择施工队伍、进行施工管理的指导性文件。做好施工组织设计对正确选定坝址、坝型，工程设计优化，合理组织工程施工，保证工程质量，缩短建设工期，降低工程造价，提高工程的投资效益等都有十分重要的作用。

水利工程由于建设规模大、涉及专业多、范围广，面临洪水的威胁和受到某些不利的地质、地形条件的影响，施工条件往往较困难。因此，水利工程施工组织设计工作就显得更为重要，特别是现在国家投资制度的改革，由现在的市场化运作，项目法人制、招标投标制、项目监理制代替过去的计划经济方式，对施工组织设计的质量、水平、效益的要求也越来越高。在设计阶段，施工组织设计往往影响投资、效益，决定着方案的优劣；在招标投标阶段，编制投标文件时施工组织设计是确定施工方案、施工方法的根据，是确定标底和报价的技术依据，其质量好坏直接关系到能否在投标竞争中取胜，是承揽到工程的关键问题；在施工阶段，施工组织设计是施工实施的依据，是控制投资、质量、进度以及安全施工和文明施工的保证，也是施工企业控制成本、增加效益的保证。

二、工程建设项目划分

水利工程建设项目是指按照经济发展和生产需要提出，经上级主管部门批准，具有一定的规模，按总体进行设计施工，由一个或若干个互相联系的单项工程组成，经济上统一核算，行政上统一管理，建成后能产生社会经济效益的建设单位。

水利工程建设项目通常可逐级划分为若干个单项工程、单位工程、分部工程和分项工程。单项工程由几个单位工程组成，具有独立的设计文件、同一性质或用途，建成后可独立发挥作用或效益，如拦河坝工程、引水工程、水力发电工程等。

单位工程是单项工程的组成部分，可以有独立的设计、进行独立的施工，建成后不能独立发挥作用。单项工程可划分为若干个单位工程，如大坝的基础开挖、坝体混凝土浇筑施工等。

分部工程是单位工程的组成部分。对于水利工程，一般将人力、物力消耗定额相近的结构部位归为同一分项工程，如溢流坝的混凝土可分为坝身、闸墩、胸墙、工作桥、护坦等。建设项目划分如图1-2所示。

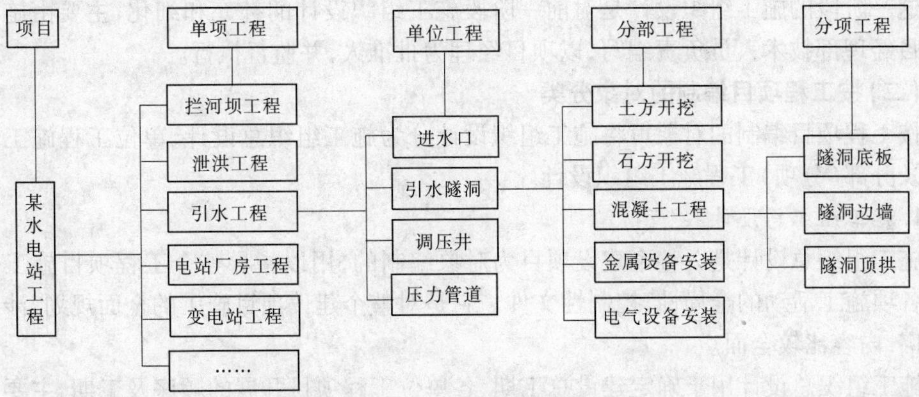

图1-2 建设项目划分

三、施工组织设计的分类

施工组织设计是一个总的概念,根据工程项目的编制阶段、编制对象或范围的不同,施工组织设计在编制的深度和广度上也有所不同。

(一)按工程项目编制阶段分类

根据工程项目建设设计阶段和作用的不同,可以将施工组织设计分为设计阶段施工组织设计、施工招投标阶段施工组织设计、施工阶段施工组织设计。

1. 设计阶段施工组织设计

这里所说的设计阶段主要是指设计阶段中的初步设计。在做初步设计时,采用的设计方案必然联系到施工方法和施工组织,不同的施工组织所涉及到的施工方案不同,所需投资亦不同。

设计阶段施工组织设计是整个项目的全面施工安排和组织,涉及范围是整个项目,内容要重点突出,施工方法拟订要经济可行。

这一阶段的施工组织设计是初步设计的重要组成部分,也是编制总概算的依据之一,由设计部门负责编写。

2. 施工招投标阶段施工组织设计

水利工程施工投标文件一般由技术标和商务标组成,其中的技术标就是施工组织设计部分。

这一阶段的施工组织设计是以招标文件为主要依据,以在投标竞争中取胜为主要目的,是投标文件的重要组成部分,也是投标报价的基础。施工招投标阶段的施工组织设计主要由施工企业技术部门负责编写。

3. 施工阶段施工组织设计

施工企业通过竞争取得对工程项目的施工建设权,从而也就承担了对工程项目建设的责任,这个建设责任主要是在规定的时间内,按照合同双方规定的质量、进度、投资、安全等要求完成建设任务。这一阶段的施工组织设计主要以分部工程为编制对象,以指导施工,控制质量、进度、投资,从而顺利完成施工任务为主要目的。

这一阶段的施工组织设计是对前一阶段施工组织设计的补充和细化,主要由施工企业项目经理部技术人员负责编写,以项目经理为批准人,并监督执行。

(二)按工程项目编制的对象分类

按工程项目编制的对象可将施工组织设计分为施工组织总设计、单位工程施工组织设计及分部(分项)工程施工组织设计。

1. 施工组织总设计

施工组织总设计是以整个建设项目为对象编制的,用以指导整个工程项目施工全过程的各项施工活动的全局性、控制性文件。它是对整个建设项目施工的全面规划,涉及范围较广,内容比较全面。

施工组织总设计用于确定建设总工期、各单位工程项目开展的顺序及工期、主要工程的施工方案、各种物资的供需设计、全工地临时工程及准备工作的总体布置、施工现场的布置工作等,同时也是施工单位编制年度施工计划和单位工程施工组织设计的依据。

2. 单位工程施工组织设计

单位工程施工组织设计是以一个单位工程（一个建筑物或构筑物）为编制对象，用以指导其施工全过程的各项施工活动的指导性文件，是施工单位年度施工设计和施工组织总设计的具体化，也是施工单位编制作业计划和制订季、月、旬施工计划的依据。单位工程施工组织设计一般在施工图设计完成后，根据工程规模、技术复杂程度的不同，其编制内容的深度和广度亦有所不同。对于简单的单位工程，施工组织设计一般只编制施工方案并附以施工进度表和施工平面图，即“一案、一图、一表”。单位工程施工组织设计是在拟建工程开工之前，由工程项目的技术负责人负责编制的。

3. 分部（分项）工程施工组织设计

分部（分项）工程施工组织设计也叫分部（分项）工程施工作业设计。它是以分部（分项）工程为编制对象，用以具体实施其分部（分项）工程施工全过程的各项施工活动的技术、经济和组织的实施性文件。一般在单位工程施工组织设计确定了施工方案后，由施工队（组）技术人员负责编制，其内容具体、详细，可操作性强，是直接指导分部（分项）工程施工的依据。

施工组织总设计、单位工程施工组织设计和分部（分项）工程施工组织设计，是同一工程项目中不同广度、深度和作用的三个层次。

四、施工组织设计的编制原则、依据和质量要求

（一）施工组织设计的编制原则

（1）认真贯彻国家有关方针政策，严格执行国家基本建设程序和有关技术标准、规程规范，并符合国内招标投标规定和国际招标投标惯例。

（2）结合国情积极开发和推广新材料、新技术、新工艺和新设备，凡经实践证明技术经济效益显著的科研成果，应尽量采用。

（3）统筹安排，综合平衡，妥善协调各分部（分项）工程，达到均衡施工。

（4）结合实际，因地制宜。

（二）施工组织设计的编制依据

（1）可行性研究报告及审批意见、设计任务书、上级单位对本工程建设的要求或批文。

（2）工程所在地区有关基本建设的法规或条例、地方政府对本工程建设的要求。

（3）国民经济各有关部门（交通、林业、环保等）对本工程建设期间的有关要求及协议。

（4）当前水利工程建设的施工装备、管理水平和技术特点。

（5）工程所在地区和河流的地形、地质、水文、气象特点和当地建材情况等自然条件、施工电源与水源及水质、交通、环保、旅游、防洪、灌溉排水、航运、过木、供水等现状和近期发展规划。

（6）当地城镇现有修配条件，如加工能力、生活生产物资和劳动力供应条件，居民生活卫生习惯等。

（7）施工导流及通航过木等水工模型试验、各种材料试验、混凝土配合比试验、重要

结构模型试验、岩土物理力学试验等成果。

(8)工程有关工艺试验或生产性试验成果。

(9)勘测、设计各专业有关成果。

(三)施工组织设计的质量要求

(1)采用的资料、计算公式和各种指标选定依据可靠、正确、合理。

(2)采用的技术措施先进、方案符合施工现场实际。

(3)选定的方案有良好的经济效益。

(4)内容通顺流畅、简明扼要、逻辑性强、分析论证充分。

(5)附图、附表完整清晰,准确无误。

五、施工组织设计的工作步骤

(1)根据枢纽布置方案,分析研究坝址施工条件,进行导流设计和施工总进度的安排,编制出控制性进度表。

(2)提出控制性进度之后,各专业根据该进度提供的指标进行设计,并为下一道工序提供相关资料。单项工程进度是施工总进度的组成部分,与施工总进度之间是局部与整体的关系,其进度安排不能脱离总进度的指导,同时它又为检验编制施工总进度是否合理可行,从而调整、完善施工总进度提供依据。

(3)施工总进度优化后,计算提出分年度的劳动力需要量、最高人数和总劳动力量,计算主要建筑材料总量及分年度供应量、主要施工机械设备需要总量及分年度供应数量。

(4)进行施工方案设计和比选。施工方案是指选择施工方法、施工机械、工艺流程,划分施工段。在编制施工组织设计时,需要经过比较才能确定最终的施工方案。

(5)进行施工布置。对施工现场进行分区设置,确定生产生活设施、交通线路的布置。

(6)提出技术供应计划。即提出人员、材料、机械等施工资料的供应计划。

(7)编制文字说明。文字说明是对上述各阶段的成果进行说明。

六、施工组织设计的主要内容

施工组织设计如上所述,可分为设计阶段施工组织设计、施工招投标阶段施工组织设计、施工阶段施工组织设计。这三个阶段的施工组织设计以初步设计阶段施工组织设计所要求的内容最为全面,各专业之间的设计联系最为密切,这就要求特别加强供需管理。下面简要阐述在初步设计阶段的施工组织设计编制步骤和主要内容,具体内容将在后面的有关章节进行详细介绍。

施工组织设计文件的主要内容一般包括施工导流、施工总进度、主体工程施工、施工交通、施工工厂设施、施工总布置、主要技术供应等内容。这里仅对前几项内容作简单介绍。

(一)施工导流

施工导流是水利枢纽总体设计的重要组成部分,是选定枢纽布置、永久建筑物形式、施工程序和施工总进度的重要因素。设计中应依据工程设计标准充分掌握基本资料，全面分析各种因素，作好方案比较，从中选择符合临时工程标准的最优方案，使工程建设达到缩短工期、节省投资的目的。施工导流贯穿施工全过程，导流设计要妥善解决从初期导流到后期导流施工全过程的挡、泄水问题。各期导流特点和相互关系宜进行系统分析、全面规划、统筹安排，运用风险度分析的方法处理洪水和施工的矛盾，力求导流方案经济合理、安全可靠。

导流泄水建筑物的泄水能力要通过水力计算，以确定断面尺寸的围堰高度，有关的技术问题通常还要通过水工模型试验分析验证。导流建筑物能与永久建筑物结合的应尽可能结合。导流底孔布置与水工建筑物关系密切，有时为了考虑导流需要，选择永久泄水建筑物的断面尺寸，布置高程时，需结合研究导流要求，以获得经济合理的方案。

大中型水利工程一般均优先研究分期导流的可能性和合理性。因水利工程量大、工期较长，分期导流有利于提前受益，且对施工期通航影响较小。对于山区性河流，洪枯水位变幅大，可采取过水围堰配合其他泄水建筑物的导流方式。

围堰形式的选择要安全可靠，结构简单，并能充分利用当地材料。

截流是大中型水利工程施工中的重要环节。设计方案必须安全可靠，保证截流成功。选择截流方式应充分分析水力参数、施工条件和施工难度、抛投物数量和类型，并经过技术经济比较。

（二）施工总进度

编制施工总进度时，应根据国民经济发展需要，采取积极有效的措施满足主管部门或业主对施工总工期提出的要求；应综合反映工程建设各阶段的主要施工项目及其进度安排，并充分体现总工期的目标要求。

工程建设施工阶段一般划分为工程筹建期、工程准备期、主体工程施工期、工程完建期，但并非所有工程的四个建设施工阶段都能截然分开，某些工程的相邻两个阶段工作也可交错进行。

工程施工总工期为工程准备期、主体工程施工期和工程完建期三者之和。工程筹建期不计入总工期。

施工总进度的表示形式可根据工程情况绘制横道图和网络图。横道图具有简单、直观等优点；网络图可从大量工程项目中标出控制总工期的关键路线，便于反馈、优化。

（三）主体工程施工

研究主体工程施工是为了正确选择水利工程枢纽布置和建筑物形式，保证工程质量与施工安全，论证施工总进度的合理性和可行性，并为编制工程概算提供资料。其主要内容有以下几方面：

（1）确定主要单项工程施工方案及施工程序、方法、布置和工艺。

（2）根据总进度要求，安排主要单项工程进度及相应的施工强度。

（3）计算所需的主要材料、劳动力数量，编制资源需用计划。

（4）确定所需的大型施工辅助企业规模、布置和形式。

（5）协同施工总布置和总进度，平衡整个工程的土石方、施工强度、材料、设备和劳动力。

（四）施工交通

施工交通包括对外交通和场内交通两部分。

(1)对外交通。连系施工工地与国家或地方公路、铁路车站、水运港口之间的交通，担负着施工期间外来物资的运输任务。其主要工作有：①计算外来物资、设备运输总量、分年度运输量与年平均日运输强度。②选择对外交通方式及线路；提出选定方案的线路标准，重大部件运输措施，桥涵、码头、仓库、运转站等主要建筑物的规划与布置，水陆联运及与国家干线的连接方案，对外交通工程进度安排等。

(2)场内交通。连系施工工地内部各工区、当地材料产地、堆渣场及各生产区、生活区之间的交通。场内交通须选定场内主要道路及各种设施布置、标准和规模。须与对外交通衔接。

原则上，对外交通和场内交通干线、码头、转运站等由建设单位组织建设。至各作业场或工作面的支线由辖区承包商自行建设。场内外施工道路、专用铁路及航运码头的建设一般应按照合同提前组织施工，以保证后续工程尽早具备开工条件。

（五）施工工厂设施

为施工服务的施工工厂设施主要有砂石加工、混凝土生产、压气、供水、供电、通信、机械修配及加工等。其任务是制备施工所需的建筑材料，供水、供电和压气，建立工地内外通信联系，维修和保养施工设备，加工制造少量的非标准件和金属结构，使工程施工能顺利进行。

（六）施工总布置

施工总布置方案应遵循因地制宜、因时制宜、有利生产、方便生活、易于管理、安全可靠、经济合理的原则，经全面系统比较分析论证后选定。

施工总布置各分区方案选定后布置在1:2 000的地形图上，并提出各类房屋建筑面积、施工征地面积等指标。

第四节　施工组织的原则

建设项目一旦批准立项，如何组织施工和进行施工前准备工作就成为保证工程按计划实施的重要工作。施工组织应遵循以下原则进行。

一、贯彻执行党和国家关于基本建设的各项制度，坚持基本建设程序

我国的基本建设项目必须实行严格的审批制度、施工许可制度、从业资格管理制度、招标投标制度、总承包制度、承发包合同制度、工程监理制度、建筑安全生产管理制度、工程质量责任制度、竣工验收制度等。这些制度为建立和完善建筑市场的运行机制、加强建筑活动的实施与管理提供了重要的法律依据，必须认真贯彻执行。

二、严格遵守国家和合同规定的工程竣工及交付使用期限

对于总工期较长的大型建设项目，应根据生产或使用的需要安排分期分批建设、投产或交付使用，以便早日发挥建设投资的经济效益。在确定分期分批施工的项目时，必须注

意使每期交工的项目可以独立地发挥效用,即主要项目和有关的辅助项目应同时完工,可以立即交付使用。

三、合理安排施工程序和顺序

水利工程建筑产品的固定性使水利工程建筑施工各阶段的工作始终在同一场地上进行。前一段的工作若不完成,后一段就不能进行,即使它们之间交叉地进行,也必须严格遵守一定的程序和顺序。施工程序和顺序反映客观规律的要求,其安排应符合施工工艺,满足技术要求。掌握施工程序和顺序有利于组织立体交叉、流水作业,有利于为后续工程创造良好的条件,有利于充分利用空间、争取时间。

四、尽量采用国内外先进施工技术,科学地确定施工方案

先进的施工技术是提高劳动生产率、改善工程质量、加快施工进度、降低工程成本的主要途径。在选择施工方案时,要积极采用新材料、新设备、新工艺和新技术,努力为新结构的推行创造条件,要注意结合工程特点和现场条件,使施工技术的先进适用性和经济合理性相结合,还要符合施工验收规范、操作规程的要求和遵守有关防火、保安及环卫等规定,确保工程质量和施工安全。

五、采用流水施工方法和网络计划安排进度计划

在编制施工进度计划时,应从实际出发,采用流水施工方法组织均衡施工,以达到合理使用资源、充分利用空间、争取时间的目的。

网络计划是现代计划管理的有效方法,采用网络计划编制施工进度计划可使计划逻辑严密、层次清晰、关键问题明确,同时便于对计划方案进行优化、控制和调整,并有利于计算机在计划管理中的应用。

六、贯彻工厂预制与现场相结合的方针,努力提高建筑工业化程度

建筑技术进步的重要标志之一是建筑工业化,在制订施工方案时必须根据地区条件和构建性质,通过技术经济比较,恰当地选择预制方案或现场浇筑方案。确定预制方案时,应贯彻工厂预制与现场预制相结合的方针,努力提高建筑工业化程度,但不能盲目追求装配化程度的提高。

七、充分发挥机械效能,提高机械化程度

机械化施工可加快工程进度,降低劳动强度,提高劳动生产率。为此,在选择施工机械时,应充分发挥机械的效能,并使主导工程的大型机械,如土方机械、吊装机械等能连续作业,以减少机械台班费用;同时,还应使大型机械与中小型机械相结合、机械化与半机械化相结合,扩大机械化施工范围,实现施工综合机械化,以提高机械化施工程度。

八、加强季节性施工措施,确保全年连续施工

为了确保全年连续施工,减少季节性施工的技术措施费用,在组织施工时,应充分了

解当地气象条件和水文地质条件。尽量避免把土方工程、地下工程、水下工程安排在雨季和洪水期施工;尽量避免把混凝土现浇结构安排在冬季施工;高空作业、结构吊装则应避免在风季施工。对那些必须在冬、雨季施工的项目,则应采用相应的技术措施,既要确保全年连续施工、均衡施工,更要确保工程质量和施工安全。

九、合理部署施工现场,尽可能减少临时工程

在编制施工组织设计时,应精心进行施工总平面图的规划,合理部署施工现场,节约施工用地;尽量利用永久工程、原有建筑物及已有设施,以减少各种临时设施;尽量利用当地资源,合理安排运输、装卸与储存作业,减少物资运输量,避免二次搬运。

习 题

1-1 简述水利工程基本建设程序的含义和主要内容。

1-2 水利工程建筑产品与一般工业产品和其他建筑产品有什么区别?

1-3 简述水利工程建筑施工的特点。

1-4 水利工程施工组织设计的作用有哪些?

1-5 水利工程施工组织设计的类型有哪些?

1-6 水利工程项目如何划分?

1-7 水利工程施工组织设计编制原则和依据有哪些?

1-8 简述施工组织设计的工作步骤。

1-9 水利工程施工组织设计的主要内容是什么?

1-10 简述水利工程施工组织的原则。

第二章　网络计划技术

本章重点

双代号网络计划技术，单代号网络计划技术，时标网络计划技术，网络计划的优化。

教学目标

掌握双代号网络图绘制和时间参数计算，双代号时标网络图绘制，单代号网络图绘制和时间参数计算；熟悉网络计划的优化方法，网络计划在水利工程中的应用。

第一节　网络计划技术概述

在水利工程编制的各种进度计划中，常常采用网络计划技术。网络计划技术是20世纪50年代后期发展起来的一种科学的计划管理和系统分析的方法，在水利工程中应用网络计划技术，对于缩短工期、提高效益和工程质量都有着重要意义。

早期的进度计划大多采用横道图的形式。1956年，美国杜邦化学公司的工程技术人员和数学家共同开发了关键线路法（简称CPM）；1958年，美国海军军械局针对舰载洲际导弹项目研究，开发了计划评审技术（简称PERT）。这两种方法也是至今在水利工程中最常见的网络计划技术。1965年，华罗庚先生将网络计划技术引入我国，得到了广泛的重视和研究。尤其是在20世纪70年代后期，网络计划技术广泛应用于工业、农业、国防以及科研计划与管理中，许多网络计划技术的计算和优化软件也随之产生并得到应用，都取得了较好的效果。

采用网络计划技术的大体步骤：收集原始资料，绘制网络图；组织数据，计算网络参数；根据要求，对网络计划进行优化控制；在实施过程中，定期检查、反馈信息、调整修订。它借助网络图的基本理论对项目的进展及内部逻辑关系进行综合描述和具体规划，有利于计划系统优化、调整和计算机的应用。

一、网络计划技术的基本原理

网络图：是网络计划的基础，它由箭线（用一端带有箭头的实线或虚线表示）和节点（用圆圈表示）组成，是用来表示一项工程或任务进行顺序的有向、有序的网状图。

网络计划：用网络图表达任务构成、工作顺序，并加注工作时间参数的进度计划。网络计划的时间参数可以帮我们找到工程中的关键工作和关键线路，方便我们在具体实施中对资源、费用等进行调整。

网络计划技术：利用网络计划对工作任务进行安排和控制，不断优化、控制、调整网络计划，以保证实现预定目标的计划管理技术。它应贯穿于网络计划执行的全过程。

二、网络计划的基本类型

(一)按性质分类

1. 肯定型网络计划

各工作之间的逻辑关系以及工作持续时间都是肯定的网络计划,称肯定型网络计划。肯定型网络计划包括关键线路法网络计划和搭接网络计划。

2. 非肯定型网络计划

各工作之间的逻辑关系和工作持续时间两者中任一项或多项不肯定的网络计划,称非肯定型网络计划。非肯定型网络计划包括计划评审技术、图示评审技术、决策网络计划和风险评审技术。

在本书中,只涉及肯定型网络计划。

(二)按工作和事件在网络图中的表示方法分类

1. 单代号网络计划

单代号网络计划指以单代号网络图表示的网络计划。单代号网络图是以节点及其编号表示工作,以箭线表示工作之间的逻辑关系的网状图,也称节点式网络图。

2. 双代号网络计划

双代号网络计划指以双代号网络图表示的网络计划。双代号网络图以箭线及其两端节点的编号表示工作,以节点衔接表示工作之间的逻辑关系的网状图,也称箭线式网络图(见图 2-1)。

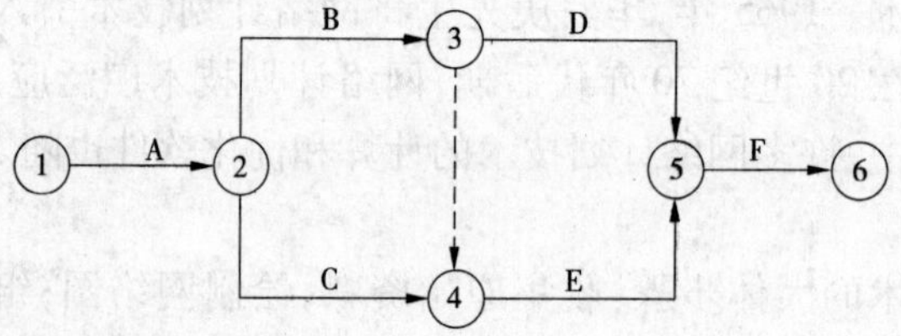

图 2-1 双代号网络图

(三)按有无时间坐标分类

1. 时标网络计划

时标网络计划指以时间坐标为尺度绘制的网络计划。在网络图中,工作箭线的水平投影长度与工作的持续时间长度成正比。

2. 非时标网络计划

非时标网络计划指不以时间坐标为尺度绘制的网络计划。在网络图中,工作箭线的长度与其持续时间的长度无关,可按需要绘制。

(四)按网络计划包含范围分类

1. 局部网络计划

局部网络计划指以一个建筑物或构筑物中的一部分,或以一个施工段为对象编制的网络计划。

2. 单位工程网络计划

单位工程网络计划指以一个单位工程为对象编制的网络计划。

3. 综合网络计划

综合网络计划指以一个单项工程或一个建设项目为对象编制的网络计划。

(五)按目标分类

1. 单目标网络计划

单目标网络计划指只有一个终点节点的网络计划,即网络计划只有一个最终目标。

2. 多目标网络计划

多目标网络计划指终点节点不只一个的网络计划,即网络计划有多个独立的最终目标。

这两种网络计划都只有一个起始节点,即网络图的第一个节点。本书中只涉及单目标网络计划。

三、网络计划的优点

水利工程进度计划编制的方法主要有横道图和网络图两种,横道图计划的优点是编制容易、简单、明了、直观、易懂,缺点是不能明确反映出各项工作之间错综复杂的逻辑关系。随着计算机在水利工程中应用的不断扩大,网络计划得到进一步的普及和发展。网络计划技术与横道图计划相比较,具有明显优点,主要表现为以下几点:

(1)利用网络图模型,各工作项目之间关系清楚,明确表达出各项工作的逻辑关系。

(2)通过网络图时间参数计算,能确定出关键工作和关键线路,可以显示出各个工作的机动时间,从而可以进行合理的资源分配、降低成本、缩短工期。

(3)通过对网络计划的优化,可以从多个方案中找出最优方案。

(4)运用计算机辅助手段,方便网络计划的优化调整与控制等。

第二节 双代号网络计划的编制

一、双代号网络图

双代号网络图是应用较为普遍的一种网络计划形式。在双代号网络图中,用有向箭线表示工作,工作的名称写在箭线的上方,工作所持续的时间写在箭线的下方,箭尾表示工作的开始,箭头表示工作的结束。箭头和箭尾衔接的地方画上圆圈并编上号码,用箭头与箭尾的号码(i、j、k)作为工作的代号(见图 2-2)。

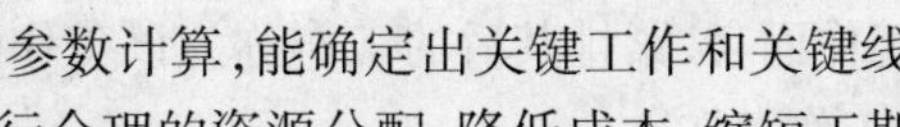

图 2-2 双代号网络图的表示方法

(一)基本要素

双代号网络图由箭线、节点和线路三个基本要素组成,其具体含义如下。

1. 箭线(工作)

(1)在双代号网络图中,一条箭线表示一项工作,工作也称活动,是指完成一项任务的过程。工作既可以是一个建设项目、一个单项工程,也可以是一个分项工程乃至一个工序。

(2)箭线有实箭线和虚箭线两种。实箭线表示该工作需要消耗的时间和资源(如支模板、浇筑混凝土等),或者该工作仅是消耗时间而不消耗资源(如混凝土养护、抹灰干燥等技术间歇);虚箭线表示该工作是既不消耗时间也不消耗资源的工作——虚工作,用以反映一些工作与另外一些工作之间的逻辑制约关系。虚工作一般起着工作之间的联系、区分、断路三个作用。联系作用是指应用虚箭线正确表达工作之间相互依存的关系;区分作用是指双代号网络图中每一项工作必须用一条箭线和两个代号表示,若两项工作的代号相同,应使用虚工作加以区分;断路作用是用虚箭线断掉多余联系(即在网络图中,若把无联系的工作联系上了,应加上虚工作将其断开)。

(3)在无时间坐标限制的网络图中,箭线长短不代表工作时间长短,可以任意画,箭线可以是直线、折线或斜线,但其进行方向均应从左向右;在有时间坐标限制的网络图中,箭线长度必须根据工作持续时间按照坐标比例绘制。

(4)双代号网络图中,工作之间的相互关系有以下几种。

紧前工作:相对于某工作而言,紧排其前的工作称为该工作的紧前工作,工作与其紧前工作之间可能会有虚工作存在。

紧后工作:相对于某工作而言,紧排其后的工作称为该工作的紧后工作,工作与其紧后工作之间也可能会有虚工作存在。

平行工作:相对于某工作而言,可以与该工作同时进行的工作即为该工作的平行工作。

先行工作:自起始工作至本工作之前各条线路上所有工作。

后续工作:自本工作至结束工作之后各条线路上所有工作。

2. 节点

节点也称事件或接点,指表示工作的开始、结束或连接关系的圆圈。任何工作都可以用其箭线前、后的两个节点的编码来表示,起点节点编码在前,终点节点编码在后,如图 2-1中的 A 工作即可用 1—2 来表示。

节点只是前后工作的交接点,表示一个"瞬间",既不消耗时间,也不消耗资源。

箭线的箭尾节点表示该工作的开始,箭线的箭头节点表示该工作的结束。

1)节点类型

起始节点:网络图的第一个节点为整个网络图的起始节点,也称开始节点或源节点,意味着一项工程的开始,它只有外向箭线。如图 2-1 中的节点 1。

终点节点:网络图的最后一个节点叫终点节点或结束节点,意味着一项工程的完成,它只有内向箭线。如图 2-1 中的节点 6。

中间节点:网络图除起点节点和终点节点外的节点均称为中间节点,意味着前项工作的结束和后项工作的开始,它既有内向箭线,又有外向箭线。如图 2-1 中的节点 2、3、4、5。

2）节点编号的顺序

从起始节点开始，依次向终点节点进行。编号原则：每一条箭线的箭头节点必须大于箭尾节点编号，并且所有节点的编号不能重复出现。

3. 线路

从起始节点出发，沿着箭头方向直至终点节点，中间由一系列节点和箭线构成的若干条“通道”，即称为线路。完成某条线路的全部工作所需的总持续时间，即该条线路上全部工作的工作历时之和，称为线路时间或线路长度。根据线路时间的不同，线路又分为关键线路和非关键线路。

关键线路指在网络图中线路时间最长的线路（注：肯定型网络），或自始至终全部由关键工作组成的线路。关键线路至少有一条，也可能有多条。关键线路上的工作称为关键工作，关键工作的机动时间最少，它们完成的快慢直接影响整个工程的工期。

非关键线路指网络图中线路时间短于关键线路的任何线路。除关键工作外其余均为非关键工作。非关键工作有机动时间可利用，但拖延了某些非关键工作的持续时间，非关键线路有可能转化为关键线路。同样，缩短某些关键工作持续时间，关键线路有可能转化为非关键线路。

如图2-3中，共有3条线路：1—2—3—4、1—2—4、1—3—4，根据各工作持续时间可知，线路1—2—4持续时间最长，为关键线路，这条线路上的各项工作均为关键工作。

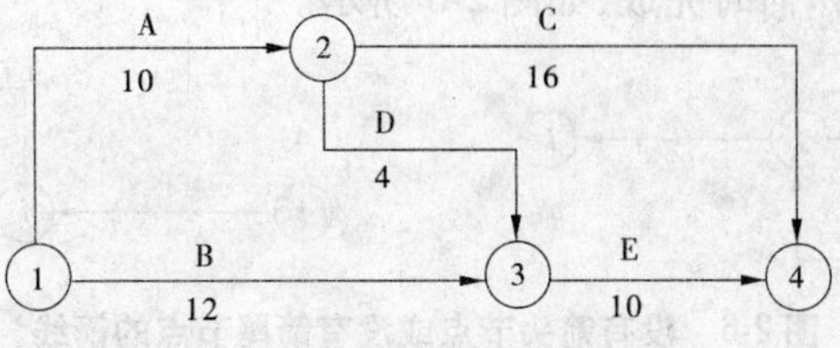

图2-3　某工程双代号网络计划

（二）逻辑关系

网络图中的逻辑关系是指表示一项工作与其他有关工作之间相互联系与制约的关系，即各个工作在工艺上、组织管理上所要求的先后顺序关系。项目之间的逻辑关系取决于工程项目的性质和轻重缓急、施工组织、施工技术等许多因素。逻辑关系包括工艺关系和组织关系。

1. 工艺关系

工艺关系即由施工工艺决定的施工顺序关系。这种关系是确定的、不能随意更改的，如土坝坝面作业的工艺顺序为铺土、平土、晾晒或洒水、压实、刨毛等。这些在施工工艺上都有必须遵循的逻辑关系，不能违反。

2. 组织关系

组织关系即由施工组织安排决定的施工顺序关系。这种关系是工艺没有明确规定先后顺序关系的工作，考虑到其他因素的影响而人为安排的施工顺序关系。例如，采用全段围堰明渠导流时，要求在截流以前完成明渠施工、截流备料、戗堤进占等工作。由组织关系所决定的衔接顺序一般是可以改变的。

二、双代号网络图的绘制

(一)绘制原则

(1)双代号网络图必须正确表达已定的逻辑关系。

(2)在双代号网络图中,严禁出现循环回路。

所谓循环回路是指从网络图中的某一节点出发,顺着箭线方向又回到了原来出发点的线路。绘制时尽量避免逆向箭线,逆向箭线容易造成循环回路,如图 2-4 所示。

(3)网络图中不允许出现双向箭线和无箭头箭线(见图 2-5)。进度计划是有向图,沿着方向进行施工,箭线的方向表示工作的进行方向,箭尾表示工作的开始,箭头表示工作的结束。双向箭头或无箭头的连线将使逻辑关系含糊不清。

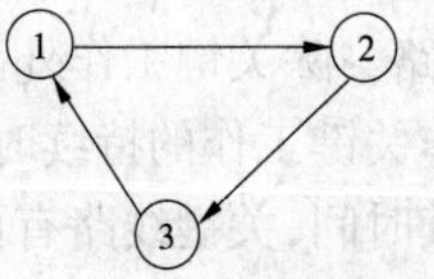

图 2-4　循环回路

图 2-5　双向箭线和无箭头箭线

(4)在双代号网络图中,严禁出现没有箭头节点或没有箭尾节点的箭线。

没有箭尾节点的箭线,不能表示它所代表的工作在何时开始;没有箭头节点的箭线,不能表示它所代表的工作何时完成,如图 2-6 所示。

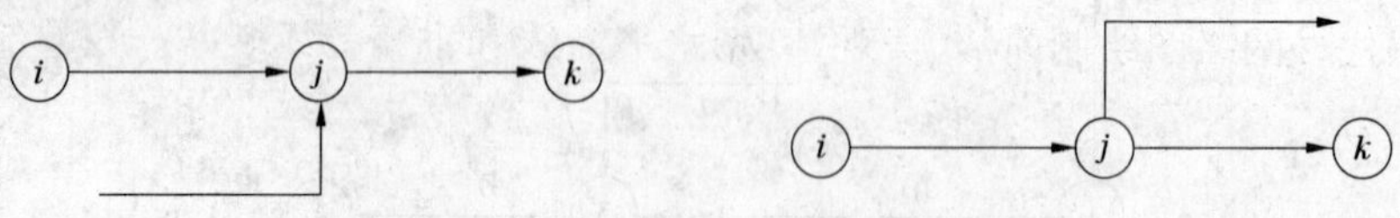

图 2-6　没有箭头节点或没有箭尾节点的箭线

(5)在双代号网络图中,严禁出现节点代号相同的箭线,如图 2-7 所示。

(a)错误画法　　　　(b)正确画法

图 2-7　重复编号

(6)在绘制网络图中,应尽可能避免箭线交叉,若不可能避免,应采用过桥法、断线法或指向法来表示,如图 2-8 所示。

(7)当网络图的起点节点有多条外向箭线或终点节点有多条内向箭线时,为使图形简洁,可采用母线法绘制,但应满足一项工作用一条箭线和相应的一对节点表示(见图 2-9)。

(8)双代号网络图中应只有一个起始节点和一个终点节点,其他节点均应为中间节点。

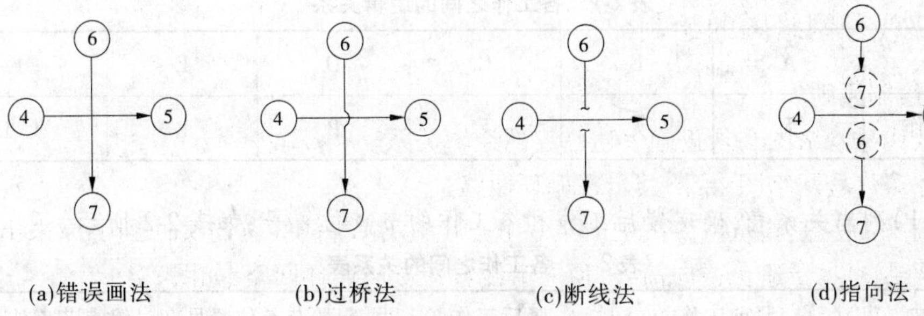

图 2-8　箭线交叉表示方法

图 2-9　母线画法

(二)绘制方法和步骤

1. 绘制方法

为使双代号网络图绘制简洁、美观,宜用水平箭线和垂直箭线表示。在绘制之前,先确定出各个节点的位置号,再按照节点位置及逻辑关系绘制网络图。

节点位置号确定方法如下:

(1)无紧前工作的工作,起始节点位置号为 0;

(2)有紧前工作的工作,起始节点位置号等于其紧前工作的起始节点位置号的最大值加 1;

(3)有紧后工作的工作,终点节点位置号等于其紧后工作的起始节点位置号的最小值;

(4)无紧后工作的工作,终点节点位置号等于网络图中除无紧后工作的工作外,其他工作的终点节点位置号最大值加 1。

2. 绘制步骤

(1)根据已知的紧前工作确定紧后工作;

(2)确定出各工作的起始节点位置号和终点节点位置号;

(3)根据节点位置号和逻辑关系绘出网络图。

在绘制时,若工作之间没有出现相同的紧后工作或者工作之间只有相同的紧后工作,则肯定没有虚箭线;若工作之间既有相同的紧后工作,又有不同的紧后工作,则肯定有虚箭线;到相同的紧后工作用虚箭线,到不同的紧后工作则无虚箭线。

(三)绘制双代号网络图示例

【例 2-1】　已知某工程项目的各工作之间的逻辑关系如表 2-1 所示,画出网络图。

表 2-1　各工作之间的逻辑关系

工作	A	B	C	D	E	F
紧前工作	无	无	无	B	B	C、D

解:(1)列出关系表,确定紧后工作和各工作的节点位置号,如表 2-2 所示。

表 2-2　各工作之间的关系表

工作	紧前工作	紧后工作	起始节点位置号	终点节点位置号
A	无	无	0	3
B	无	D、E	0	1
C	无	F	0	2
D	B	F	1	2
E	B	无	1	3
F	C、D	无	2	3

(2)根据逻辑关系和节点位置号,绘出网络图,如图 2-10 所示。

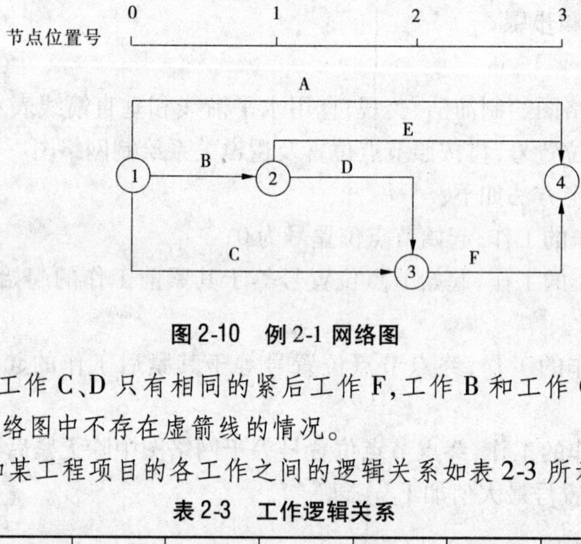

图 2-10　例 2-1 网络图

由表 2-2 可知,工作 C、D 只有相同的紧后工作 F,工作 B 和工作 C、D 没有相同的紧后工作,所以这个网络图中不存在虚箭线的情况。

【例 2-2】　已知某工程项目的各工作之间的逻辑关系如表 2-3 所示,画出网络图。

表 2-3　工作逻辑关系

工作	A	B	C	D	E	F	G	H	I
紧前工作	无	A	B	B	B	C、D	C、E	C	F、G、H

解:(1)列出关系表,确定紧后工作和各工作的节点位置号,如表 2-4 所示。

(2)根据逻辑关系和节点位置号,绘出网络图,如图 2-11 所示。

由表 2-4 可知,显然 C 和 D 有共同的紧后工作 F 和不同的紧后工作 G、H,所以有虚箭线;C 和 E 有共同的紧后工作 G 和不同的紧后工作 F、H,所以也有虚箭线。其他均无虚箭线。

表 2-4　各工作之间的关系表

工作	紧前工作	紧后工作	起始节点位置号	终点节点位置号
A	无	B	0	1
B	A	C、D、E	1	2
C	B	F、G、H	2	3
D	B	F	2	3
E	B	G	2	3
F	C、D	I	3	4
G	C、E	I	3	4
H	C	I	3	4
I	F、G、H	无	4	5

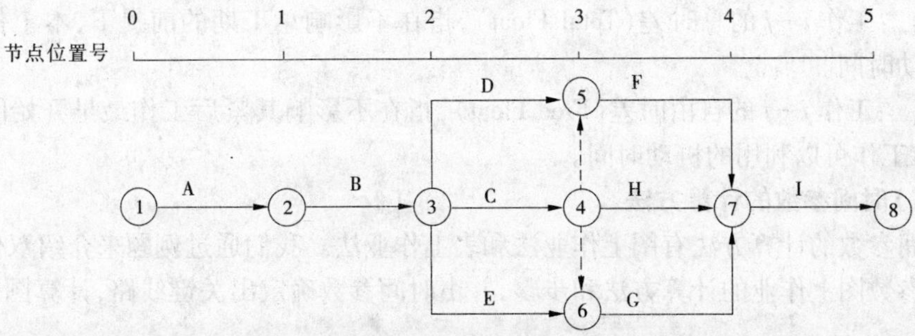

图 2-11　例 2-2 网络图

三、双代号网络计划时间参数计算

通过网络计划时间参数计算，我们可以：①确定工期；②确定关键线路、关键工作、非关键工作；③确定非关键工作的机动时间（时差）。

（一）时间参数的概念及其符号

1. 工作持续时间（D_{i-j}）

工作持续时间是对一项工作规定的从开始到完成的时间。在双代号网络计划中，工作 $i—j$ 的持续时间用 D_{i-j} 表示。

2. 工期（T）

工期泛指完成任务所需的时间，一般有以下三种。

（1）计算工期。根据网络计划时间参数计算出来的工期，用 T_c 表示。

（2）要求工期。任务委托人所要求的工期，用 T_r 表示。

（3）计划工期。在计算工期和要求工期的基础上综合考虑需要和可能确定的工期，用 T_p 表示。网络计划的计划工期 T_p 应按照下列情况分别确定：当已规定了要求工期 T_r 时，$T_p \leqslant T_r$；当未规定要求工期时，可令计划工期等于计算工期，$T_p = T_c$。

3. 节点最早时间和最迟时间

ET_i：节点最早时间，表示以该节点为起始节点的各项工作的最早开始时间；

LT_i:节点最迟时间,表示以该节点为终点节点的各项工作的最迟完成时间。

4. 工作的六个时间参数

ES_{i-j}:工作 $i—j$ 的最早开始时间(Earliest Start Time),指在紧前工作约束下,工作有可能开始的最早时刻,即工作 $i—j$ 之前的所有紧前工作全部完成后,工作 $i—j$ 有可能开始的最早时刻。

EF_{i-j}:工作 $i—j$ 的最早完成时间(Earliest Finish Time),指在紧前工作约束下,工作有可能完成的最早时刻,即工作 $i—j$ 之前的所有紧前工作全部完成后,工作 $i—j$ 有可能完成的最早时刻。

LS_{i-j}:工作 $i—j$ 的最迟开始时间(Latest Start Time),指在不影响整个任务按期完成的前提下,工作 $i—j$ 必须开始的最迟时刻。

LF_{i-j}:工作 $i—j$ 的最迟完成时间(Latest Finish Time),指在不影响整个任务按期完成的前提下,工作 $i—j$ 必须完成的最迟时刻。

TF_{i-j}:工作 $i—j$ 的总时差(Total Float),指在不影响总工期的前提下,本工作可以利用的机动时间。

FF_{i-j}:工作 $i—j$ 的自由时差(Free Float),指在不影响其紧后工作最早开始时间的前提下,本工作可以利用的机动时间。

(二)时间参数的计算方法

时间参数的计算方法有图上作业法和表上作业法。我们通过例题来介绍双代号网络图时间参数图上作业的计算方法和步骤,并由时间参数确定出关键线路,计算图 2-3 的时间参数。

1. 计算 ET_i

计算方法:从网络图的起始节点开始,顺着箭线方向相加,遇见箭头相碰的节点取最大值,直到终点节点为止,起始节点的 ET_i 假定为0。

计算公式为

$$\begin{cases} ET_i = 0 & (i = 1) \\ ET_j = \max(ET_i + D_{i-j}) & (j > 1) \end{cases} \tag{2-1}$$

$$ET_1 = 0, ET_2 = ET_1 + D_{1-2} = 0 + 10 = 10$$

$$ET_3 = \max\begin{Bmatrix} ET_2 + D_{2-3} = 10 + 4 = 14 \\ ET_1 + D_{1-3} = 0 + 12 = 12 \end{Bmatrix} = 14$$

$$ET_4 = \max\begin{Bmatrix} ET_2 + D_{2-4} = 10 + 16 = 26 \\ ET_3 + D_{3-4} = 14 + 10 = 24 \end{Bmatrix} = 26$$

2. 计算 LT_i

计算方法:从网络图的终点节点开始,逆着箭头方向相减,遇见箭尾相碰的节点取最小值,直至起始节点。当工期有规定时,终点节点的最迟时间就等于规定工期;当工期没有规定时,最迟时间就等于终点节点的最早时间。

计算公式为

$$\begin{cases} LT_n = ET_n(\text{或规定工期}) & (n\text{ 为结束节点}) \\ LT_i = \min(LT_j - D_{i-j}) \end{cases} \tag{2-2}$$

$$LT_4 = ET_4 = 26, LT_3 = LT_4 - D_{3-4} = 26 - 10 = 16$$

$$LT_2 = \min\begin{cases} LT_4 - D_{2-4} = 26 - 16 = 10 \\ LT_3 - D_{2-3} = 16 - 4 = 12 \end{cases} = 10$$

$$LT_1 = \min\begin{cases} LT_3 - D_{1-3} = 16 - 12 = 4 \\ LT_2 - D_{1-2} = 10 - 10 = 0 \end{cases} = 0$$

3. 计算 ES_{i-j}

各项工作的最早开始时间等于其起始节点的最早时间。

计算公式为

$$ES_{i-j} = ET_i \tag{2-3}$$

$$ES_{1-2} = ET_1 = 0, ES_{1-3} = ET_1 = 0, ES_{2-3} = ET_2 = 10$$

$$ES_{2-4} = ET_2 = 10, ES_{3-4} = ET_3 = 14$$

4. 计算 EF_{i-j}

各项工作的最早完成时间等于其起始节点的最早时间加上持续时间。

计算公式为

$$EF_{i-j} = ES_{i-j} + D_{i-j} = ET_i + D_{i-j} \tag{2-4}$$

$$EF_{1-2} = ES_{1-2} + D_{1-2} = 0 + 10 = 10, EF_{1-3} = ES_{1-3} + D_{1-3} = 0 + 12 = 12$$

$$EF_{2-3} = ES_{2-3} + D_{2-3} = 10 + 4 = 14, EF_{2-4} = ES_{2-4} + D_{2-4} = 10 + 16 = 26$$

$$EF_{3-4} = ES_{3-4} + D_{3-4} = 14 + 10 = 24$$

5. 计算 LF_{i-j}

各项工作的最迟完成时间等于其终点节点的最迟时间。

计算公式为

$$LF_{i-j} = LT_j \tag{2-5}$$

$$LF_{1-2} = LT_2 = 10, LF_{1-3} = LT_3 = 16, LF_{2-3} = LT_3 = 16$$

$$LF_{2-4} = LT_4 = 26, LF_{3-4} = LT_4 = 26$$

6. 计算 LS_{i-j}

各项工作的最迟开始时间等于其最迟完成时间减去工作持续时间。

计算公式为

$$LS_{i-j} = LF_{i-j} - D_{i-j} = LT_j - D_{i-j} \tag{2-6}$$

$$LS_{1-2} = LF_{1-2} - D_{1-2} = 10 - 10 = 0, LS_{1-3} = LF_{1-3} - D_{1-3} = 16 - 12 = 4$$

$$LS_{2-3} = LF_{2-3} - D_{2-3} = 16 - 4 = 12, LS_{2-4} = LF_{2-4} - D_{2-4} = 26 - 16 = 10$$

$$LS_{3-4} = LF_{3-4} - D_{3-4} = 26 - 10 = 16$$

7. 计算 TF_{i-j}

工作总时差等于其最迟开始时间减去最早开始时间，或等于工作最迟完成时间减去最早完成时间。

计算公式为

$$TF_{i-j} = LS_{i-j} - ES_{i-j} \quad 或者 \quad TF_{i-j} = LF_{i-j} - EF_{i-j} \tag{2-7}$$

$$TF_{1-2} = LS_{1-2} - ES_{1-2} = 0 - 0 = 0, TF_{1-3} = LS_{1-3} - ES_{1-3} = 4 - 0 = 4$$

$$TF_{2-3} = LS_{2-3} - ES_{2-3} = 12 - 10 = 2, TF_{2-4} = LS_{2-4} - ES_{2-4} = 10 - 10 = 0$$

$$TF_{3-4} = LS_{3-4} - ES_{3-4} = 16 - 14 = 2$$

8. 计算 FF_{i-j}

如果工作 i—j 的紧后工作是 j—k，其自由时差应为工作 j—k 的最早开始时间减去工作 i—j 的最早完成时间。

计算公式为

$$FF_{i-j} = ES_{j-k} - EF_{i-j} = ES_{j-k} - ES_{i-j} - D_{i-j} = ET_j - ET_i - D_{i-j} \tag{2-8}$$

$$FF_{1-2} = ET_2 - ET_1 - D_{1-2} = 10 - 0 - 10 = 0$$

$$FF_{1-3} = ET_3 - ET_1 - D_{1-3} = 14 - 0 - 12 = 2$$

$$FF_{2-3} = ET_3 - ET_2 - D_{2-3} = 14 - 10 - 4 = 0$$

$$FF_{2-4} = ET_4 - ET_2 - D_{2-4} = 26 - 10 - 16 = 0$$

$$FF_{3-4} = ET_4 - ET_3 - D_{3-4} = 26 - 14 - 10 = 2$$

工作的自由时差不会影响其紧后工作的最早开始时间，属于工作本身的机动时间，与后续工作无关；而总时差是属于某条线路上工作所共有的机动时间，不仅为本工作所有，也为经过该工作的线路所有，动用某工作的总时差超过该工作的自由时差就会影响后续工作的总时差。

（三）关键线路的确定

1. 关键工作的确定

根据计算工期 T_c 和计划工期 T_p 的大小关系，关键工作的总时差可能出现下列三种情况：

当 $T_p = T_c$ 时，关键工作的 $TF_{i-j} = 0$；

当 $T_p > T_c$ 时，关键工作的 $TF_{i-j} > 0$；

当 $T_p < T_c$ 时，关键工作的 $TF_{i-j} < 0$。

关键工作是施工过程中的重点控制对象，根据 T_p 与 T_c 的大小关系及总时差的计算公式，总时差最小的工作为关键工作。在以图 2-3 为例，$T_p = T_c$，所以工作 1—2 和 2—4 是关键工作。

2. 关键线路的确定

在双代号网络图中，关键工作的连线为关键线路；总时间持续最长的线路为关键线路；当 $T_p = T_c$ 时，$TF_{i-j} = 0$ 的工作相连的线路为关键线路。

把计算出的时间参数标注在网络图上，如图 2-12 所示。

四、标号法确定关键线路

标号法是一种快速确定双代号网络计划的计算工期和关键线路的方法。其具体运用步骤如下：

（1）设双代号网络计划的起始节点标号值为零，即 $b_1 = 0$。

（2）其他节点的标号值等于以该节点为完成节点的各工作的起始节点标号值加其持续时间之和的最大值，即

$$b_j = \max(b_i + D_{i-j}) \tag{2-9}$$

需要注意的是，虚工作的持续时间为零。网络计划的起始节点从左向右顺着箭线方

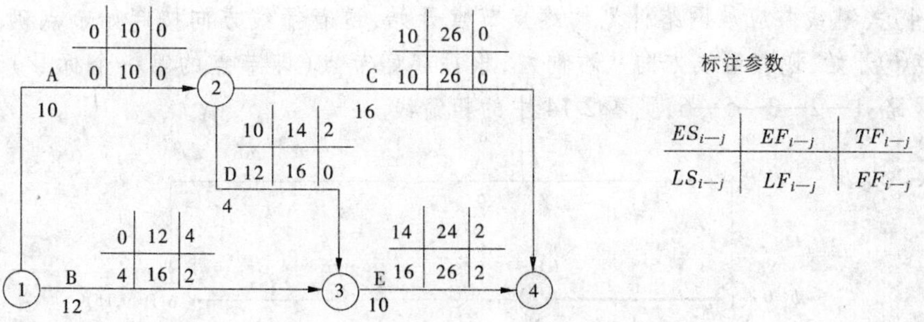

图 2-12　网络计划时间参数

向,按节点编号从小到大的顺序逐次算出标号值,标注在节点上方,并用双标号法进行标注。所谓双标号法,是指用源节点(得出标号值的节点)作为第一标号,用标号值作为第二标号。需要特别注意的是,如果起始节点有多个,应将所有起始节点标出。

(3)网络计划终点节点的标号值即为计算工期。

(4)将节点都标号后,从网络计划终点节点开始,从右向左逆着箭线方向按起始节点寻求出关键线路。

【例 2-3】 已知网络计划如图 2-13 所示,试用标号法确定其关键线路。

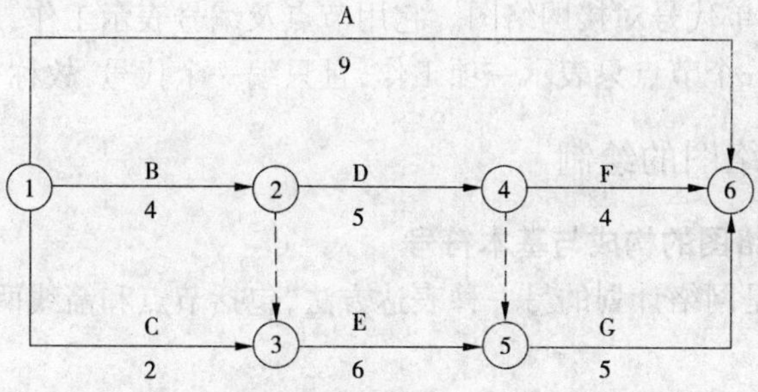

图 2-13　双代号网络计划

解:(1)节点①的标号值为零,即 $b_1=0$;

(2)其他节点的标号值,按节点编号从小到大的顺序逐个进行计算,即

$$b_2 = b_1 + D_{1-2} = 0 + 4 = 4$$

$$b_3 = \max\begin{Bmatrix} b_1 + D_{1-3} = 0 + 2 = 2 \\ b_2 + D_{2-3} = 4 + 0 = 4 \end{Bmatrix} = 4$$

$$b_4 = b_2 + D_{2-4} = 4 + 5 = 9$$

$$b_5 = \max\begin{Bmatrix} b_4 + D_{4-5} = 9 + 0 = 9 \\ b_3 + D_{3-5} = 4 + 6 = 10 \end{Bmatrix} = 10$$

$$b_6 = \max\begin{Bmatrix} b_1 + D_{1-6} = 0 + 9 = 9 \\ b_4 + D_{4-6} = 9 + 4 = 13 \\ b_5 + D_{5-6} = 10 + 5 = 15 \end{Bmatrix} = 15$$

(3)其计算工期就等于终点节点⑥的标号值15。

(4)关键线路应从网络计划的终点节点开始，逆着箭线方向按起始节点确定。从终点节点⑥开始，逆着箭线方向从右向左，根据起始节点(即节点的第一个标号)可以寻求关键线路：1—2—3—5—6，见图 2-14 中的粗箭线。

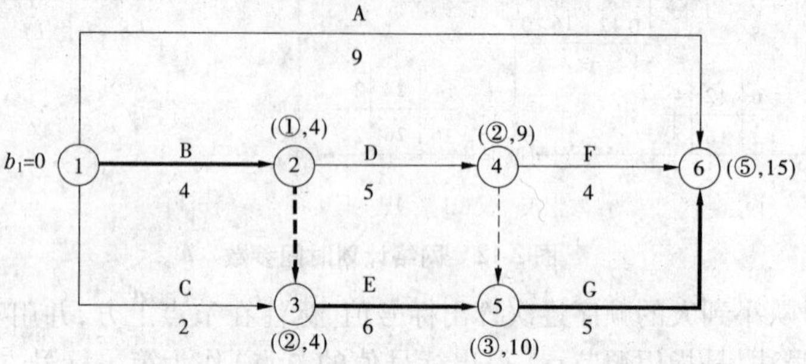

图 2-14　标号法确定关键线路

第三节　单代号网络计划的编制

单代号网络计划是在单代号网络图中标注时间参数的进度计划。单代号网络图又称节点式网络图，也称单代号对接网络图。它用节点及编号表示工作，用箭线表示工作之间的逻辑关系。由于一个节点只表示一项工作，且只编一个代号，故称“单代号”。

一、单代号网络图的绘制

(一)单代号网络图的构成与基本符号

单代号网络图是网络计划的另一种表达方法，包括节点和箭线两个要素。

1. 节点

单代号网络图的节点表示工作，可以用圆圈或者方框表示，如图 2-15 所示。节点表示的工作名称、持续时间和工作编号等应标注在节点内。

节点可连续编号或间断编号，但不允许重复编号。一个工作必须有唯一的一个节点和编号。

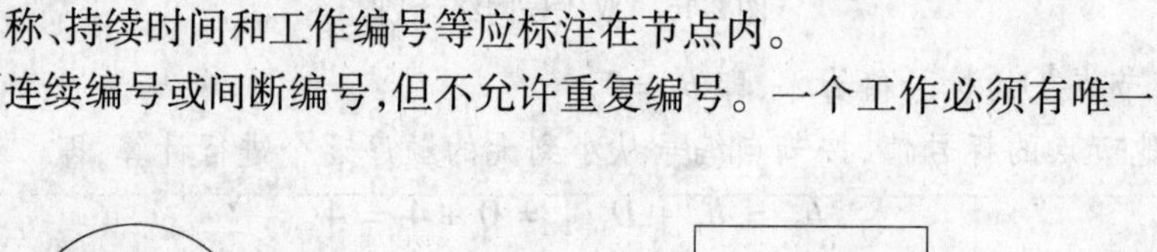

图 2-15　单代号表示方法

2. 箭线

在单代号网络图中，箭线表示工作之间的逻辑关系。箭线的形状和方向可根据绘图的需要设置，可画成水平直线、折线或斜线等。单代号网络图中不设虚箭线，箭线的箭尾节点的编号应小于箭头节点的编号，水平投影的方向应自左至右，表示工作的进行方向。

(二)单代号网络图的绘制规则

单代号网络图的绘制必须遵循一定的逻辑规则,当违背了这些规则,可能出现逻辑混乱,无法判别工作之间的关系和进行参数计算,这些规则与双代号网络图的规则基本相似。

(1)在单代号网络图中必须正确表述已定的逻辑关系。

(2)在单代号网络图中严禁出现循环回路。

(3)在单代号网络图中严禁出现双向箭线和无箭线的连线。

(4)工作编号不允许重复,任何一个编号只能表示唯一的工作。

(5)不允许出现无箭头节点的箭线和无箭尾节点的箭线。

(6)绘制网络图时,箭线不宜交叉,当交叉不可避免时,可采用过桥法、指向法或断线法来表示。

(7)单代号网络图中应只有一个起始节点和终点节点,当网络图中有多项起始节点和多项终点节点时,应在网络图两端分别设置一项虚工作,作为网络图的起始节点和终点节点。

(三)单代号网络图绘制的方法和步骤

(1)根据已知的紧前工作确定出其紧后工作。

(2)确定出各工作的节点位置号。令无紧前工作的工作节点位置号为0,其他工作的节点位置号等于其紧前工作的节点位置号最大值加1。

(3)根据节点位置号和逻辑关系绘制出网络图。

【例2-4】 已知网络图的资料如表2-5所示,绘制出单代号网络图。

表2-5 工作逻辑关系

工作	A	B	C	D	E	F	G	I
紧前工作	无	无	无	无	A、B	B、C	C、D	E、F

解:(1)列出关系表,确定节点位置号,如表2-6所示。

表2-6 工作关系表

工作	紧前工作	紧后工作	节点位置号
A	无	E	0
B	无	E、F	0
C	无	F、G	0
D	无	G	0
E	A、B	I	1
F	B、C	I	1
G	C、D	无	1
I	E、F	无	2

(2)根据节点位置号和逻辑关系绘出单代号网络图，如图 2-16 所示。

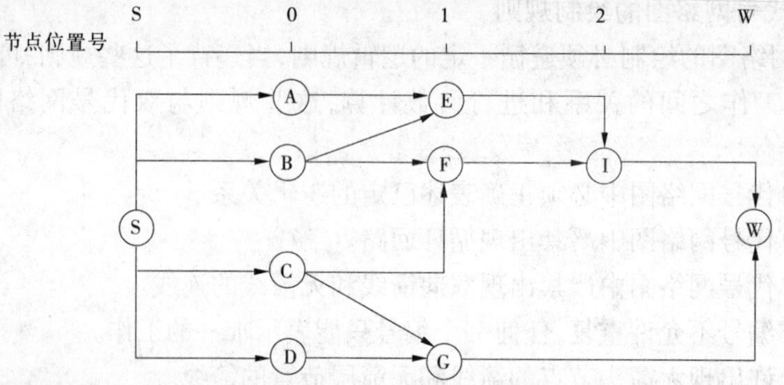

图 2-16　例 2-4 单代号网络图

二、单代号网络图时间参数计算

单代号网络计划与双代号网络计划只是表现形式不同，但是表达内容是完全一样的。

单代号网络计划时间参数的计算通常也是在图上直接进行计算的，主要时间参数如下。

（一）工作最早开始时间 ES_i 和最早完成时间 EF_i

工作最早开始时间是从网络计划的起点节点开始，顺着箭线方向自左至右，依次逐个计算。

网络计划起始节点的最早开始时间若无规定，其值等于零，即

$$ES_i = 0 \quad (i = 1)$$

其他工作的最早开始时间等于该工作紧前工作的最早完成时间的最大值，即

$$ES_j = \max\{EF_i\} = \max\{ES_i + D_i\} \tag{2-10}$$

工作的最早完成时间等于工作的最早开始时间加上该工作的工作历时，即

$$EF_i = ES_i + D_i \tag{2-11}$$

（二）网络计划计算工期和计划工期

1. 网络计划计算工期

网络计划计算工期 T_c 等于网络计划终点节点的最早完成时间，即 $T_c = EF_n$。

2. 网络计划计划工期

当规定了要求工期 T_r 时，计划工期 T_p 应等于或小于要求工期 T_r；当未规定要求工期 T_r 时，可取计划工期 T_p 等于计算工期 T_c。

（三）相邻两项工作之间的时间间隔

在单代号网络计划中引入时间间隔概念。时间间隔是指本工作的最早完成时间与其紧后工作最早开始时间之间的差值，工作 i 与其紧后工作 j 之间的时间间隔用 LAG_{i-j} 表示，即

$$LAG_{i-j} = ES_j - EF_i \tag{2-12}$$

（四）工作最迟完成时间和最迟开始时间的计算

工作最迟完成时间应从网络计划的终点节点开始，逆着箭线方向自右至左，依次逐个

计算。

终点节点所代表的工作最迟完成时间 $LF_n = T_p$。

其他节点工作最迟完成时间等于该工作的紧后工作的最迟开始时间的最小值，即

$$LF_i = \min\{LS_j\} \tag{2-13}$$

节点工作最迟开始时间等于工作最迟完成时间减去该工作的工作历时，即

$$LS_i = LF_i - D_i \tag{2-14}$$

（五）工作总时差计算

工作总时差应从网络计划的终点节点开始，逆着箭线方向自右至左，依次逐个计算。

网络计划终点节点所代表的工作 n 的总时差为零，即 $TF_n = 0$。

其他工作的总时差等于该工作与其紧后工作之间的时间间隔加该紧后工作的总时差之和的最小值，即

$$TF_i = \min\{LAG_{i-j} + TF_j\} \tag{2-15}$$

当已知各项工作的最迟完成时间或最迟开始时间时，工作总时差也可按式(2-16)计算，即

$$TF_i = LF_i - EF_i \quad \text{或} \quad TF_i = LS_i - ES_i \tag{2-16}$$

（六）工作自由时差计算

工作自由时差等于该工作与其紧后工作之间的时间间隔的最小值，即

$$FF_i = \min\{LAG_{i-j}\}$$

三、单代号网络图关键工作与关键线路的确定

（一）利用关键工作确定关键线路

总时差最小的工作为关键工作。这些关键工作相连，并保证相邻两项工作之间的时间间隔为零而构成的线路就是关键线路。

（二）利用相邻两项工作之间的时间间隔确定关键线路

从网络计划的终点节点开始，逆着箭线方向依次找出相邻两项工作之间时间间隔为零的线路就是关键线路。

（三）利用总持续时间确定关键线路

线路上工作总持续时间最长的线路为关键线路。

四、计算实例

【例 2-5】 已知单代号网络图如图 2-17 所示。试计算该网络计划的时间参数，并标注在网络计划上。

解：1. 计算 ES_i 和 EF_i

$$ES_1 = 0, EF_1 = ES_1 + D_1 = 0 + 0 = 0$$

$$ES_2 = EF_1 = 0, EF_2 = ES_2 + D_2 = 0 + 7 = 7$$

$$ES_3 = EF_1 = 0, EF_3 = ES_3 + D_3 = 0 + 5 = 5$$

$$ES_4 = EF_2 = 7, EF_4 = ES_4 + D_4 = 7 + 4 = 11$$

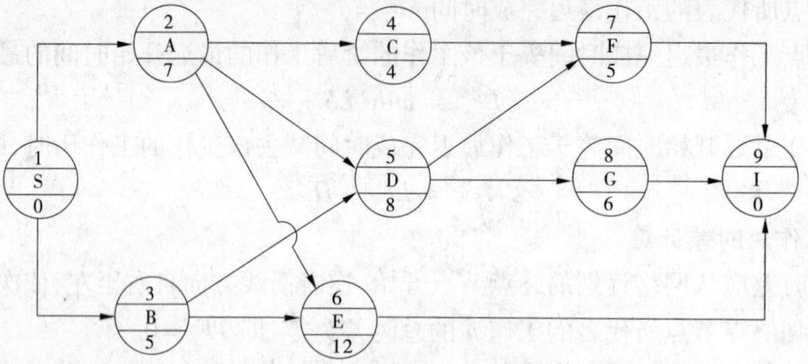

图 2-17　例 2-5 单代号网络图

$$ES_5 = \max\left\{\begin{matrix} ES_2 + D_2 = 0 + 7 = 7 \\ ES_3 + D_3 = 0 + 5 = 5 \end{matrix}\right\} = 7, EF_5 = ES_5 + D_5 = 7 + 8 = 15$$

$$ES_6 = \max\left\{\begin{matrix} ES_2 + D_2 = 0 + 7 = 7 \\ ES_3 + D_3 = 0 + 5 = 5 \end{matrix}\right\} = 7, EF_6 = ES_6 + D_6 = 7 + 12 = 19$$

$$ES_7 = \max\left\{\begin{matrix} ES_4 + D_4 = 7 + 4 = 11 \\ ES_5 + D_5 = 7 + 8 = 15 \end{matrix}\right\} = 15, EF_7 = ES_7 + D_7 = 15 + 5 = 20$$

$$ES_8 = ES_5 + D_5 = 7 + 8 = 15, EF_8 = ES_8 + D_8 = 15 + 6 = 21$$

$$ES_9 = \max\left\{\begin{matrix} ES_6 + D_6 = 7 + 12 = 19 \\ ES_7 + D_7 = 15 + 5 = 20 \\ ES_8 + D_8 = 15 + 6 = 21 \end{matrix}\right\} = 21, EF_9 = ES_9 + D_9 = 21 + 0 = 21$$

2. 计算 T_c 和 T_p

网络计划计算工期 $T_c = EF_9 = 21$。在本例中，没有规定要求工期，所以网络计划计划工期 $T_p = T_c = 21$。

3. 计算 LAG_{i-j}

$$LAG_{1-2} = ES_2 - EF_1 = 0 - 0 = 0, LAG_{1-3} = ES_3 - EF_1 = 0 - 0 = 0$$
$$LAG_{2-4} = ES_4 - EF_2 = 7 - 7 = 0, LAG_{2-5} = ES_5 - EF_2 = 7 - 7 = 0$$
$$LAG_{2-6} = ES_6 - EF_2 = 7 - 7 = 0, LAG_{3-5} = ES_5 - EF_3 = 7 - 5 = 2$$
$$LAG_{3-6} = ES_6 - EF_3 = 7 - 5 = 2, LAG_{4-7} = ES_7 - EF_4 = 15 - 11 = 4$$

余下工作的工作间隔时间由同学们自己完成。

4. 计算 LF_i 和 LS_i

$$LF_9 = T_p = 21, LS_9 = LF_9 - D_9 = 21 - 0 = 21$$
$$LF_8 = LS_9 = 21, LS_8 = LF_8 - D_8 = 21 - 6 = 15$$
$$LF_7 = LS_9 = 21, LS_7 = LF_7 - D_7 = 21 - 5 = 16$$
$$LF_6 = LS_9 = 21, LS_6 = LF_6 - D_6 = 21 - 12 = 9$$
$$LF_5 = \min\{LS_7, LS_8\} = \min\{16, 15\} = 15, LS_5 = LF_5 - D_5 = 15 - 8 = 7$$

余下工作的最晚完成时间和最早开始时间由同学们自己完成。

5. 计算 TF_i

$$TF_9 = LF_9 - EF_9 = 21 - 21 = 0, TF_8 = LF_8 - EF_8 = 21 - 21 = 0$$

$$TF_7 = LF_7 - EF_7 = 21 - 20 = 1, TF_6 = LF_6 - EF_6 = 21 - 19 = 2$$

$$TF_5 = LF_5 - EF_5 = 15 - 15 = 0$$

其余依次类推,余下工作的 TF_i 由同学们自己完成。

6. 计算 FF_i

$$FF_1 = \min\{LAG_{1-2}, LAG_{1-3}\} = \min\{0,0\} = 0$$

$$FF_2 = \min\{LAG_{2-4}, LAG_{2-5}, LAG_{2-6}\} = \min\{0,0,0\} = 0$$

$$FF_3 = \min\{LAG_{3-5}, LAG_{3-6}\} = \min\{2,2\} = 2$$

$$FF_4 = LAG_{4-7} = 4$$

其余依次类推,余下工作的 FF_i 由同学们自己完成。

7. 确定出关键线路

将计算的各时间参数标在网络图上,时间参数标注形式如图 2-18 所示,绘制出网络计划,并用粗线标出关键线路,如图 2-19 所示。我们利用工作时间间隔为零的特征,逆着箭线,从右向左依次找出关键工作,从而得到关键线路。

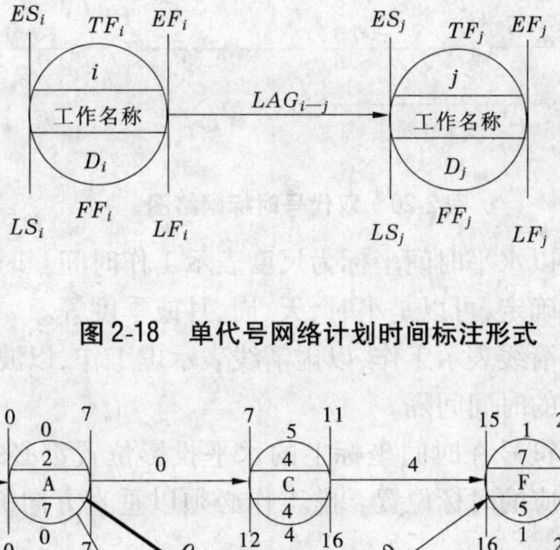

图 2-18 单代号网络计划时间标注形式

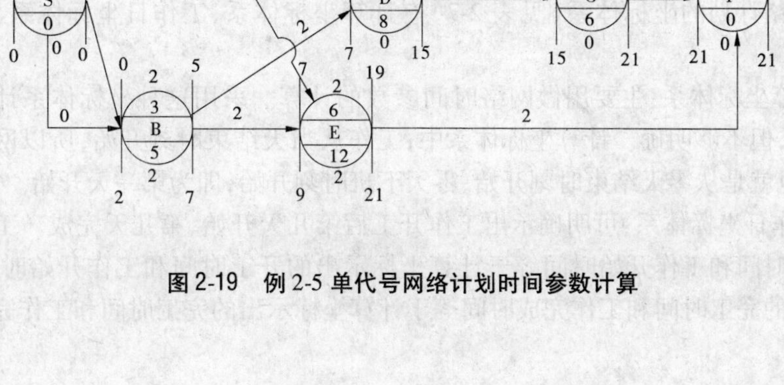

图 2-19 例 2-5 单代号网络计划时间参数计算

第四节　双代号时标网络计划

一、双代号时标网络计划的概念

一般网络计划不带时标，工作持续时间由箭线下方标注的数字说明，而与箭线本身长短无关，这种非时标网络计划看起来不太直观，不能一目了然地在网络图上直接反映各项工作的开始时间和完成时间，同时不能按天统计资源、编制资源需要量计划。

双代号时标网络计划简称时标网络计划，是以时间坐标为尺度编制的网络计划，该网络计划既有一般网络计划的优点，又具有横道图计划直观、易懂的优点，清晰地把时间参数直观地表达出来，同时表明网络计划中各工作之间的逻辑关系，如图 2-20 所示为双代号时标网络图。

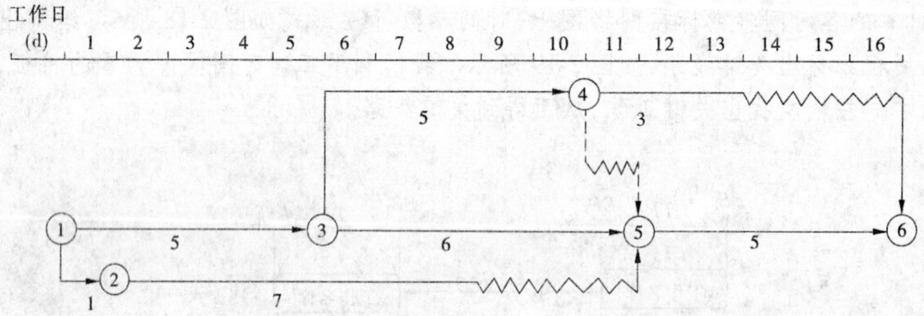

图 2-20　双代号时标网络图

双代号时标网络计划以水平时间坐标为尺度表示工作时间。时标的时间单位应根据需要在编制网络计划之前确定，可以是小时、天、周、月或季度等。

时标网络计划应以实箭线表示工作，以虚箭线表示虚工作，以波形线表示工作的自由时差或者与紧后工作之间的时间间隔。

时标网络计划中所有符号在时间坐标上的水平投影位置都必须与其时间参数相对应。节点中心必须对应相应的时标位置。虚工作必须以垂直方向的虚箭线表示，用自由时差加波形线表示。

时标网络计划宜按最早时间编制。

时标网络计划的坐标体系（见表 2-7）有计算坐标体系、工作日坐标体系、日历坐标体系。

（1）计算坐标体系：主要用做网络时间参数的计算。采用这种坐标体系计算时间参数较为简单，但不够明确。计算坐标体系中，工作从当天结束时刻开始，所以网络计划从零天开始，也就是从零天结束时刻开始、零天下班时刻开始，即为第一天开始。

（2）工作日坐标体系：可明确示出工作开工后第几天开始、第几天完成。工作日坐标示出的开工时间和工作开始时间等于计算坐标示出的开工时间和工作开始时间加 1，工作坐标示出的完工时间和工作完成时间等于计算坐标示出的完工时间和工作完工时间。

表 2-7　时标网络计划的坐标体系

计算坐标	0	1	2	3	4	5	6	7	8	9
日历(月-日)	4-24	4-25	4-26	4-27	4-30	5-2	5-3	5-4	5-7	
周	二	三	四	五	一	三	四	五	一	
工作日	1	2	3	4	5	6	7	8	9	
网络计划										

(3)日历坐标体系:可以明确示出工程的开工日期和完工日期,以及工作的开始日期和完成日期。编制时要注意扣除节假日休息时间。

二、时标网络计划的绘制方法

时标网络计划的绘制方法有间接绘制法和直接绘制法两种。

(一)间接绘制法

间接绘制法是先计算无时标网络计划草图的时间参数,然后再在时标网络计划表中进行绘制的方法。

使用这种方法时,首先,应对无时标网络计划进行计算,算出其最早时间;其次,按每项工作的最早开始时间将其箭尾节点定位在时标表上;最后,用规定线型绘制出工作及其自由时差,形成网络计划。绘制时,一般先绘制出关键线路,再绘制非关键线路。

绘制步骤如下:

(1)先绘制网络计划图,计算工作最早时间并标注在网络图上;

(2)在时标表上,按最早开始时间确定每项工作的起始节点位置号,节点的中心线必须对准时标刻度线;

(3)按工作的时间长度画出相应工作的实线部分,使其水平投影长度等于工作时间,由于虚工作不占用时间,所以应以垂直虚线表示;

(4)用波形线把实线部分与其紧后工作的起始节点连接起来,以表示自由时差。

间接绘制法也可以用标号法确定出双代号网络图的关键线路。绘制时按照工作时间长度,先绘出双代号网络图关键线路,再绘制非关键线路,完成时标网络计划的绘制。

【例 2-6】 已知网络计划的有关资料如表 2-8 所示,试用间接绘制法绘制时标网络计划。

表 2-8　网络计划有关资料

工作	A	B	C	D	E	F	G	H	I
紧前工作	无	A	A	B	B、C	B、C	D、E	D、E、F	G、H
持续时间	2	2	3	2	3	1	3	1	1

解:(1)根据关系表绘制出双代号网络图。

(2)计算时间参数,确定关键线路,如图 2-21 所示。

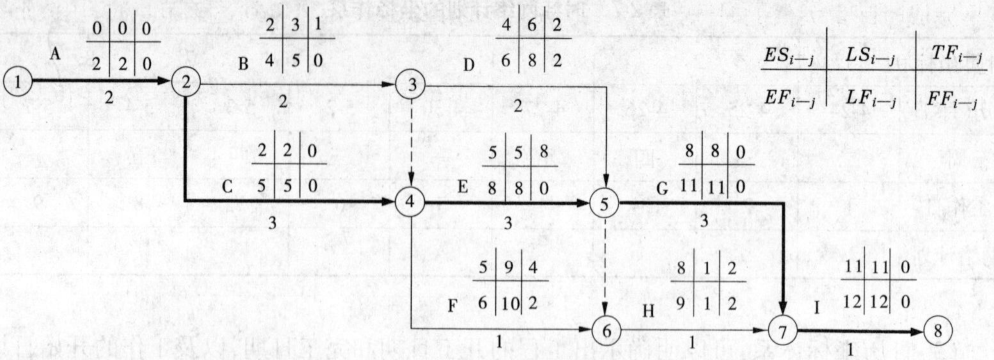

图 2-21　双代号网络计划

(3)在时间坐标上,绘制出双代号网络计划关键线路,如图 2-22 所示。

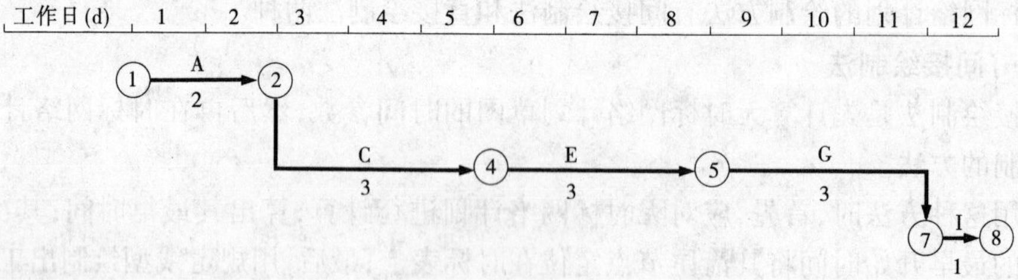

图 2-22　画出时标网络计划的关键线路

(4)绘出双代号网络计划非关键线路,完成时标网络计划绘制,如图 2-23 所示。

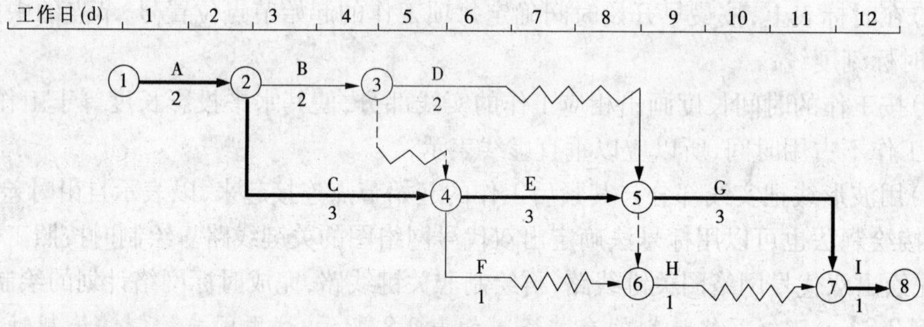

图 2-23　完成时标网络计划

另外,也可以根据标号法来确定出关键线路,再来绘制时标网络计划。

(二)直接绘制法

直接绘制法是不经时间参数计算而直接按无时标网络计划图绘制出时标网络计划。绘制步骤如下:

(1)将起始节点定位在时标计划表的起始刻度上;

(2)按工作持续时间在时标计划表上绘制出以网络计划起始节点为起始节点的工作的箭线;

(3)其他工作的起始节点必须在其所有紧前工作都绘出以后,定位在这些紧前工作

最早完成时间最大值的时间刻度上,某些工作的箭线长度不足以到达该节点时,用波形线补足,箭头画在波形线与节点连接处;

(4)用上述方法自左至右依次确定其他节点位置,直至网络计划终点节点定位,绘图完成。

【例 2-7】 用直接绘制法绘制如图 2-21 所示的时标网络图。

绘图步骤如图 2-24 ~ 图 2-26 所示。

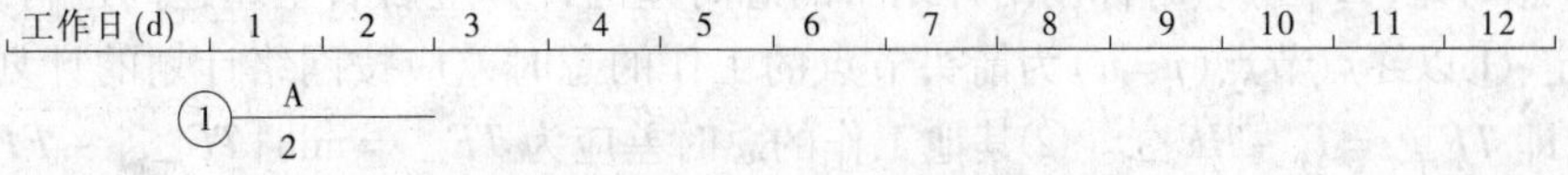

图 2-24 直接绘制法第一步

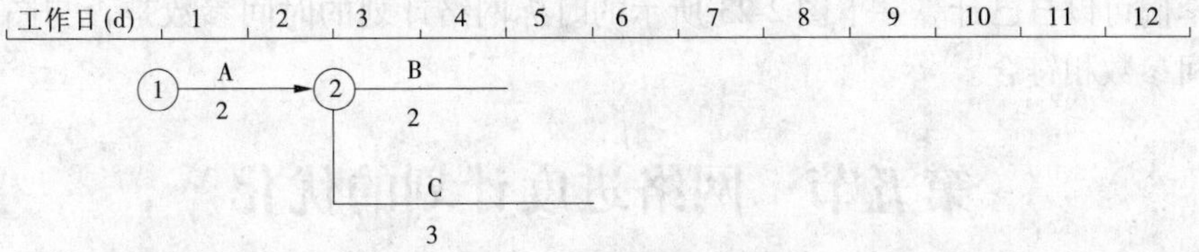

图 2-25 直接绘制法第二步

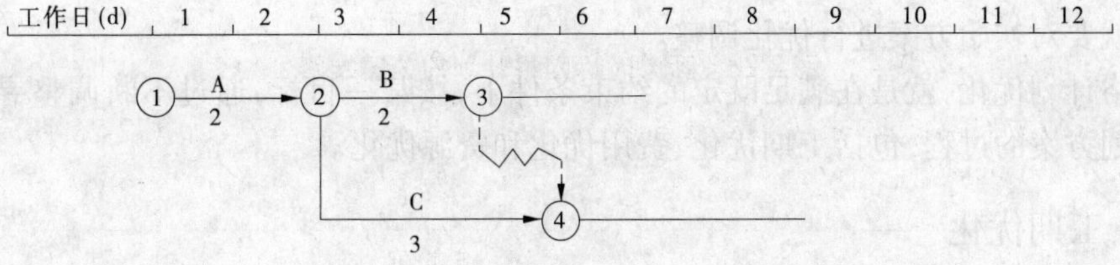

图 2-26 直接绘制法第三步

从左向右依次确定其他节点位置,直至网络计划终点节点定位,绘图完成。

三、时标网络计划关键线路的判定和时间参数的确定

(一)关键线路的判定

时标网络计划关键线路应自右至左,逆向进行观察,凡自始至终没有波形线的线路,即为关键线路。

判断是否是关键线路仍然是根据这条线路上各项工作是否有总时差。在这里,根据是否有自由时差来判断是否有总时差。因为有自由时差的线路必有总时差,而波形线即表示工作的自由时差。如图 2-20 所示,关键线路为 1—3—5—6。

(二)时间参数的确定

(1)最早开始时间($ES_{i-j}=ET_i$)。每条实箭线左端箭尾节点中心所对应的时标值,即为该工作的最早开始时间。

(2)最早完成时间($EF_{i-j}=ES_{i-j}+D_{i-j}$)。如果箭线右端无波形线,则该箭线右端节

点中心所对应的时标值为该工作的最早完成时间；如果箭线右端有波形线，则实箭线右端末所对应的时标值即为该工作的最早完成时间。

(3)计算工期($T_c = ET_n$)。时标网络计划计算工期等于终点节点与起始节点所在位置的时标值之差。

(4)自由时差(FF_{i-j})。在该工作的箭线中，波形线部分在坐标轴上的水平投影长度即为自由时差的数值。

(5)总时差(TF_{i-j})。时标网络计划中的总时差的计算应自右至左逆向进行，且符合下列规定：①以终点节点($j = n$)为箭头节点的工作的总时差应按网络计划的计划工期计算确定，即 $TF_{i-n} = T_p - EF_{i-n}$。②其他工作的总时差应为 $TF_{i-j} = \min\{TF_{j-k}\} + FF_{i-j}$。

(6)最迟开始时间($LS_{i-j} = ES_{i-j} + TF_{i-j}$)。

(7)最迟完成时间($LF_{i-j} = EF_{i-j} + TF_{i-j} = LS_{i-j} + D_{i-j}$)。

同学们可以自己计算一下图 2-23 所示的时标网络计划的时间参数是否与图 2-21 标注的时间参数相符合。

第五节　网络进度计划的优化

编制网络进度计划时，先编制成一个初始方案，然后检查计划是否满足工期控制要求，是否满足人力、物力、财力等资源控制条件，以及能否以最小的消耗取得最大的经济效益。这就要对初始方案进行优化调整。

网络计划优化，就是在满足既定的约束条件下，按某一目标，通过不断调整寻求最优网络计划方案的过程，包括工期优化、费用优化和资源优化。

一、工期优化

网络计划的计算工期与计划工期若相差太大，为了满足计划工期，则需要对计算工期进行调整：当计划工期大于计算工期时，应放缓关键线路上各项目的延续时间，以减少资源消耗强度；当计划工期小于计算工期时，应紧缩关键线路上各项目的延续时间。

工期优化的步骤如下：

(1)找出网络计划中的关键工作和关键线路(如采用标号法)，并计算工期。

(2)按计划工期计算应压缩的时间 ΔT。

(3)选择被压缩的关键工作，在确定优先压缩的关键工作时，应考虑以下几个因素：①缩短工作持续时间后，对质量和安全影响不大的关键工作；②有充足资源的关键工作；③缩短工作的持续时间所需增加的费用最少。

(4)将优先压缩的关键工作压缩到最短的工作持续时间，并找出关键线路和计算出网络计划的工期；如果被压缩的工作变成了非关键工作，则应将其工作持续时间延长，使之仍然是关键工作。

(5)若已达到工期要求，则优化完成。若计算工期仍超过计划工期，则按上述步骤依次压缩其他关键工作，直到满足工期要求或工期已不能再压缩为止。

(6)当所有关键工作的工作持续时间均已经达到最短工期仍不能满足要求时，应对计划的技术、组织方案进行调整,或对计划工期重新审定。

【例2-8】 已知网络计划如图2-27所示,箭线下方括号外为正常持续时间,括号内为最短持续时间,箭线上方括号内数字表示压缩一天增加的费率,以元/d计。假定工期是120 d,对网络计划进行工期优化。

解:(1)用标号法找出关键线路,如图2-28所示。网络计划的关键线路是1—3—4—6,计算工期是160 d。

(2)计算应压缩的时间 ΔT。要求工期是120 d,而由网络计划计算出的工期是160 d,所以需要缩短时间 $\Delta T=160-120=40$(d)。

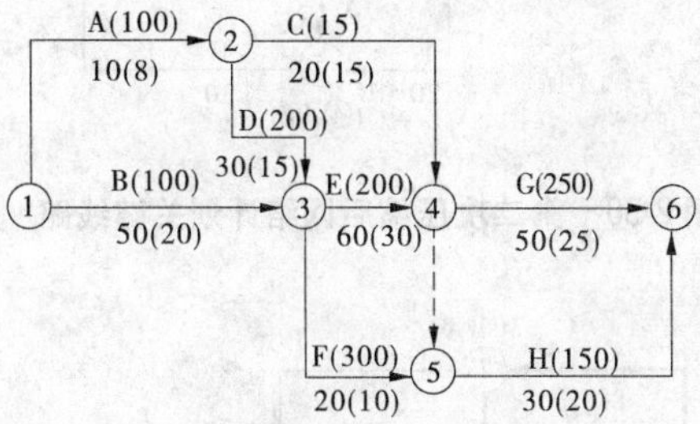

图2-27 待优化的网络计划

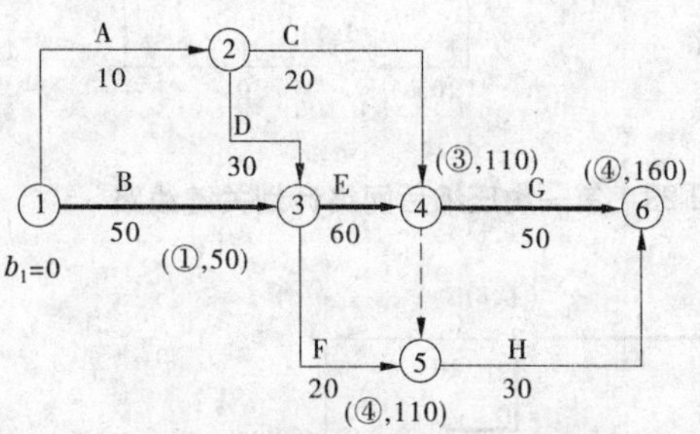

图2-28 网络计划关键线路

(3)选择被压缩的关键工作。网络计划只有一条关键线路,关键工作是1—3、3—4、4—6,压缩这三个工作到最短时间所需费用分别为 $100\times30=3\ 000$(元)、$200\times30=6\ 000$(元)、$250\times25=6\ 250$(元),选择缩短工作的持续时间所需增加的费用最少的1—3工作作为压缩对象,如图2-28所示。

(4)第一次压缩:将1—3工作的工作时间压缩到最短持续时间20 d,用标号法确定关键线路后,发现1—3工作不再是关键工作。为了使1—3工作仍为关键工作,把1—3工作持续时间延长至40 d,再用标号法确定关键线路,如图2-29所示。此时出现两条关键线路,工期为150 d。

(5)第二次压缩:对于图2-29有四个压缩方案,分别是同时压缩工作1—3和1—2、同时压缩工作1—3和2—3、压缩工作3—4和压缩工作4—6。对于第一种方案,工作1—3和1—2分别压缩2 d,则所需增加费用为 $100\times2+100\times2=400$(元);对于第二种方案,工作1—3和2—3分别压缩15 d,则所需增加费用为 $100\times15+200\times15=4\ 500$(元);对第三种方案,工作3—4压缩至最短持续时间30 d,所需增加费用为 $30\times200=6\ 000$(元);对第四种方案,工作4—6压缩至最短持续时间25 d,所需增加费用为 $25\times250=6\ 250$(元)。根据优先原则,选择压缩工作1—3和1—2,分别压缩2 d。压缩后可以再用标号法确定关键线路,并且此时工期为148 d。

(6)第三次压缩:如图2-30所示,此时工作1—2不能再压缩,所以只有三个压缩方案,分别是同时压缩工作1—3和2—3、压缩工作3—4和4—6。这三个方案中,通过计算压缩费用可知,优先选择同时压缩工作1—3和2—3,各压缩15 d。压缩后可以再用标号法确定关键线路,并且此时工期为133天。

(7)第四次压缩:如图2-31所示,此时工作1—2和2—3不能再压缩,所以只有两个压缩方案。分别是压缩工作 3—4 和压缩工作 4—6。这三个方案中,通过计算压缩费用可知,优先选择压缩工作 3—4,对工作 3—4 持续时间压缩 13 d,即可达到工期为 120 d 要求,如图 2-32 所示。至此,工期优化完成。

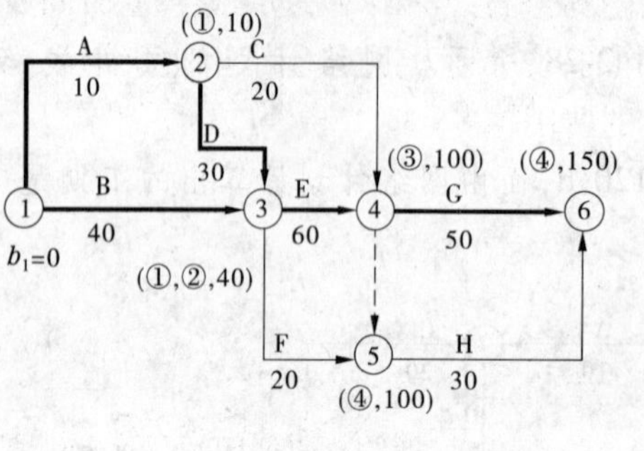

图 2-29　第一次压缩后网络计划关键线路

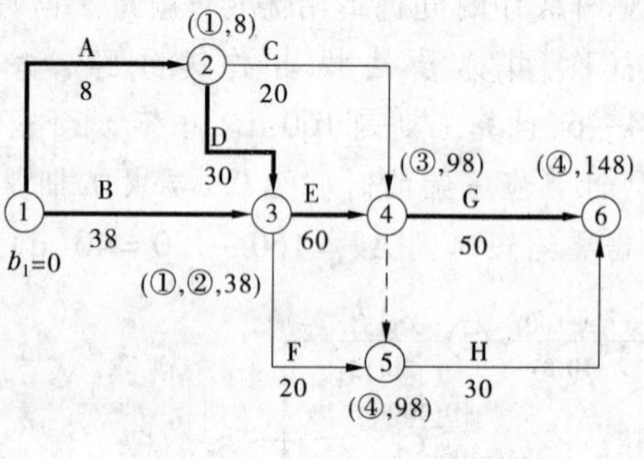

图 2-30　第二次压缩后网络计划关键线路

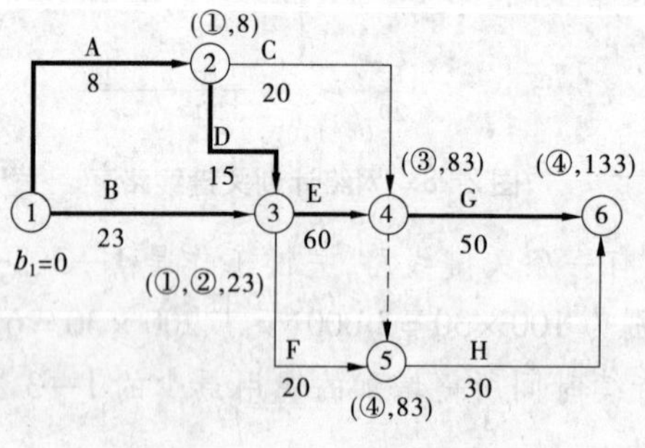

图 2-31　第三次压缩后网络计划关键线路

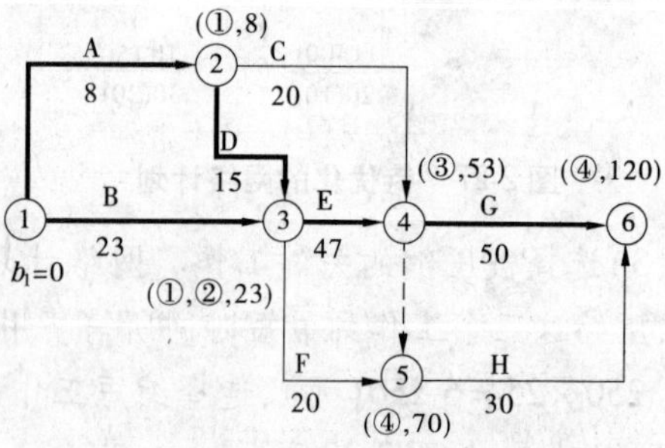

图 2-32　压缩完成后的网络计划

二、费用优化

费用优化又称工期成本优化,是指寻求工程费用最低时对应的总工期,或按要求工期寻求成本最低的计划安排过程。

(一)费用与工期的关系

工程总费用由直接费和间接费组成。直接费由人工费、材料费、机械费、措施费等组成。直接费一般与工作时间成反比关系,即增加直接费,如采用技术先进的设备、增加设备和人员、提高材料质量等都能缩短工作时间;相反,减少直接费,则会使工作时间延长。间接费包括与工程相关的管理费、占用资金应付的利息,机动车辆费等。间接费一般与工作时间成正比,即工期越长,间接费越高;工期越短,间接费越低。

工程总费用与工期的关系如图 2-33 所示,由图 2-33 可知,只要确定一个合理工期,就能使总费用达到最小,这就是费用优化的目的。

对于一个施工项目而言,工期的长短与该项目的工程量、施工方案条件有关,并取决于关键线路上各项作业时间之和,关键线路又由许多持续时间和费用各不相同的作业组成。当缩短工期到某一极限时,无论费用增加多少,工期都不能再缩短,这个极限对应的时间称为强化工期,强化工期对应的费用称为极限费用,此时的费用最高。反之,若延长工期,则直接费减少，但将时间延长至某极限时，无论怎样增加工期，直接费都不会减少，此时的极限对应的时间叫做正常工期，对应的费用叫做正常费用。将正常工期对应的费用和强化工期对应的费用连成一条曲线，称为费用曲线或 ATC 曲线（见图 2-34）。在图 2-34 中 ATC 曲线为一直线，这样单位时间内费用的变化就是一常数，把这条直线的斜率（即缩短单位时间所需的直接费）称为直接费率。不同作业的费率是不同的，费率越大，意味着作业时间缩短一天，所增加的费用越大，或作业时间增加一天，所减少的费用越多。

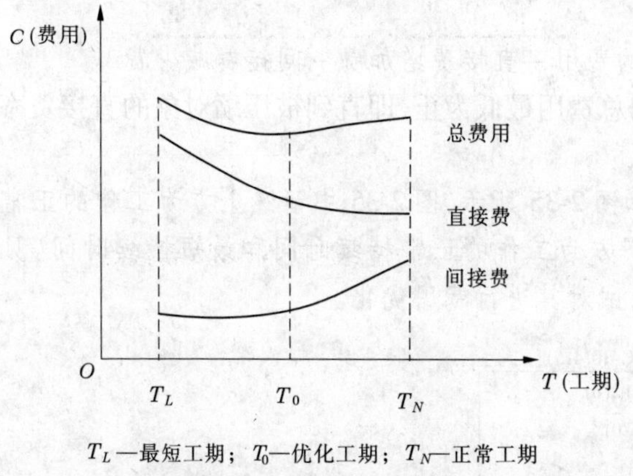

图 2-33 工期—费用曲线

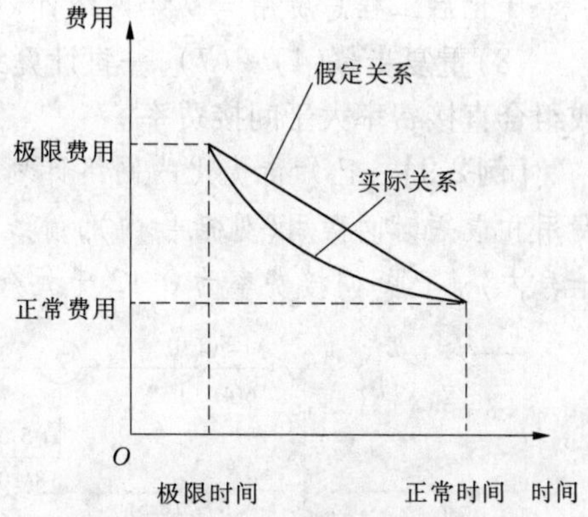

图 2-34 ATC 曲线

（二）费用优化方法

费用优化可按下述步骤进行：

（1）计算出工程总直接费。它等于组成该工程的全部工作的直接费之和，用$\sum C_{i-j}^{D}$表示。

（2）计算各项工作直接费增加率（简称直接费率）。工作 i—j 的直接费率为

$$\Delta C_{i-j}=\frac{CC_{i-j}-CN_{i-j}}{DN_{i-j}-DC_{i-j}} \tag{2-17}$$

式中 ΔC_{i-j}——工作 i—j 的直接费率；

CC_{i-j}——将工作 i—j 持续时间缩短为极限时间后，完成该工作所需的直接费；

CN_{i-j}——在正常时间内完成工作 i—j 所需的直接费；

DN_{i-j}——工作 i—j 的正常持续时间；

DC_{i-j}——工作 i—j 的极限持续时间。

（3）按工作的正常持续时间确定计算工期和关键线路。

（4）选择优化对象。当只有一条关键线路时，应找出直接费率最小的一项关键工作作为缩短持续时间的对象；当有多条关键线路时，应找出组合直接费率最小的一组关键工作作为缩短持续时间的对象。对于压缩对象，缩短后工作的持续时间不能小于其极限时间，缩短持续时间的工作也不能变成非关键工作，如果变成了非关键工作，需要将其持续时间延长，使其仍为关键工作。

（5）对于选定的压缩对象，首先要比较其直接费率或组合直接费率与间接费率的大小，然后再进行压缩。压缩方法如下：①如果被压缩对象的直接费率或组合直接费率大于

间接费率，说明压缩关键工作的持续时间会使工程总费用增加，此时应停止缩短关键工作的持续时间，在此之前的方案即为优化方案。②如果被压缩对象的直接费率或组合直接费率等于间接费率，说明压缩关键工作的持续时间不会使工程总费用增加，故应缩短关键工作的持续时间。③如果被压缩对象的直接费率或组合直接费率小于间接费率，说明压缩关键工作的持续时间会使工程的总费用减少，故应缩短关键工作的持续时间。

(6)计算相应增加的总费用 C_i。

(7)计算出优化后的总费用，即

优化后工程总费用 = 初始网络计划的费用 + 直接费增加费 - 间接费减少费

(8)重复步骤(4) ~ (7)，一直计算到总费用最低为止，即直到被压缩对象的直接费率或组合直接费率大于间接费率。

【例 2-9】 已知待优化的网络计划如图 2-35 所示，图 2-35 中箭线上方为工作的正常费用和最短时间费用(见括号内)，箭线下方为工作的正常持续时间和最短持续时间(见括号内)。已知间接费率为 0.12 千元/d，试对其进行费用优化。

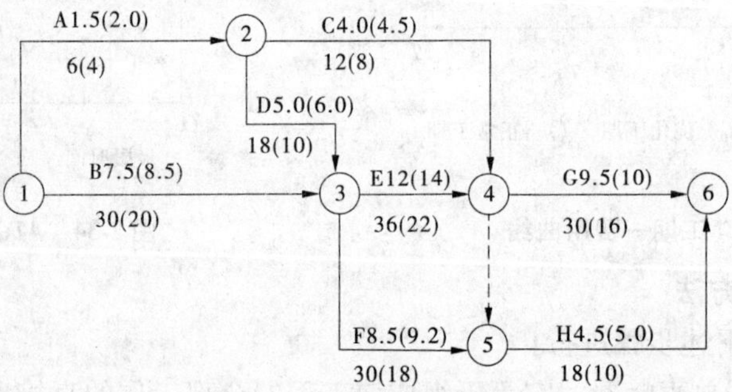

图 2-35　例 2-9 待优化的网络计划

解：(1)计算总费用

$$\sum C_{i-j}^{D} = 1.5 + 7.5 + 4.0 + 5.0 + 12 + 8.5 + 9.5 + 4.5 = 52.5(\text{千元})$$

(2)计算各项工作直接费率，如表 2-9 所示。

表 2-9　各项工作直接费率

工作	$CC_{i-j} - CN_{i-j}$(千元)	$DN_{i-j} - DC_{i-j}$(d)	ΔC_{i-j}(千元/d)
1—2	2.0 - 1.5	6 - 4	0.25
1—3	8.5 - 7.5	30 - 20	0.10
2—3	6.0 - 5.0	18 - 10	0.125
2—4	4.5 - 4.0	12 - 8	0.125
3—4	14 - 12	36 - 22	0.143
3—5	9.2 - 8.5	30 - 18	0.058
4—6	10 - 9.5	30 - 16	0.036
5—6	5.0 - 4.5	18 - 10	0.062

(3)按正常工作时间,用标号法确定出关键线路并求出计算工期,如图2-36所示。计算工期为96 d。

(4)第一次压缩。在图2-36中,关键线路是1—3—4—6,选择直接费率最小的工作4—6作为优化对象。工作4—6的直接费率为0.036千元/d,小于间接费率,所以压缩其工作时间至最短持续时间16 d。压缩后用标号法找出关键线路,此时工作4—6变为非关键工作。为了使工作4—6仍为关键工作,将工作4—6的工作历时延长至18 d,仍为关键工作,如图2-37所示。此时工期为84 d。

第一次压缩工作4—6持续时间缩短12 d,所以增加费用为

$$C_1 = 0.036 \times 12 = 0.432(\text{千元})$$

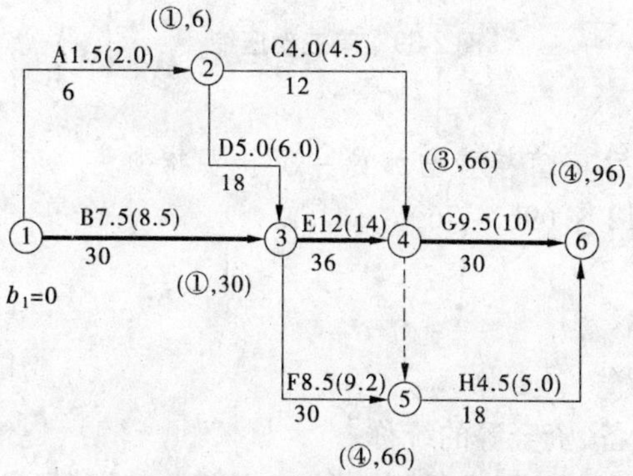

图2-36 网络计划的关键线路

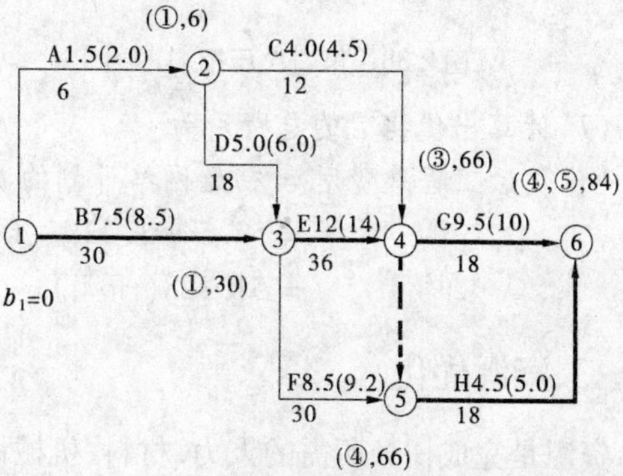

图2-37 第一次压缩

(5)第二次压缩。在图2-37中,有三个压缩方案,分别为压缩工作1—3,压缩工作3—4,同时压缩工作4—6和5—6。三个方案对应的直接费率分别为0.10千元/d,0.143千元/d,0.098千元/d。故选择同时压缩工作4—6和5—6,其直接费率0.098千元/d小于间接费率,分别压缩2 d,如图2-38所示。工期为82 d。

第二次压缩后增加的总费用为

$$C_2 = C_1 + 0.098 \times 2 = 0.628(\text{千元})$$

(6)第三次压缩。在图2-38中,工作4—6和5—6已经不能再压缩了,所以有两个压缩方案,分别为压缩工作1—3,压缩工作3—4。两个方案对应的直接费率分别为0.10千元/d,0.143千元/d。故选择压缩工作1—3,其直接费率0.10千元/d小于间接费率。压缩工作1—3至最短持续时间20 d。压缩后用标号法找出关键线路,此时工作1—3变为非关键工作,为了使工作1—3仍为关键工作,将工作1—3的工作历时延长至24 d,仍为关键工作,如图2-39所示。工期为76 d。

第三次压缩后增加的总费用

$$C_3 = C_2 + 0.1 \times 6 = 0.628 + 0.6 = 1.228(\text{千元})$$

对于图2-39中,关键线路是三条。其中工作4—6和5—6已经不能再压缩,压缩方案有三个:压缩工作1—2和1—3,压缩工作1—3和2—3,压缩工作3—4,三个方案的直接费率分别为0.35千元/d,0.225千元/d,0.143千元/d。三个方案中的最小直接费率

0.143 千元/d 大于间接费率，因此图 2-39 即为最优网络计划，优化工期为 76 d。

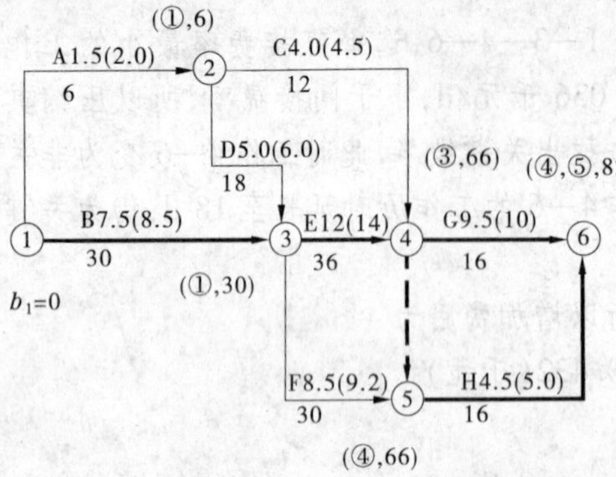

图 2-38　第二次压缩

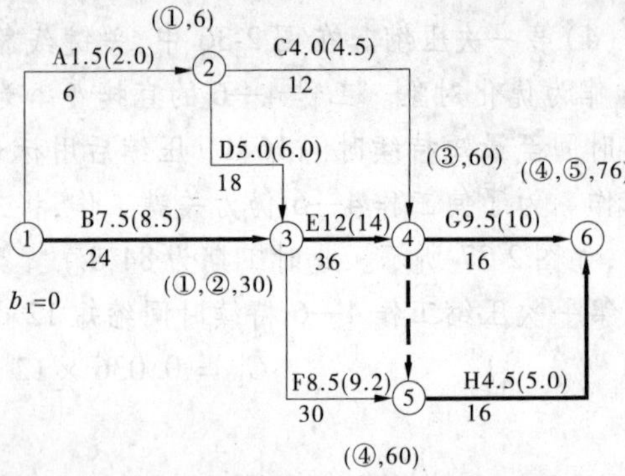

图 2-39　第三次压缩

(7) 计算出优化后的总费用为

$$\begin{aligned}\text{优化后工程总费用} &= \text{初始网络计划的费用} + \text{直接费增加费} - \text{间接费减少费}\\ &= 52.5 + 1.228 - 0.12 \times (96 - 76)\\ &= 51.328(\text{千元})\end{aligned}$$

三、资源优化

资源是完成任务所需的人力、材料、机械设备、资金等的统称。

资源优化问题可归结为两种类型：一是资源有限，寻求最短工期；二是规定工期，寻求资源消耗均衡。无论是哪一类的资源优化问题，都是通过重新调整安排某些工作项目，使网络计划的工期和资源分配情况得到改善。

资源优化中的几个常用术语如下：

资源强度。指一项工作在单位时间内所需的某种资源数量，工作 $i—j$ 的资源强度用 $q_{i—j}$ 表示。

资源需要量。指网络计划中各项工作在单位时间内所需某种资源量之和，第 t 天资源需要量常用 Q_t 表示。

资源限量。指单位时间内可供使用的某种资源的最大数量，常用 Q_a 表示。

(一) 资源有限 - 工期最短的优化

资源有限 - 工期最短的优化步骤如下：

(1) 计算网络计划每天资源需要量 Q_t。

(2) 从计划开始日期起，逐日检查每天资源需要量是否超过资源限量，如果在整个工期内每天资源需要量均不超过限量，则该方案即为优化方案，否则必须停止检查，对该计划进行调整。

(3) 调整网络计划。在超过资源限量的时段进行分析，如果该区段内有几项平行工作，则应将一项工作安排在与之相平行的另一项工作之后进行，以减少该时段的每天资源需要量。平移一项工作后，工期延长的时间可按式(2-18)计算

$$\Delta D_{m-n,i-j} = EF_{m-n} - LS_{i-j} \tag{2-18}$$

式中　$\Delta D_{m-n,i-j}$——在资源需要量超过资源限量的时段内的诸平行工作中，将工作 $i—j$ 安排在工作 $m—n$ 之后，工期延长的时间；

EF_{m-n}——工作 $m—n$ 最早完成时间；

LS_{i-j}——工作 $i—j$ 最迟开始时间。

对平行工作进行两两排序，即可得出若干个 $\Delta D_{m-n,i-j}$，选择其中最小的 $\Delta D_{m-n,i-j}$ 及与其对应的调整方案。

(4)重复以上步骤，直到网络计划整个工期范围内每个时间单位的资源需要量均满足资源限量为止。

【例2-10】 某工程网络计划的原始网络图如图2-40所示，图2-41中箭线上方的数字表示该工作每日所需资源量，下方数字表示该工作历时。现在已知资源限量为工人数每日最多不超过40人。对该计划进行调整，使之在满足资源限量的条件下，工期最短。

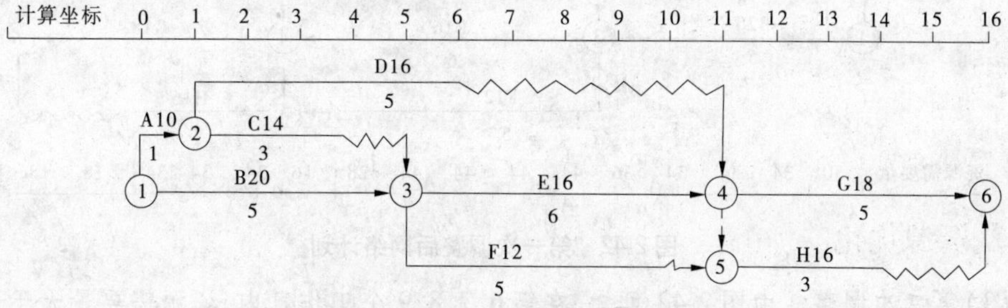

图2-40　原始时标网络计划

解：(1)计算每日资源需要量。

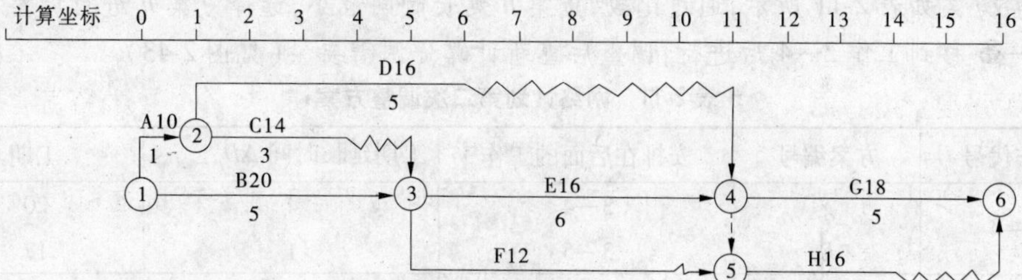

图2-41　原始网络计划资源需要量

(2)第一次调整。逐日检查，在第2、3、4个工作日内，资源需要量大于资源限量40人，发生资源冲突，需要进行调整。

在第2、3、4个工作日内，有B、C、D三项工作，时间参数分别为工作B：$EF_{1-3}=5$，$LS_{1-3}=0$；工作C：$EF_{2-3}=4$，$LS_{2-3}=2$；工作D：$EF_{2-4}=6$，$LS_{2-4}=6$。

调整方案如表2-10所示。

工期延长值为负值，说明调整后还未到原工期，故工期为原工期不变。选择方案 d 进行调整，即把工作2—4移到工作2—3后，进行调整后重新计算资源需要量(见图2-42)。

表 2-10　网络计划调整方案

工作代号	方案编号	安排在后面的工作	工期延长时间 $\Delta D_{m-n,i-j}$	工期
1—3	*a*	2—3	3	19
	b	2—4	−1	16
2—3	*c*	1—3	4	20
	d	2—4	−2	16
2—4	*e*	1—3	6	22
	f	2—3	4	20

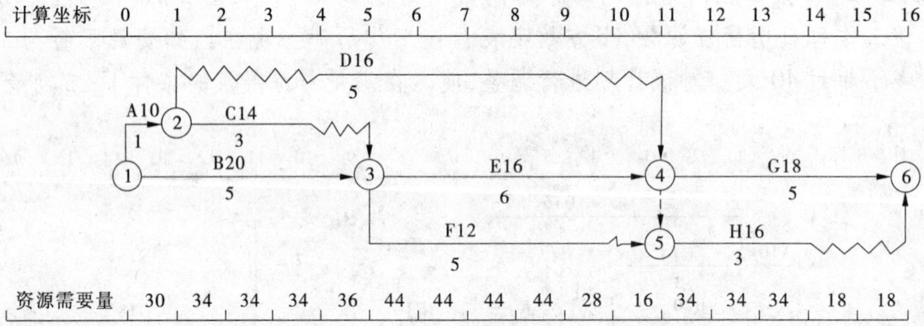

图 2-42　第一次调整后网络计划

(3)第二次调整。由图 2-42 可知，在第 6、7、8、9 个工作日内，资源需要量大于资源限量，需要再次进行调整。在第 6、7、8、9 个工作日内，有三项工作，时间参数分别为工作 2—4：$EF_{2-4}=9$，$LS_{2-4}=6$；工作 3—4：$EF_{3-4}=11$，$LS_{3-4}=5$；工作 3—5：$EF_{3-5}=10$，$LS_{3-5}=8$。调整方案如表 2-11 所示，通过比较，方案 *h* 延长时间最小，选择方案 *h* 进行调整，即把工作 3—5 移到工作 2—4 后进行，调整后重新计算资源需要量(见图 2-43)。

表 2-11　网络计划第二次调整方案

工作代号	方案编号	安排在后面的工作	工期延长时间 $\Delta D_{m-n,i-j}$	工期
2—4	*g*	3—4	4	20
	h	3—5	1	17
3—4	*i*	2—4	5	21
	j	3—5	3	19
3—5	*k*	2—4	4	20
	l	3—4	5	21

在图 2-43 中，各日的资源需要量都没有超过资源限量，调整结束，但是工期延长 1 d，为 17 d。

(二)工期固定 - 资源均衡的优化

工期固定 - 资源均衡的优化指在工期不变的情况下，使资源分布尽量均衡，这样不仅有利于工程建设的组织与管理，而且可以降低工程费用。

工期固定 - 资源均衡的优化可用削高峰法(利用时差降低资源高峰值)获得资源消

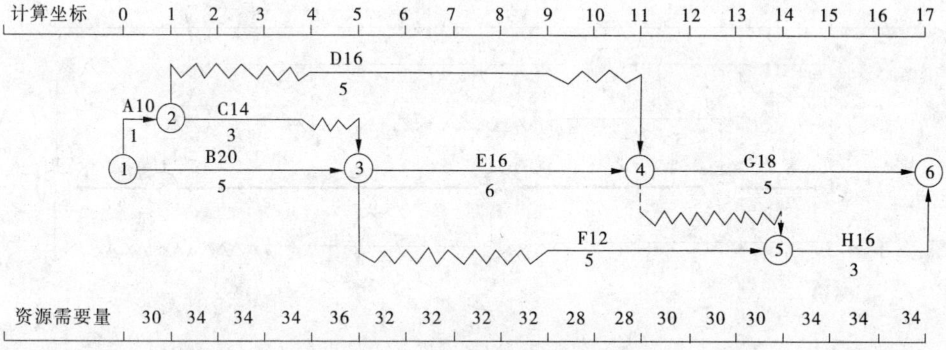

图 2-43　第二次调整后网络计划

耗量尽可能均衡地优化方案。削高峰法应按下列步骤进行：

(1)计算网络计划每时间单位的资源需要量；

(2)确定削峰目标，其值等于每时间单位资源需要量的最大值减一个单位量；

(3)找出高峰时段的最后时间点 T_h 及有关工作的最早开始时间 ES_{i-j} 和总时差 TF_{i-j}；

(4)计算有关工作的时间差值 $\Delta T_{i-j}=TF_{i-j}-(T_h-ES_{i-j})$，优先以时间差值最大的工作 $i—j$ 为调整对象，令 $ES_{i-j}=T_h$；

(5)当峰值不能再减小时，即得到优化方案；否则，重复以上步骤。

【例 2-11】　已知待优化的网络计划如图 2-44 所示。图 2-44 中箭线上方为资源强度，箭线下方为工作持续时间，试对其进行资源优化。

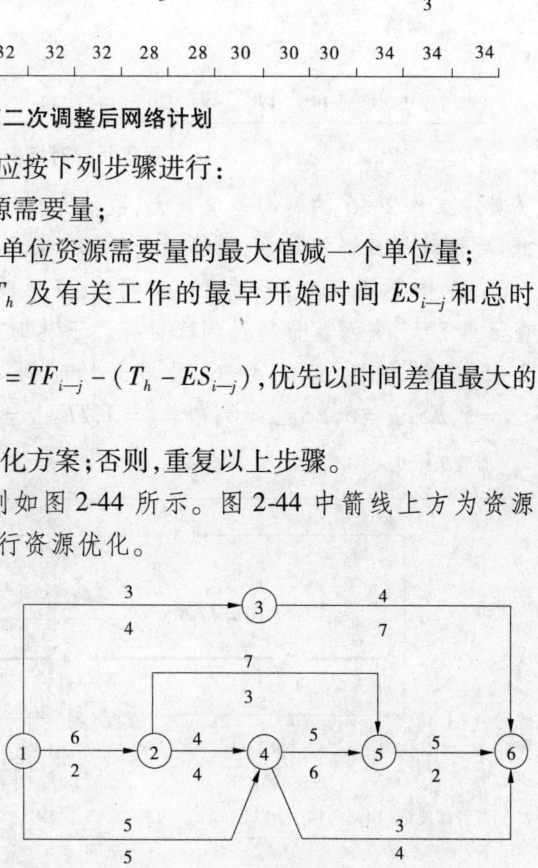

图 2-44　例 2-11 待优化的网络计划

解：(1)绘制时标网络计划，并计算网络计划的时间单位资源需要量，如图 2-45 所示。

(2)确定削峰目标。在图 2-45 中，资源需要量最大值减去一个单位量，即 $20-1=19$。

(3)找出高峰时段最后时间点 $T_h=5$。在第 5 天有四项工作，分别是工作 1—4，工作 2—4，工作 2—5，工作 3—6。最早开始时间 ES_{i-j} 和总时差 TF_{i-j} 分别为 $ES_{1-4}=0$，$ES_{2-4}=2$，$ES_{2-5}=2$，$ES_{3-6}=4$；$TF_{1-4}=1$，$TF_{2-4}=0$，$TF_{2-5}=7$，$TF_{3-6}=3$。

(4)有关工作的时间差值：

$$\Delta T_{1-4}=TF_{1-4}-(T_h-ES_{1-4})=1-(5-0)=-4$$

$$\Delta T_{2-4}=TF_{2-4}-(T_h-ES_{2-4})=0-(5-2)=-3$$

$$\Delta T_{2-5}=TF_{2-5}-(T_h-ES_{2-5})=7-(5-2)=4$$

$$\Delta T_{3-6}=TF_{3-6}-(T_h-ES_{3-6})=3-(5-4)=2$$

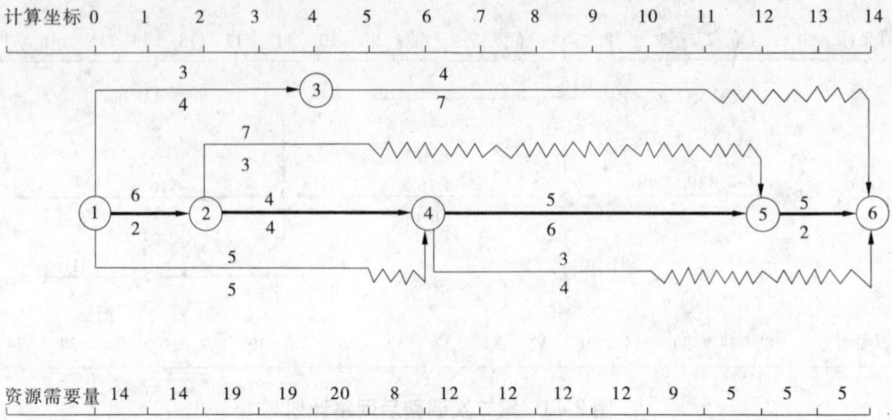

图 2-45　时标网络计划

其中工作 2—5 的时间差值最大,故优先将该工作向右移动 3 d,即第 5 天以后开始工作,然后计算每日资源数量,看峰值是否小于或等于削峰目标(19)。

(5)从图 2-46 可知,经过第一次调整,资源数量最大值为 19,故削峰目标为 18。逐日检查至第 7 天,资源数量超过削峰目标。下界时间点 $T_h = 8$,在第 8 天中有工作 3—6,工作 2—5,工作 4—5,工作 4—6,最早开始时间 ES_{i-j} 和总时差 TF_{i-j} 分别为 $ES_{3-6} = 4$, $ES_{2-5} = 5$, $ES_{4-5} = 6$, $ES_{4-6} = 6$; $TF_{3-6} = 3$, $TF_{2-5} = 7$, $TF_{4-5} = 0$, $TF_{4-6} = 4$。

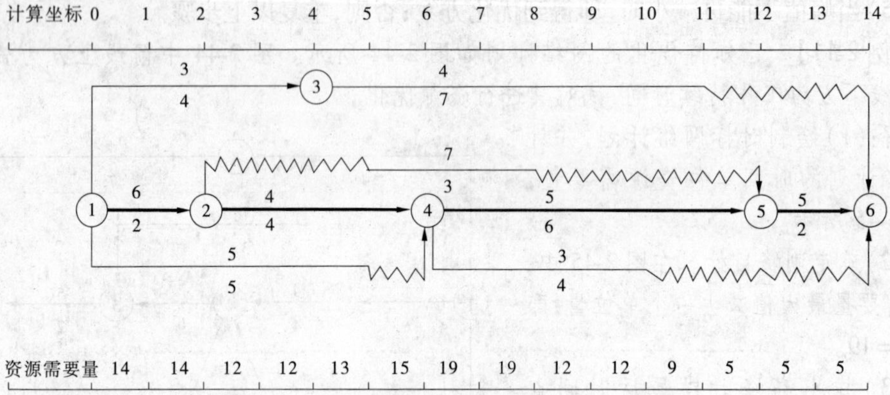

图 2-46　第一次调整

有关工作时间差值:

$$\Delta T_{3-6} = TF_{3-6} - (T_h - ES_{3-6}) = 3 - (8 - 4) = -1$$

$$\Delta T_{2-5} = TF_{2-5} - (T_h - ES_{2-5}) = 7 - (8 - 5) = 4$$

$$\Delta T_{4-5} = TF_{4-5} - (T_h - ES_{4-5}) = 0 - (8 - 6) = -2$$

$$\Delta T_{4-6} = TF_{4-6} - (T_h - ES_{4-6}) = 4 - (8 - 6) = 2$$

按理应该调整工作 2—5,但是工作 2—5 的资源需要量是 7,持续时间是 3 d,移动后还是不能满足削峰目标,所以移动工作 4—6,向右移动 2 d,第 8 天以后开始工作,再计算资源需要量(见图 2-47)。

(6)从图 2-47 中可知,经过第二次调整,资源需要量最大值为 16,削峰目标为 15。下

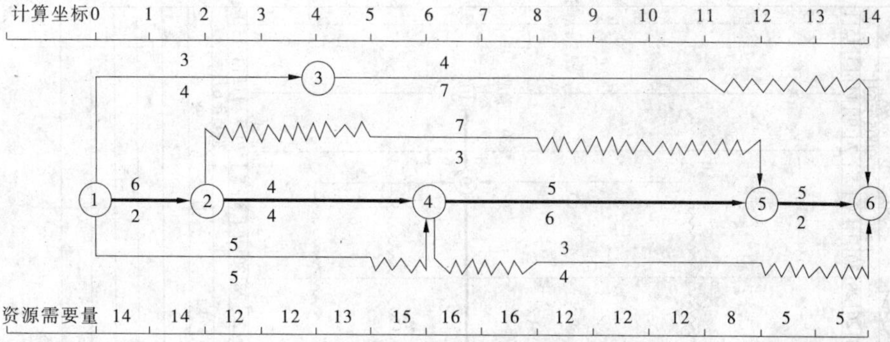

图 2-47　第二次调整

界时间点为 $T_h=8$。在第 8 天中，有工作 2—5，工作 3—6，工作 4—5，最早开始时间 ES_{i-j} 和总时差 TF_{i-j} 分别为 $ES_{2-5}=5, ES_{3-6}=4, ES_{4-5}=6; TF_{2-5}=7, TF_{3-6}=3, TF_{4-5}=0$。

有关工作时间差值：

$$\Delta T_{2-5} = TF_{2-5} - (T_h - ES_{2-5}) = 7 - (8-5) = 4$$
$$\Delta T_{3-6} = TF_{3-6} - (T_h - ES_{3-6}) = 3 - (8-4) = -1$$
$$\Delta T_{4-5} = TF_{4-5} - (T_h - ES_{4-5}) = 0 - (8-6) = -2$$

按理应该调整工作 2—5，但是工作 2—5 的资源需要量是 7，持续时间是 3 d，移动后还是不能满足削峰目标，所以我们移动工作 3—6，向右移动 4 d，第 8 天以后开始工作。但是，工作 3—6 持续时间是 7 d，所以最多只能移到 1 天以后开始工作，而且这次调整后，峰值不能再减少，因为不论再怎么移动工作，每日资源需要量的高峰值都会大于或等于 16。优化结果如图 2-48 所示。

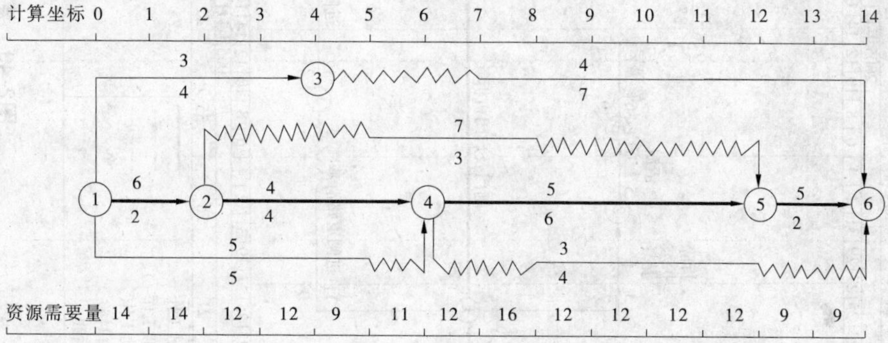

图 2-48　网络计划优化结果

第六节　网络计划技术在水利工程中的应用

在水利工程中，不论是编制总进度计划还是单位工程施工进度计划，都可以用到网络计划技术，并且也产生了很多编制网络计划的软件，使网络计划技术在应用时更方便。下面就是某工程利用某网络计划软件编制的时标网络计划（见图 2-49）。

本工程为原节制闸翻修，部分工程修补和拆除重建。施工总进度计划说明：本工程开

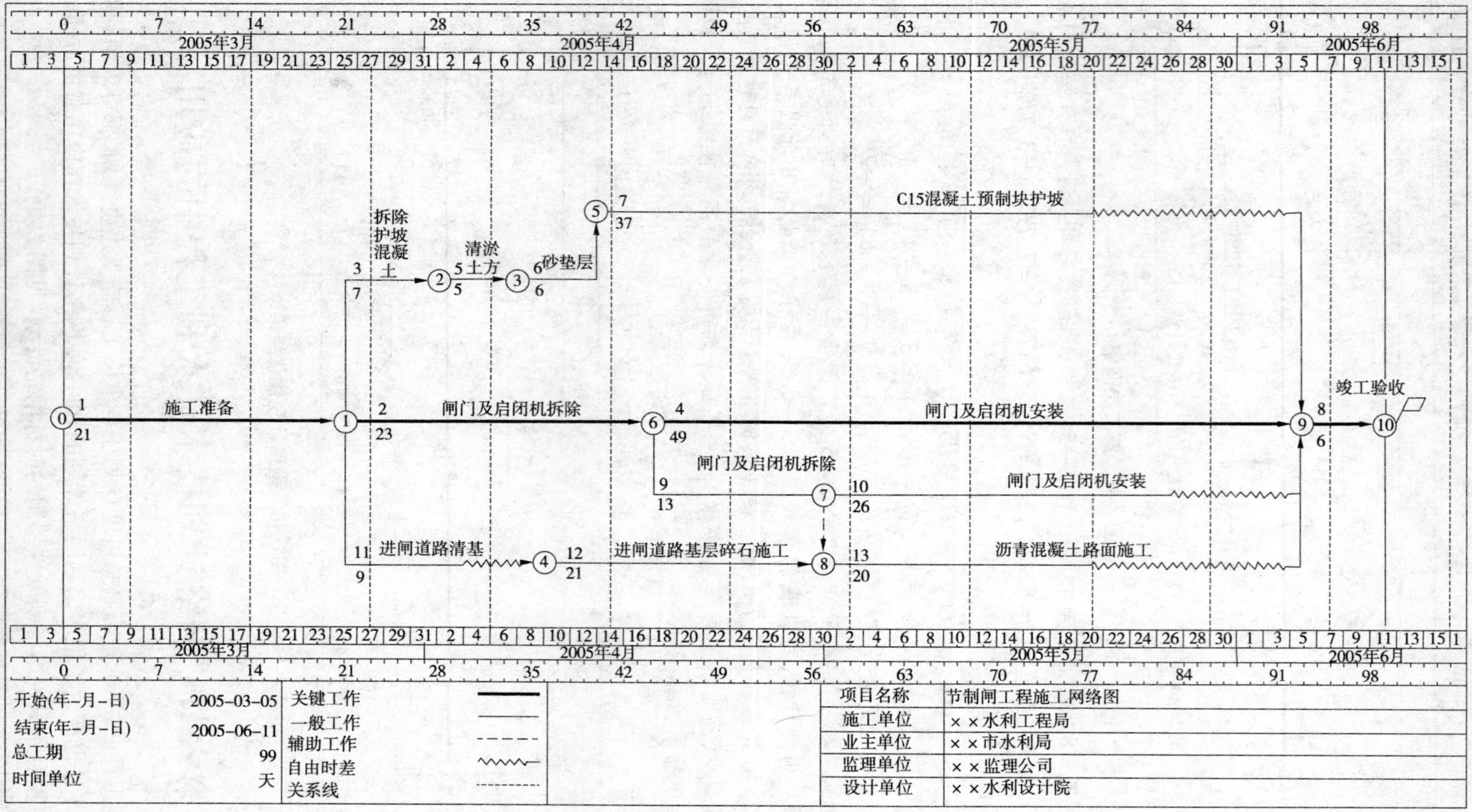

图2-49　某节制闸工程施工网络图

工日期2005年3月5日，竣工日期2005年5月31日，计划总工期88 d。本工程分三个施工面进行施工：

(1)闸室部分。施工准备、闸门拆除、启闭机拆除、闸门安装、竣工验收。

(2)护坡部分。施工准备、老坡拆除、清基清淤、砂垫层、混凝土预制块砌筑、竣工验收。

(3)进闸道路部分。施工准备、清基、基层碎石施工、沥青混凝土路面施工、竣工验收。

各主要工程项目的施工进度计划分述如下：

施工准备：2005年3月5日开始，2005年3月25日前全部完工；拆除护坡混凝土：2005年3月26日开始，并于2005年4月1日前完工；清淤土方：2005年4月1日开始，2005年4月6日完工；砂垫层：2005年4月7日开始，并于2005年4月12日前完工；C15混凝土预制块护坡：2005年4月14日开始，并于2005年5月20日前完工；闸门及启闭机拆除：从中孔向边孔进行，2005年3月26日开始，并于2005年4月30日前全部拆除完工；闸门及启闭机安装：从中孔向边孔进行，2005年4月7日开始，并于2005年5月25日前全部完工。

进闸道路施工。2005年3月26日开始，2005年5月25日前完工。

竣工验收。2005年5月26日开始进行资料整理竣工验收，直至工程结束。

习 题

2-1 什么是网络图？什么是网络计划？

2-2 双代号网络图的绘制规则有那些？

2-3 单代号网络计划和双代号网络计划有什么区别？

2-4 单代号网络图的绘制规则有哪些？

2-5 网络计划优化的内容有哪些？工期如何优化？

2-6 已知工作之间的逻辑关系如表2-12所示，绘制双代号网络图和单代号网络图。

表2-12 习题2-6表

工作	A	B	C	D	E	F	G	H	I	J
紧前工作	无	无	无	无	B、C、D	A、B、C	F	G	G	H、I

2-7 某网络计划的有关资料如表2-13所示，试绘制双代号网络计划，并且计算出其各个时间参数，用双箭线标出关键线路。

表2-13 习题2-7表

工作	A	B	C	D	E	F	G	H	I	J
持续时间	2	3	4	5	6	3	4	7	2	3
紧前工作	无	A	A	A	B	C、D	D	B	E、F、G	F

2-8 某网络计划的有关资料如表2-14所示，试绘制单代号网络计划，并绘图标出各

时间参数，用双箭线表明关键线路。

表 2-14　习题 2-8 表

工作	A	B	C	D	E	F
持续时间	12	10	5	7	6	4
紧前工作	无	无	无	B	B	C、D

2-9　已知网络计划的资料如表 2-15 所示，试绘出双代号时标网络计划，并计算时间参数，确定出关键线路。如开工日期是 9 月 24 日（星期二），每周休息两天，国家规定的节假日亦应休息，试列出该网络计划的有主要时间参数的日历形象进度表。

表 2-15　习题 2-9 表

工作	A	B	C	D	E	F	G	H	I	J
持续时间	2	3	4	5	6	3	4	7	2	3
紧前工作	无	A	A	B	B	D	F	E、F	C、E、F	G、H

2-10　已知网络计划如图 2-50 所示，图 2-50 中箭线下方为正常持续时间，括号内为最短持续时间，箭线上方括号内为优选系数。优选系数越小越应优先选择；若同时缩短多个关键工作，则该工作关键的优选系数之和最小值亦应优先选择。假定工期是 12 d，试对其工期进行优化。

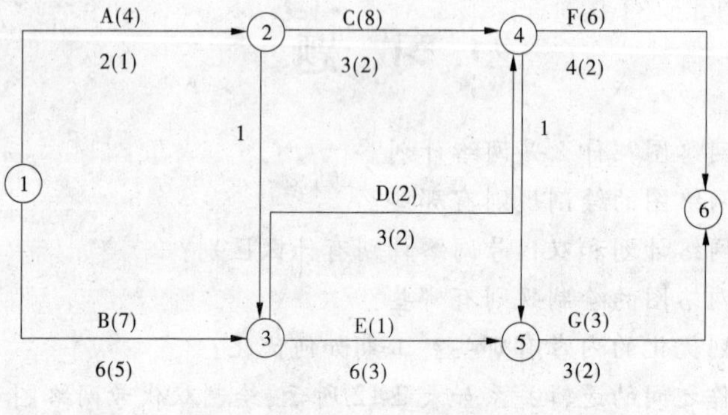

图 2-50　习题 2-10 图

2-11　已知网络计划如图 2-51 所示，箭线下方括号外数字为工作的正常持续时间，括号内数字为工作的最短持续时间；箭线上方括号外的数字为正常持续时间时的直接费，括号内数字为最短持续时间时的直接费，费用单位：千元，时间单位：d。如果间接费率为0.8 千元/d，则最低工程费用的工期为多少天？

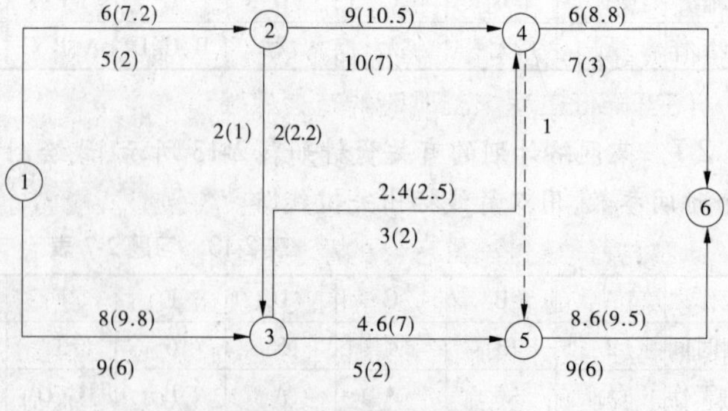

图 2-51　习题 2-11 图

第三章　施工准备工作

本章重点

施工原始资源的收集与调查表,施工前图纸会审、编制施工组织设计等技术准备,施工现场的场地、生产资料、人力等生产准备、施工接口关系协调与管理。

教学目标

熟悉施工准备的意义、类型、内容,冬、雨季施工措施;掌握施工原始资源的收集,施工技术准备,施工现场的生产准备、施工接口管理的内容和方法。

第一节　概　述

一、施工准备工作的意义

施工准备工作是为了保证工程顺利开工和施工活动正常进行所必须事先做好的各项准备工作。它是生产经营管理的重要组成部分,是施工程序中的重要一环。做好施工准备工作具有以下意义。

(一)全面完成施工任务的必要条件

水利工程施工不仅需要消耗大量的人力、物力、财力,而且还会遇到各种各样的复杂技术问题、协作配合问题等。对于一项复杂而庞大的系统工程,如果事先缺乏充分的统筹安排,必然会使施工过程陷于被动,施工无法正常进行。由此可见,做好施工准备工作,既可以为整个工程的施工打下基础,又可以为各个分部工程的施工创造条件。

(二)降低工程成本、提高经济效益的有力保证

认真细致地做好施工准备工作,能充分发挥各方面的积极因素、合理组织各种资源,能有效地加快施工进度、提高工作质量、降低工程成本、实现文明施工、保证施工安全,从而获得较高的经济效益,为企业赢得良好的社会声誉。

(三)降低工程施工风险的有力保障

建筑产品的生产要素多且易变,影响因素多且预见性差,可能遇到的风险也大。只有充分做好施工准备工作、采取预防措施、增强应变能力才能有效地降低风险损失。

(四)遵循建筑施工程序的重要体现

建筑产品的生产有其科学的技术规律和市场经济规律。基本建设工程项目的总程序是按照规划、设计和施工等几个阶段进行的,施工阶段又分为施工准备、土建施工、设备安装和交工验收阶段。由此可见,施工准备是基本建设施工的重要阶段之一。

由于建筑产品及其生产的特点,施工准备工作的好坏将直接影响建筑产品生产的全过程。实践证明,凡是重视施工准备工作、积极为拟建工程创造一切良好施工条件的,其工程的施工都会顺利地进行;凡是不重视施工准备工作的,将会处处被动,给工程的施工带来麻烦,甚至造成重大损失。

二、施工准备工作的类型与内容

(一)施工准备工作的类型

1. 按工程所处施工阶段分类

按工程所处施工阶段,施工准备可分为开工前的施工准备和工程作业条件下的施工准备。

(1)开工前的施工准备:指在拟建工程正式开工前所进行的一切施工准备,目的是为工程正式开工创造必要的施工条件,它带有全局性和总体性。没有这个阶段则工程不能顺利开工,更不能连续施工。

(2)工程作业条件下的施工准备:指开工之后,为某一单位工程、某个施工阶段或某个分部工程所做的施工准备工作,它带有局部性和经常性。一般来说,冬、雨季施工准备都属于这种施工准备。

2. 按施工准备工作范围分类

按施工准备工作范围,施工准备可分为全局性施工准备、单位工程施工条件准备、分部工程作业条件准备。

(1)全局性施工准备:以整个建设项目或建筑群为对象所进行的统一部署的施工准备工作。它不仅要为全局性的施工活动创造有利条件,而且要兼顾单位工程施工条件准备。

(2)单位工程施工条件准备:以一个建筑物或构筑物为施工对象而进行的施工条件准备,不仅为该单位工程在开工前做好一切准备工作,而且也要为分部工程作业条件做好施工准备工作。

当单位工程施工条件准备工作完成,且具备开工条件后,项目经理部应申请开工,递交开工报告,报审且批准后方可开工。实行建设监理的工程,企业还应将开工报告送监理工程师审批,由监理工程师签发开工通知,在限定时间内开工。

单位工程开工应具备以下条件:①施工图纸已经会审并有记录;②施工组织设计已经审核批准并已进行交底;③施工图预算和施工预算已经编制并审定;④施工合同已签订,施工证已经审批办好;⑤现场妨碍物已清除,场地已平整,施工道路、水源、电源已接通,排水沟道畅通;⑥材料、构建、半成品和生产设备等已经落实并能陆续进场,保证连续施工的需要;⑦各种临时设施已经搭设,能满足施工和生活的需要;⑧施工机械、设备的安排已落实,先期使用的已运入现场、已试运转并能正常使用;⑨劳动力安排已经落实,可以按时进场;⑩现场安全守则、安全标识宣传牌已建立,安全、防火的必要设施已具备。

(3)分部工程作业条件准备:以一个分部工程为施工对象而进行的作业条件准备。由于对某些施工难度大、技术复杂的分部工程需要单独编制施工作业设计,应对其所采用的施工工艺、材料、机具、设备及安全防护设施等分别进行准备。

综上所述,不仅在拟建工程开工之前要做好施工准备工作,而且随着工程施工的开展,在各施工阶段开工之前也要做好施工准备工作。施工准备工作既要有阶段性,也要有连续性。因此,施工准备工作必须要有计划、有步骤、分期和分阶段地进行,贯穿于拟建工程的整个建设过程。

(二)施工准备工作的内容

施工准备工作涉及的范围广、内容多,应视该工程本身及其具备条件的不同而不同。一般可归纳为以下六个方面:

(1)调查收集原始资料。包括水利工程建设场址的勘察和技术经济资料的调查。

(2)施工技术资料准备工作。包括熟悉和会审图纸,编制施工图预算,编制施工组织设计。

(3)施工现场准备工作。包括清除障碍物,搞好三通一平,测量放线,搭设临时设施。

(4)施工物资准备工作。包括主要材料的准备,模板、脚手架、施工机械、机具的准备。

(5)施工人员、组织准备工作。包括研究施工项目组织管理模式,组建项目经理部,规划施工力量与任务安排。建立健全质量管理体系和各项管理制度,完善技术检测措施,落实分包单位,审查分包单位资质,签订分包合同。

(6)季节性施工准备工作。包括拟订和落实冬、雨季施工措施。

每项工程施工准备工作的内容视该工程本身及其具备的条件不同而有所不同。只有按照施工项目的规划来确定准备工作的内容,并拟订具体的、分阶段的施工准备工作实施计划,才能充分地为施工创造一切必要的条件。

(三)施工准备工作的要求

1. 编制好施工准备工作计划

为了有步骤、有组织、全面地搞好施工准备,在进行施工准备工作之前,应编制好施工准备工作计划,其形式如表3-1所示。

表3-1　施工准备工作计划表

序号	项目	施工准备工作内容	要求	负责单位	负责人	配合单位	起止日期		备注
							月-日	月-日	

施工准备工作计划是施工组织设计的重要组成部分,应依据施工方案、施工进度计划、资源需要量等进行编制。除用上述表格外,还可以采用网络计划进行编制,以明确各项准备工作之间的关系并找出关键工作,而且可在网络计划上进行施工准备期的调整。

2. 建立严格的施工准备工作责任制

施工准备工作必须有严格的责任制,按施工准备工作计划将责任落实到有关部门和具体人员。项目经理全权负责整个项目的施工准备工作,对准备工作进行统一布置和安排,协调各方面关系,以便按计划要求及时、全面地完成准备工作。

3. 建立施工准备工作检查制度

施工准备工作不仅要有明确的分工和责任、有布置、有交底,在实施过程中还要定期进行检查。其目的在于督促和控制施工准备工作,通过检查发现问题和薄弱环节,并进行分析,找出原因,及时解决,不断协调和调整,把工作落到实处。

4. 严格遵守建设程序,执行开工报告制度

必须遵循基本建设程序,坚持没做好施工准备工作不准开工的原则。当施工准备工作的各项内容已完成、满足开工条件、已办理施工许可证时,项目经理部应提出开工报告申请,报上级批准后方可开工。实行监理的工程还应将开工报告送监理工程师批准,由监理工程师签发开工通知书。单位工程开工报告如表 3-2 所示。

表 3-2 单位工程开工报告

申报单位: 年 月 日 第 号

工程名称		建筑面积	
结构类型		工程造价	
建设单位		监理单位	
施工单位		技术负责人	
申请开工日期	年 月 日	计划竣工日期	年 月 日

序号	单位工程开工的基本条件	完成情况
1	施工图纸已会审,图纸中存在的问题和错误已得到纠正	
2	施工组织设计或施工方案已经被批准并进行了交底	
3	场内场地平整和障碍物的清理已基本完成	
4	场内外交道路,施工用水、用电、排水已能满足施工要求	
5	材料、半成品和工艺设计等均能满足连续施工的要求	
6	生产和生活用的临建设施已搭建完毕	
7	施工机械、设备已进场,并经过检验能保证连续施工要求	
8	施工图预算和施工预算已经编审,并已签订工作合同协议	
9	劳动力计划已落实	
10	已办理了施工许可证	

施工单位上级主管部门意见	建设单位意见	质检站意见	监理意见
(签章) 年 月 日	年 月 日	年 月 日	年 月 日

5. 处理好各方面的关系

为保证施工准备工作的顺利实施,必须将多工种、多专业的准备工作统筹安排、协调配合,施工单位要取得建设单位、设计单位、监理单位及有关单位的大力支持与协作。为此,要处理好以下几个方面的关系。

1)建设单位准备与施工单位准备相结合

为保证施工准备工作全面完成,不出现漏洞或职责推诿的情况,应明确划分建设单位

和施工单位准备工作的范围、职责及完成时间,并在实施过程中相互沟通、相互配合,保证施工准备工作的顺利完成。

2)施工前期准备工作与施工后期准备工作相结合

施工准备工作有一些是开工前必须做的,有一些是在开工之后交叉进行的,因而既要立足于前期准备工作,也要着眼于后期准备工作,两者不能偏废。

3)内业准备工作与外业准备工作相结合

内业准备工作是指工程建设的各种技术经济资料的编制和汇集,外业准备工作是指进行施工现场的施工活动所必需的技术、经济、物质条件的建立。内业准备工作与外业准备工作应并举,互相创造条件。室内准备工作对室外准备工作起指导作用,而室外准备工作则对室内准备工作起促进作用。

4)现场准备工作与预制加工准备工作相结合

在现场准备的同时,对大宗预制加工构件应提出供应进度要求,并委托生产。对一些大型构件应进行技术经济分析,及时确定是现场预制,还是加工厂预制。构件加工还应考虑现场的存放能力及使用要求。

5)土建工程与安装工程相结合

土建施工企业在拟订出施工准备工作规划后,要及时与其他专业工程以及供应部门相结合,研究总包与分包之间综合施工、协作配合的关系,然后各自进行施工准备工作,相互提供施工条件,有问题及早提出,以便采取有效措施,促进各方面准备工作的进行。

6)班组准备工作与工地总体准备工作相结合

在各班组做施工准备工作时,必须与工地总体准备工作相结合。按结合图纸交底及施工组织计划的要求,熟悉有关的技术规范、规划,协调各工种之间的衔接结合,力争连续、均衡的施工。

班组作业的准备工作包括以下几个方面:

(1)进行计划和技术交底,下达施工任务书。

(2)施工机具进行保养和就位。

(3)施工所需的材料、配件经质量检查合格后,将其供应到施工地点。

(4)具体布置操作场地,创造操作环境。

(5)检查前一工序的质量,搞好标高与轴线的控制。

第二节　施工原始资料收集

调查研究和收集有关施工资料是施工准备工作的重要内容之一,尤其是当施工单位进入一个新的地区时,此项工作显得更加重要,它关系到施工单位全局的部署与安排。通过对原始资料的收集分析,为编制出合理的、符合客观实际的施工组织设计文件提供全面的、系统的、科学的依据,为图纸会审、编制施工图预算和施工预算提供依据,为施工企业管理人员进行经营管理决策提供可靠的依据。

一、原始资料的调查内容

原始资料是工程设计及施工组织设计的重要依据之一。原始资料调查是施工准备工作的一项重要内容，它主要是对工程条件、工程环境特点和施工条件等施工技术与组织的基础资料进行调查。原始资料调查工作应有计划、有目的地进行，事先要拟订明确的、详细的调查提纲，明确调查范围、内容、要求等，调查提纲应根据拟建工程的规模、性质、复杂程度、工程及对工程当地熟悉了解程度而定。

原始资料调查内容一般包括建设场址的勘察和技术经济资料的调查，具体内容一般包括以下几个方面。

(一)建设场址的勘察

水利工程建设场址勘察主要是了解建设地点的地形、地貌、地质、水文、气象以及场址周围环境和妨碍物的情况等，勘察结果一般可作为确定施工方法和技术措施的依据。

1. 地形地貌勘察

地形地貌勘察要求提供水利工程的规划图、区域地形图(1∶10 000～1∶25 000)、工程位置地形图(1∶1 000～1∶2 000)、水准点及控制桩的位置、现场地形地貌特征、勘察高程及高差等。对于地形简单的施工现场，一般采用目测和步测；对于地形复杂的施工现场，可用测量仪器进行观测，也可向规划部门、建设单位、勘察单位等进行调查。这些资料可作为选择施工用地、布置施工总平面图、场地平整机土方量计算、了解障碍物及其数量的依据。

2. 工程地质勘察

工程地质勘察的目的是为了查明建设地区的工程地质条件和特征，包括地层构造、土层的类别及厚度、土的性质、承载力及地震级别等。应提供的资料有钻孔布置图，工程地质剖面图，图层的类别、厚度，土壤物理力学指标(包括天然含水量、孔隙比、塑性指数、渗透系数、压缩试验及地基土强度等)，地层的稳定性(包括断层滑块、流沙)，地基土的处理方法以及基础施工方法等。

3. 水文地质勘察

水文地质勘察所提供的资料主要有以下两方面：

(1)地下水资料。地下水最高水位、最低水位及时间，水的流速、流向、流量，地下水的水质分析及化学成分分析，地下水对基础有无冲刷、侵蚀影响等。所提供资料有助于选择基础施工方案、选择降水方法以及拟订防止侵蚀性介质的措施。

(2)地面水资料。临近江河湖泊至工地的距离，洪水期、平水期、枯水期的水位、流量及航道深度，水质，最大、最小冻结深度及冻结时间等。调查目的在于为确定临时给水方案、施工运输方式提供依据。

4. 气象资料调查

气象资料一般可向当地气象部门进行调查，调查资料作为确定冬、雨季施工措施的依据。气象资料包括以下几个方面：

(1)降水资料。全年降雨量、降雪量，一日最大降雨量，雨季起止日期，年雷雹日数等。

(2)气温资料。年平均气温、最高气温、最低气温，最冷月、最热月及逐月的平均温度。

(3)气象资料。主导风向、风速、风的频率，全年不小于8级风的天数，并应将风向资料绘成图。

5. 周围环境及障碍物调查

周围环境及障碍物调查包括施工区域现有建筑物、构筑物、沟渠、水井、树木、土堆、电力架空线路等。这些资料要通过实地踏勘，并向建设单位、设计单位等调查取得，可作为现场施工平面布置的依据。

(二)技术经济资料调查

技术经济资料调查的目的是为了查明建设地区工业、资源、交通运输、动力资源、生活福利设施等地区经济因素，获得建设地区技术经济条件资料，以便在施工组织中尽可能利用地方资源为工程建设服务，同时也可作为选择施工方法和确定费用的依据。

1. 地区的能源调查

能源一般指水源、电源、气源等。能源资料可向当地城建、电力、燃气供应部门及建设单位等进行调查，主要用做选择施工用临时供水、供电和供气的方式，提供经济分析比较的依据。调查内容有：施工现场用水与当地水源连接的可能性、供水距离、接管距离、地点、水压、水质及消费等资料；利用当地排水设施排水的可能性、距离、去向等；可供施工使用的电源位置、引入工地的路径和条件，可满足的容量、电压及电费；建设单位、施工单位自有的发变电设备、供电能力；冬季施工时附近蒸汽的供应量、接管条件和价格；建设单位自有的供热能力；当地或建筑单位可以提供煤气、压缩空气、氧气的能力和其至工地的距离等。

2. 建设地区的交通调查

建设地区的交通运输方式一般有铁路、公路、水路、航空等。交通资料可向当地交通运输部门进行调查。收集交通运输资料包括调查主要材料及构件运输通道的情况，包括道路，街巷，途经桥涵的宽度、高度，允许载重量和转弯半径限制等资料。当有超长、超高、超宽或超重的大型构件、大型起重机械和生产工艺设备需整体运输时，还要调查沿途架空电线、天桥的高度，并与有关部门商议避免大件运输业务、选择运输方式、提供经济分析比较的依据。

3. 主要材料及地方资源情况调查

该项调查的内容包括三大材料(钢材、木材和水泥)的供应能力、质量、价格、运费情况，地方资源如石灰石、石膏石、碎石、卵石、河沙、矿渣、粉煤灰等能否满足水利工程建筑施工的要求，开采、运输和利用的可能性及经济合理性。这些资料可向当地计划、经济等部门进行调查，作为确定材料供应计划、加工方式、储存和堆放场地及建造临时设施的依据。

4. 建设地区情况调查

该项主要调查建设地区附近有无建筑机械化基地、机械租赁站及修配厂，有无金属结构及配件加工厂，有无商品混凝土搅拌站和预制构件厂等。这些资料可用做确定后预制件、半成品及成品等货源的加工供应方式、运输计划和规划临时设施。

5. 社会劳动力和生活设施情况调查

该项调查的内容包括当地能提供的劳动力人数、技术水平、来源和生活安排，建设地区已有的可供施工期间使用的房屋情况，当地主副食、日用品供应，文化教育、消防治安、预料单位的基本情况以及能为施工提供的支援能力。这些资料是制订劳动力安排计划、建立职工生活基地、确定临时设施的依据。

6. 参加施工的各单位能力调查

该项主要调查施工企业的资质等级、技术装备、管理水平、施工经验、社会信誉等有关情况。这些资料可作为了解总、分包单位的技术和管理水平及选择分包单位的依据。

在编制施工组织设计时,为弥补原始资料的不足,有时还可借助一些相关的参考资料来作为编制依据,如冬、雨季参考资料、机械台班产量参考指标、施工工期参考指标等。这些参考资料可利用现有的施工定额、施工手册、施工组织设计实例或通过平时施工实践活动来获得。

二、制定原始资料调查表

为了使原始资源调查具有针对性,先做调查表。

(一)给水、排水、供电等调查

水、电、气、热是施工不可缺少的条件,需收集资料的内容如表3-3所示。资料来源主要是当地城市建设、电业、通信等管理部门和建设单位。水、电、气、热资料主要用做选用施工用水、用电和供热、供气方式的依据。

表3-3 水、电、气、热条件调查表

序号	项目	调查内容	调查目的
1	供水排水	(1)工地用水与当地现有水源连接的可能性,可供水量、接管地点、管径、材料、埋深、水压、水质及水费,至工地距离,沿途地形地物状况 (2)自选临时的江河水源的水质、水量、取水方式,至工地距离,沿途地形地物状况;自选临时水井的位置、深度、管径、出水量和水质 (3)利用永久性排水设施的可能性,施工排水的去向、距离和坡度;有无洪水影响,防洪设施状况	(1)确定生活、生产供水方式 (2)确定工地排水方案和防洪方案 (3)拟订供排水设施的施工进度计划
2	供电通信	(1)当地电源位置,引入的可能性,可供电的容量、电压、导线截面和电费,引入方向,接线地点,至工地距离,沿途地形地物状况 (2)建设单位和施工单位自有发、变电设备的型号、台数和容量 (3)利用邻近通信设施的可能性,电话、电报局等至工地的距离,可能增设通信设备、线路的情况	(1)确定供电方案 (2)确定通信方案 (3)拟订供电、通信设施的施工进度计划
3	供气供热	(1)蒸汽来源,可供蒸汽量,接管地点、管径、埋深,至工地距离,沿途地形地物状况,蒸汽价格 (2)建设、施工单位自有锅炉的型号、台数和能力,所需燃料及水质标准 (3)当地或建设单位可能提供的压缩空气、氧气的能力,至工地的距离	(1)确定生产、生活供热的方案 (2)确定压缩空气、氧气的供应计划

(二)交通运输资料调查

在建筑施工中，常用铁路、公路和航运等三种主要交通运输方式，须收集的内容如表3-4所示。资料来源主要是当地铁路、公路、水运和航运管理部门，主要用做决定选用材料和设备的运输方式、组织运输业务的依据。

表3-4 交通运输条件调查表

序号	项目	调查内容	调查目的
1	铁路	(1)邻近铁路专用线、车站至工地的距离及沿途运输条件 (2)站场卸货线长度，起重能力和储存能力 (3)装卸单个货物的最大尺寸、重量的限制	选择运输方式，拟订运输计划
2	公路	(1)主要材料产地至工地的公路等级、路面构造、路宽及完好情况，允许最大载重量；途经桥涵等级、允许最大尺寸、最大载重量 (2)当地专业运输机构及附近村镇能提供的装卸、运输能力，运输工具的数量及运输效率；运费、装卸费 (3)当地有无汽车修配厂，其修配能力和至工地的距离	
3	航运	(1)货源、工地至邻近河流码头、渡口的距离，道路情况 (2)洪水期、平水期、枯水期时通航的最大船只及吨位，取得船只的可能性 (3)码头装卸能力、最大载重量，增设码头的可能性 (4)渡口的渡船能力，同时可载汽车数，每日次数，提供能力 (5)运费、渡口费、装卸费	

(三)建筑材料资料调查

建筑工程要消耗大量的材料，主要有钢材、木材、水泥、地方材料(砖、砂、灰、石)、装饰材料、构件制作、建筑机械等，其内容见表3-5、表3-6。资料来源主要是当地主管部门和建设单位及各建材生产厂家、供应商，主要用做选择建筑材料和施工机械的依据。

表3-5 当地材料调查表

序号	材料名称	产地	储藏量	质量	开采量	出厂价	供应能力	运距	单位运价
1									
2									
…									

表 3-6　主要材料设备调查表

序号	项目	调查内容	调查目的
1	三种主材	(1)钢材订货的规格、型号、数量和到货时间 (2)木材订货的规格、等级、数量和到货时间 (3)水泥订货的品种、等级、数量和到货时间	(1)确定钢材加工堆放 (2)确定木材加工场地 (3)确定水泥储存方式
2	特殊材料	(1)需要的品种、规格、数量 (2)试制、加工和供应情况	(1)制订供应计划 (2)确定储存方式
3	主要设备	(1)主要工艺设备的名称、规格、供货单位 (2)供应时间、批次、到货时间	(1)确定堆放场地 (2)制订防雨措施

(四)社会资源利用资料调查

建筑施工是劳动密集型的生产活动。社会劳动力是建筑施工劳动力的主要来源,其内容如表 3-7 所示。资料来源主要是当地劳动、商业、卫生和教育主管部门,主要为劳动力安排计划、布置临时设施和确定施工力量提供依据。

表 3-7　社会资源利用调查表

序号	项目	调查内容	调查目的
1	社会劳动力	(1)少数民族地区的风俗习惯 (2)当地能提供劳动力的人数、技术水平和来源 (3)上述人员的生活安排	(1)拟订劳动力计划 (2)布置临时设施
2	房屋设施	(1)必须在工地居住的单身人数和户数 (2)能作为施工用的现有的房屋幢数、每幢面积、结构特征、总面积、位置以及水、电、暖、卫生设备状况 (3)上述建筑物的适宜用途,做宿舍、食堂、办公室的可能性	(1)确定原有房屋为施工服务的可能性 (2)布置临时设施
3	生活服务	(1)主副食品供应、日用品供应、文化教育、消防治安等机构能为施工提供的支持能力 (2)邻近医疗单位至工地的距离,可能就医的情况 (3)周围是否存在有害气体污染情况,有无地方病	布置职工生活基地

(五)原始资料调查

原始资料调查的主要内容有建设地点的气象、地形地貌、工程地质、水文地质、场地周围环境及障碍物情况(见表 3-8)。资料主要由气象部门及设计单位提供,主要用做确定施工方法和技术措施、编制施工进度计划和进行施工平面图布置设计的依据。

表 3-8　自然条件调查表

序号	项目	调查内容	调查目的
(一)		气象	
1	气温	(1)年平均气温、最高气温、最低气温,最冷月、最热月及逐月的平均温度 (2)冬、夏季室外计算温度	(1)确定防暑降温措施 (2)确定冬季施工措施 (3)估计混凝土、砂浆强度
2	雨雪	(1)雨季起止时间 (2)月平均降雨(雪)量、最大降雨(雪)量、一昼夜最大降雨(雪)量 (3)全年雷暴日数	(1)确定雨季施工措施 (2)确定工地排水、防洪方案 (3)确定防雷设施
3	风	(1)主导风向及频率(风玫瑰图) (2)不小于 8 级风的全年天数、时间	(1)确定临时设施的布置方案 (2)确定高空作业及吊装的技术、安全措施
(二)		地形、工程地质	
1	地形	(1)区域地形图:1/10 000 ~ 1/25 000 (2)工程位置地形图:1/1 000 ~ 1/2 000 (3)该地区城市规划图 (4)经纬坐标桩、水准基桩的位置	(1)选择施工用地 (2)布置施工总平面图 (3)场地平整及土方量计算 (4)了解障碍物及其数量
2	工程地质	(1)钻孔布置图 (2)地质剖面图:土层类别、厚度 (3)物理力学指标:天然含水率、孔隙比、塑性指数、渗透系数、压缩试验及地基土强度 (4)地层的稳定性:断层滑块、流沙 (5)最大冻结深度 (6)地基土破坏情况:枯井、古墓、防空洞及地下构筑物等	(1)土方施工方法的选择 (2)地基土的处理方法 (3)基础施工方法 (4)复核地基基础设计 (5)拟订障碍物拆除计划
3	地震	地震等级、烈度大小	确定对基础的影响、注意事项
(三)		水文地质	
1	地下水	(1)最高、最低水位及时间 (2)水的流向、流速及流量 (3)水质分析:水的化学成分 (4)抽水试验	(1)基础施工方案选择 (2)降低地下水位的方法 (3)拟订防止侵蚀性介质的措施
2	地面水	(1)邻近的江河湖泊至工地的距离 (2)洪水期、平水期、枯水期的水位、流量及航道深度 (3)水质分析 (4)最大、最小冻结深度及冻结时间	(1)确定临时给水方案 (2)确定运输方式 (3)确定水利工程施工方案 (4)确定防洪方案

第三节　施工技术准备工作

技术资料的准备是施工准备工作的核心，是现场施工准备工作的基础。由于任何技术的差错或隐患都可能引起人身安全和质量事故，造成生命、财产和经济的巨大损失，所以必须认真地做好技术准备工作。其主要内容包括熟悉与会审图纸、编制施工组织设计、编制施工图预算和施工预算。

一、熟悉与会审图纸

（一）熟悉与会审图纸的目的

（1）能够在工程开工之前，使工程技术人员充分了解和掌握设计图纸的设计意图、结构与构造特点和技术要求。

（2）通过审查发现图纸中存在的问题和错误并加以改正，为工程施工提供一份准确、齐全的设计图纸。

（3）保证能按设计图纸的要求顺利施工，生产出符合设计要求的最终建筑产品。

（二）熟悉图纸及其他设计技术资料的重点

1. 基础及地下室部分注意事项

（1）核对建筑、结构、设备施工图中关于基础留口、留洞的位置及标高的互相关系是否处理恰当。

（2）给水及排水的去向，防水体系的做法及要求。

（3）特殊基础的做法，变形缝及人防出口的做法。

2. 主体结构部分注意事项

（1）定位轴线的布置及与承重结构的位置关系。

（2）各层所用材料是否有改变。

（3）各种构配件的构造及做法。

（4）采用的标准图集有无特殊变化和要求。

3. 装饰部分注意事项

（1）装修与结构施工的关系。

（2）变形缝的做法及防水处理的特殊要求。

（3）防水、保温、隔热、防尘、高级装修的类型及技术要求。

（三）审查图纸及其他设计技术资料的内容

（1）设计图纸是否符合国家有关规划及技术规范的要求。

（2）核对设计图纸及说明书是否完整、明确，设计图纸与说明等其他各组成部分之间有无矛盾和错误，内容是否一致，有无遗漏。

（3）总图的建筑物坐标位置与单位工程建筑平面图是否一致。

（4）核对主要轴线、几何尺寸、坐标、标高、说明等是否一致，有无错误和遗漏。

（5）基础设计与实际地质情况是否相符，建筑物与地下构筑物及管线之间有无矛盾。

（6）主体建筑材料在各部分有无变化，各部分的构造做法。

(7)建筑施工与安装在配合上存在哪些技术问题,能否合理解决。

(8)设计中所选用的各种材料、配件、构件等能否满足设计规划的需要。

(9)工程中采用的新工艺、新结构、新材料的施工技术要求及技术措施。

(10)对设计技术资料的合理化建议及其他问题。

审查图纸的程序通常分为自审、会审和现场签证三个阶段。

(1)自审。指施工企业组织技术人员熟悉和审查图纸。自审记录包括对设计图纸的疑问和有关建议。

(2)会审。由建筑单位支持,设计单位和施工单位参加。先由设计单位进行图纸技术交底,各方面提出意见,经充分协商后,统一认识,形成图纸会审纪要,由设计单位正式行文,参加单位共同会签、盖章,作为设计图纸的修改文件。

(3)现场签证。指在工程施工过程中,发现施工条件与设计图纸的条件不符,或图纸仍有错误,或因材料的规格、质量不能满足设计要求等原因,需要对设计图纸进行及时修改,应遵循设计变更的签证制度,进行图纸的施工现场签证。对于一般问题,经设计单位同意,即可办理手续进行修改;对于重大问题,须经建设单位、设计单位和施工单位协商,由设计单位修改,向施工单位签发设计变更单方可有效。

(四)熟悉技术规范、规程和有关技术规定

技术规范、规程是国家制定的建设法规,是实践经验的总结,在技术管理上具有法律效用。建筑施工中常用的技术规范、规程主要有:

(1)建筑安装工程质量检验评定标准;

(2)施工操作规程;

(3)建筑工程施工及验收规范;

(4)设备维修及维修规程;

(5)安全技术规程;

(6)上级技术部门颁发的其他技术规范和规定。

二、编制施工组织设计

施工组织设计是指导施工现场全部生产活动的技术经济文件。它既是施工准备工作的重要组成部分,又是做好其他施工准备工作的依据;它既要体现建设计划和设计的要求,又要符合施工活动的客观规律,对建设项目的全过程起到战略部署和战术安排的双重作用。

建筑产品及建筑施工的特点决定了建筑工程种类繁多、施工方法多变,没有一个通用的、一成不变的施工方法。每个建筑工程项目都需要分别确定施工组织方法,作为组织和指导施工的重要依据。

三、编制施工图预算和施工预算

施工图预算是技术准备工作的主要组成部分之一,是按照施工图确定的工程量、施工组织设计所拟订的施工方法、建筑工程预算定额及其取费标准,由施工单位主持,在拟建工程开工前的施工准备工作期编制的确定建筑安装工程造价的经济文件。它是施工企业签订工程承包合同、工程结算、银行拨款及进行企业经济核算的依据。

施工预算是根据施工图预算、施工图纸、施工组织设计或施工方案、施工定额等文件,综合企业和工程实际情况编制的。施工预算在工程确定承包关系以后进行。它是企业内部经济核算和班组承包的依据,因而是企业内部使用的一种预算。

施工图预算与施工预算存在很大区别:施工图预算是甲、乙双方确定预算造价、发生经济联系的技术经济文件,施工预算是施工企业内部经济核算的依据。将“两算”进行对比,是促进施工企业降低物质消耗、增加积累的重要手段。

第四节 施工生产准备工作

一、施工场地准备工作

施工现场的准备又称室外准备,主要为工程施工创造有利的施工条件。施工现场的准备工作按施工组织设计的要求和安排进行,其主要内容为“三通一平”、测量放线、临时设施的搭设等。

(一)“三通一平”

“三通一平”是在建筑工程的用地范围内,接通施工用水、用电、道路和平整场地的总称。而工程实际的需要往往不止水通、电通、路通,有些工地上还要求有“热通”(供蒸汽)、“气通”(供煤气)、“话通”(通电话)等,但是基本的还是“三通”。

1. 平整施工场地

首先,通过测量,按建筑总平面图中确定的标高计算出挖土及填土的数量,设计土方调配方案,组织人力或机械进行平整工作。若拟建场内有旧建筑物,则须拆迁房屋。其次,清理地面上的各种障碍物,对地下管道、电缆等要采取可靠的拆除或保护措施。

2. 通路

施工现场的道路是组织大量物质进场的运输动脉。为了保证各种建筑材料、施工机械、生产设备和构件按计划到场,必须按施工总平面图要求修通道路。为了节省工程费用,应尽可能利用已有道路或结合正式工程的永久性道路。在利用正式工程的永久性道路时,为使施工时不损坏路面,可先做路基,施工完毕后再做路面。

3. 通水

施工现场的通水包括给水与排水。施工用水包括生产、生活和消防用水,其布置应按施工总平面图的规划进行安排。施工用水设施应尽量利用永久性给水线路。临时管线的铺设既要满足用水点的需要和使用方便,又要尽量缩短管线。施工现场要做好有组织的排水系统,否则会影响施工的顺利进行。

4. 通电

施工现场的通电包括生产用电和生活用电。根据生产、生活用电的电量选择配电变压器,与供电部门或建设单位联系,按施工组织要求布设线路和通电设备。当供电系统供电不足时,应考虑在现场建立发电系统以保证施工的顺利进行。

(二)测量放线

施工现场测量放线的任务是把图纸上所设计好的建筑物、构建物及管线等测到地面或实物上,并用各种标志表现出来,作为施工的依据。在土方开挖前,按设计单位提供的总平面图及给定的永久性经、纬坐标控制网和水准控制基桩进行场区施工测量,设置场区永久性坐标、水准基桩和建立场区工程测量控制网。在进行测量放线前,应做好以下几项准备工作:

(1)了解设计意图,熟悉并校核施工图纸。

(2)对测量仪器进行检验和校正。

(3)校核红线桩与水准点。

(4)制定测量放线方案。测量放线方案主要包括平面控制、标高控制、±0.00 以下施测、±0.00 以上施测、沉降观测和竣工测量等项目,该方案依据设计图纸要求和施工方案来确定。

建筑物定位放线是确定整个工程平面图位置的关键环节,在施测中必须保证精度、杜绝错误,否则其后果将难以处理。建筑物的定位放线一般通过设计图中平面控制轴线来确定建筑物的轮廓位置,经自检合格后,提交有关部门和甲方(监理人员)验线,以保证定位的准确性。沿红线的建筑物,还要由规划部门验线,以防止建筑物超、压红线。

(三)临时设施的搭设

现场需要的临时设施应报请规划、市政、消防、交通、环保等有关部门审查批准,按施工组织设计和审查情况来实施。

对于指定的施工用地周围应用围墙(栏)围挡起来。围挡的形式和材料应符合市容管理的有关规定和要求,并在主要出入口设置标牌,标明工程名称、施工单位、工地负责人、监理单位等。

各种生产(仓库、混凝土搅拌站、预制构件场、机修站、生产作业棚等)、生活(办公室、宿舍、食堂等)用的临时设施,严格按批准的施工组织设计规定的数量、标准、面积、位置等来组织实施,不得乱搭乱建,并尽可能做到以下几点:

(1)利用原有建筑物减少临时设施的数量,以节约投资。

(2)适用、经济、就地取材,尽量采用移动式、装配式临时建筑。

(3)节约用地,少占农田。

二、生产资料准备工作

生产资料准备工作是指对工程施工中必需的劳动手段(施工机械、机具等)和劳动对象(材料、构件、配件等)的准备。该项工作应根据施工组织设计的各种资源需要量计划,分别落实货源、组织运输和安排储备。

生产资料的准备工作是工程连续施工的基本保证,主要内容有以下三方面。

(一)建筑材料的准备

建筑材料的准备包括对“三材”(钢材、木材、水泥)、地方材料(砖、瓦、石灰、砂、石等)、装饰材料(面砖、地砖等)、特殊材料(防腐、防射线、防爆材料等)的准备。为保证工程顺利施工,材料准备有如下要求。

1. 编制材料需要量计划，签订供货合同

根据预算的工料分析，按施工进度计划的使用要求、材料储备定额和消耗定额及材料名称、规定、使用时间进行汇总，编制材料需要量计划。同时，根据不同材料的供应情况，随时注意市场行情，及时组织货源，签订定货合同，保证采购供应计划的准确可靠。

2. 材料的储备和运输

材料的储备和运输要按工程进度分期、分批进场。现场储备过多会增加保管费用、占用流动资金，过少则难以保证施工的连续进行。对于使用量少的材料，尽可能一次进场。

3. 材料的堆放和保管

现场材料的堆放应按施工平面布置图的位置及材料的性质、种类，选取不同的堆放方式进行合理堆放，避免材料的混淆及二次搬运。进场后的材料要依据材料的性质妥善保管，避免材料变质或损坏，以保持材料的原有数量和原有的使用价值。

(二) 施工机具和周转材料的准备

施工机具包括在施工中确定选用的各种土方机械、木工机械、钢筋加工机械、混凝土机械、砂浆机械、垂直与水平运输机械、吊装机械等。在进行施工机具的准备工作时，应根据采用的施工方案和施工进度计划，确定施工机械的数量和进场时间，确定施工机具的供应方法和进场后的存放地点及方式，并提出施工机具需要量计划，以便企业内平衡或对外签约租借机械。

周转材料主要指模板和脚手架。此类材料施工现场使用量大、堆放场地面积大、规格多、对堆放场地的要求高，应按施工组织设计的要求分规格、型号整齐码放，以便使用和维修。

(三) 预制构件和配件的加工准备

在工程施工中需要大量的钢筋混凝土构件、木构件、金属构件、水泥制品、卫生洁具等，应在图纸会审后提出预制加工单，确定加工方案、供应渠道及进场后的储备地点和方式。现场预制的大型构件，应依据施工组织设计做好规划，提前加工预制。

此外，对于采用商品混凝土的现浇工程，要依施工进度计划要求确定需要量计划，主要内容有商品混凝土的品种、规格、数量、需要时间、送货方式、交货地点，并提前与生产单位签订供货合同，以保证施工顺利进行。

三、人力资源准备工作

(一) 项目管理机构的组建

项目管理机构建立的原则是根据工程规模、结构特点和复杂程度，确定劳动组织领导机构的编制及人选；坚持合理分工与密切协作相结合的原则；执行因事设职、因职选人的原则，将富有经验、具有创新精神、工作效率高的人选入项目管理领导机构。

对于一般单位工程可设一名工地负责人，配一定数量的施工员、材料员、质检员、安全员等即可；对于大中型单位工程或群体工程，则要配备包括技术、计划等管理人员在内的一套班子。

(二) 施工队伍的准备

施工队伍的建立要考虑工种的合理配合，技工和普工的比例要满足劳动组织的要求，建立混合施工队或专业施工队及建立数量。组建施工班组要坚持合理、精干的原则。在施工过程中，依工程实际进度要求，动态管理劳动力数量。需要外部力量的，可通过签订承包合同或联合其他队伍来共同完成。

1. 建立精干的基本施工班组

基本施工班组应根据现有的劳动组织情况、结构特点及施工组织设计的劳动力需要量计划确定。一般有以下几种组织形式：

(1)砖混结构的建筑。该类建筑在主题施工阶段主要是砌筑工程，应以瓦工为主，配合适量的架子工、钢筋工、混凝土工、木工以及小型机械工；装饰阶段以抹灰工、油漆工为主，配合适量的木工、电工、管工等。因此，该类建筑的施工人员以混合施工班组为宜。

(2)框架、框剪及全现浇结构的建筑。该类建筑主体结构施工主要是钢筋混凝土工程，应以模板工、钢筋工、混凝土工为主，配合适量的瓦工；装饰阶段配备抹灰工、油漆工等。因此，该类建筑的施工人员以专业施工班组为宜。

(3)预制装备式结构的建筑。该类建筑的主要施工工作以构件吊装为主，应以吊装起重工为主，配合适量的电焊工、木工、钢筋工、混凝土工、瓦工等；装饰阶段配备抹灰工、油漆工、木工等。因此，该类建筑的施工人员以专业班组为宜。

2. 确定优良的专业施工队伍

大中型的工业项目或公用工程，内部的机电安装、生产设备安装一般需要专业施工队或生产厂家进行安装和调试，某些分项工程也可能需要由机械化施工公司来承担。这些需要外部施工队伍来承担的工作在施工准备工作中以签订承包合同的形式予以明确，并落实施工队伍。

3. 选择优势互补的外包施工队伍

随着建筑市场的开放，施工单位往往依靠自身的力量难以满足施工需要，因而需联合其他建筑队伍(外包施工队)来共同完成施工任务。联合时要通过考察外包队伍的市场信誉、已完工程质量、确认资质、施工力量水平等来选择，联合要充分体现优势互补的原则。

(三)施工队伍的培训

施工前，企业要对施工队伍进行劳动纪律、施工质量和安全方面的教育，牢固树立“质量第一”、“安全第一”的意识。平时，企业还应抓好职工的培训和技术更新工作，不断提高职工的业务技术水平，增强企业的竞争力。对于采用新工艺、新结构、新材料、新技术及使用新设备的工程，应将相关管理人员、技术人员和操作人员组织起来培训，达到标准后再上岗操作。

此外，还要加强施工队伍平时的政治思想教育。

四、冬、雨季施工的准备工作

(一)冬季施工准备工作

1. 合理安排冬季施工项目

建筑产品的生产周期长，且多为露天作业，冬季施工条件差、技术要求高。因此，在施工组织设计中就应合理安排冬季施工项目，尽可能保证工程连续施工。一般情况下，尽量安排费用增加少、易保证质量、对施工条件要求低的项目在冬季施工,如吊装、打桩、室内装修等;而如土方、基础、外装修、屋面防水等则不易在冬季施工。

2.落实各种热源的供应工作

提前落实供热渠道,准备热源设备,储备和供应冬季施工用的保暖材料,做好供暖培训工作。

3.做好保温防冻工作

(1)临时设施的保暖防冻。包括给水管道的保温,防止管道冻裂,防止道路积水、积雪成冻,保证运输顺利进行。

(2)工程已成部分的保温保护。如基础完成后及时回填至基础面同一高度,砌完一层墙后及时将楼板安装到位等。

(3)冬季要施工部分的保温防冻。如凝结硬化尚未达到强度要求的砂浆、混凝土要及时测温,加强保温,防止遭受冻结;将要进行的室内施工项目,先完成供热系统,安装好门、窗、玻璃等。

4.加强安全教育

要有冬季施工的防火、安全措施,加强安全教育,做好职工培训工作,避免火灾、安全事故的发生。

(二)雨季施工准备工作

1.合理安排雨季施工项目

在施工组织设计中要充分考虑雨季对施工的影响。一般情况下,雨季到来之前,多安排土方、基础、室外及屋面等不易在雨季施工的项目,多留一些室内工作在雨季进行,以避免雨季窝工。

2.做好现场的排水工作

雨季来临前,在施工现场做好排水沟,准备好抽水设备,防止场地积水,最大限度地减少因泡水而造成的损失。

3.做好运输道路的维护和物质储备

雨季前检查道路边坡排水情况,适当提高路面,防止路面凹陷,保证运输道路的畅通。多储备一些物质,减少雨季运输量,节约施工费用。

4.做好机具设备等的保护

对现场各种机具、电器、工棚都要加强检查,特别是脚手架、塔吊、井架等,要采取防倒塌、防雷击、防漏电等一系列技术措施。

5.加强施工管理

认真编制雨季施工的安全措施,加强对职工的教育,防止各种事故发生。

第五节　施工接口管理与协调工作

工程施工项目接口管理与协调工作是指项目部与其施工的工程项目有关的单位、个人等的关系处理,是工程项目建设期间能否创造良好外部环境的重要手段和途径。在工程项目施工期间,接口单位比较多,参加建设的有关人员也比较复杂,几乎每时每刻都要应对来自各方面的交涉和沟通等,哪一个方面应对不好都有可能给项目实施带来不利甚至是损失。因此,接口管理和协调工作是项目部重要的管理工作。在硬件一定的条件下,接口管理是否成功往往对一个项目的成败起到关键作用,这就是一个工程多个标段施工时,在施工质量、施工进度、现场管理、安全生产等基本相同的情况下,有的施工企业令业主等合作单位非常满意,而有的施工企业则不能令合作单位满意的根源所在。在工程项目施工过程中经常接触的单位和个人主要包括业主、设计单位、监理单位、上级主管部门、地方政府、质量监督部门、供货商、新闻媒体等,其中最主要的是与业主、各供货商以及项目监理部之间的关系处理。

一、与业主关系的处理与协调

让业主满意是项目施工日常工作的出发点,也是项目部首要的接口管理与协调任务。业主是工程项目的客户,是工程项目的出资者和拥有者,在一定范围内业主对工程项目有绝对的权力和责任,同时也承担着重要的义务。在工程施工期间,项目部与业主需要打交道的部门和人员是最多和最广的,业主对整个工程建设过程也是最关心和最重视的。一旦处理不好与业主的关系,整个施工过程将变得复杂。因此,项目部乃至企业必须以业主为中心,为业主着想。监理与业主之间的相互信任、相互了解、相互配合相当重要。

做好职能整合工作,让业主方和项目部的工作人员默契配合。在工程施工期间,除项目法人对工程项目的施工有监督权和管理权外,项目法人一般在工程现场设置专门的建设管理机构,而业主的管理机构和项目部的职能部门有较大差别,主要表现在以下几个方面:业主的管理机构要求的服务是全方面的,需要的是水平式服务;项目部的职能部门则是垂直分工式的,提供的服务只能是分工范围内的。而仅就项目的管理需要来说,垂直式的项目组织结构又是可行和有效的,为了解决垂直与水平的矛盾,就要求项目部必须以业主为中心将项目部的职能部门整合起来,从管理指导原则和机制上要求项目部人员加强横向合作,弥补垂直式组织结构在服务业方面存在的不足,以满足业主全方位水平式的服务要求。在日常工作中,可以通过会议、部门职责、制度、教育、要求、考核等措施加强项目部职能部门间的合作。

经常汇报工作情况,预防不利状况发生。项目经理和班子应经常将工程进展情况、质量情况、进度情况等向业主技术负责人等主要人员汇报,使他们随时了解和掌握工程实际情况,防止项目法人单方面听取业主方人员汇报,造成偏离事实的情况发生。这种情况一旦发生,有可能造成项目法人对项目部产生误解而影响与汇报人员的关系,造成以后具体工作接触中的被动。因此,项目经理等经常把工程实施情况汇报给项目法人等主要人员是项目施工管理必尽的义务。

处事环节要规范,工作之中体现尊重。学会在工作中尊重业主是项目施工管理必须重视和强调的组织制度,是各职能部门和全体项目管理人员都应该明白的纪律要求。因此,项目管理力争要做到每一个与业主打交道的环节都要加以规范,做到多渠道无缝连接。要做到这几点:第一,要加强组织领导,项目经理直接负责,班子成员齐心协力;第二,根据工程进展情况和具体问题,由牵头部门组织落实,其他部门密切配合,形成相互帮助的协调环境,最终达到共赢;第三,职能部门职责清晰,部门人员分工明确,该哪个部门和人员做的工作哪个部门的具体人员就负责找业主人员解决处理，不推、不等、不靠、不拖；第四，部门间应互相沟通，加快信息传递，以便统一口径，使得决策加快、反馈提前、服务到位、处理及时、落实迅速。尊重别人不能理解为自己低人一等，工作中应坚持原则、不卑不亢，应采用交流、沟通、疏导等方式最终达到尊重事实、依靠事实、以事实为根据处理和解决问题的目的。

分析业主特点、预测业主要求是赢得业主信任的关键。从第一次与业主打交道的情况入手，系统地总结业主与企业及项目部交流的特点，了解业主的基本情况和需求方向，从而制定有针对性的管理和协调策略以指导项目部的工作，使整个组织过程始终围绕着以征得业主信任为工作指向调整工作思路和工作方法，并据此积累成功的经验和吸取失败的教训，为今后企业尽早建立业主管理信息库掌握第一手资料。

集中全体管理者的智慧、经验并形成制度，达到与业主尽早成功合作。在日常工作中，每一个与业主打交道的部门和人员都有自己的方法和方式，但是这些方法和方式往往都是自发的和不成体系的，有一定的局限性，也有一定的实用性，若不相互沟通和总结，则可行的经验不能被及时推广，不可行的经验长时间得不到改进。这需要项目部经理等主要管理者专门组织召开经验交流会，组织经常与业主打交道的职工各抒已见，把各自的想法和做法及施实后的效果全部表达出来，大家分析和总结一套适用的方法和方式，供今后各部门参照执行，并逐渐形成制度和模式，使以后与业主关系的管理和协调有规可循，从而节省精力和时间，提高成功率和诚信度，缩短磨合期，尽早进入正常轨道。

二、与各供货商关系的处理和协调

互惠互利是处理和协调供货商关系的首要原则。项目部在施工过程中要与多个供货商进行合作，设备、物资、能源、材料、劳务等都由供货商提供，可以说离开了供货商的合作就没有项目部成功的可能。因此，处理与供货商的关系对项目部来说是至关重要的。项目部与供货商之间发生利益冲突时，在竞争目标一致的前提下，以互谅互让的精神求得互惠互利，“丢卒保车”不失为一种好的处理方法，而“一毛不拔”则往往因小失大。

平等协商是处理和协调与供货商关系的重要原则。项目部和各供货商在隶属关系和追求的目标等方面是不同的，但又都是相对独立的经济实体，不存在谁领导谁，都是为了各自的利益而结合在一起。因此，以平等的身份相互协商，通过了解和沟通使各自的需要和意见由不统一到统一，以达成真诚的合作。

真诚相待是处理和协调与供货商关系的常规原则。项目部和各供货商之间是一种相互依赖、相互需要、相互依存的供求关系，出现问题时双方必须遵循真诚相待的原则，树立全局意识和整体观念，在日常业务配合中彼此真诚相待，不存心欺骗对方，均本着真心实意解决问题的态度处理分歧，需方不存心苛刻要求供方，供方不糊弄需方，更不能欺行霸市。

项目部在日常工作中要处理好与供货商的关系，应做到积极主动，即主动向供货商反映阶段需求信息；主动给供货商提供方便和帮助，积极协助他们解决生产和技术问题；主动给供货商介绍新客户；主动与供货商加强感情交流和沟通，以一家人的心态对待他们，使双方的关系始终处在协调的状态下，最终达到双赢。

三、与工程监理部门关系的管理和协调

在工程施工期间，工程项目部与工程监理部应该是接触最频繁的，在一定情况下两者的共同语言最多，但有时分歧也最为严重。如何处理好两者的关系既是业主的事也是项目部的事，因此项目部主动与监理部门处理好工作关系，共同把工程建设好是建设者和工程管理者共同的愿望。

了解工程实施阶段监理工作的基本内容和主要工作方法。工程实施阶段监理人员是处在发包人和承包人之间的独立机构，其主要工作内容简单地说是控制工程质量、控制工程进度、控制工程投资、协调业主与承包人之间的关系，简称“三控制、一协调”。但实际上，监理人员在工程实施阶段的工作远远不止这些，如开工条件的控制、施工安全和施工安全环境管理、合同管理、信息管理、工程验收与移交等，都是监理人员的工作范围和工作内容。也就是说，在工程施工期间与工程施工有关的事项监理人员都有权监督或参与。其主要工作方法是现场记录、发布文件、旁站监督、巡视检查、跟踪检测、平行检测和协调。

熟悉施工监理的主要工作制度。施工期间监理的主要工作制度有八项，即施工技术文件审核和审批制度，原材料、构配件、工程设备检验制度，工程质量检验制度，工程计量付款签证制度，会议协调制度，施工现场紧急情况报告制度，工作报告制度和工程验收制度。

通过以上对监理工作基本情况的了解，我们看到监理部与项目部在工程施工期间是不可分割的，项目部的一切工作都是在监理部的监督和控制下进行的。因此，正确处理好与监理部的关系对工程建设和工程质量等都有好处。在处理与监理的关系时应遵循以下原则：

(1)充分尊重监理的工作。监理部在一定条件下可以说是受业主的委托代表业主专门对工程建设过程进行监督和控制的机构，同时，监理部有时是介于业主和承包人之间的独立行使权力的机构。因此，监理工作主要是对工程项目负责，也就是说，对业主和承包人都要负责。所以，监理工作不仅应当受到业主的尊重，更应当受到承包人的尊重，项目部在日常工作中应始终尊重监理的工作，并形成制度建立管理和监督。

(2)加强与监理的沟通和交流。同在一个工程项目上生活和工作是人生难得的机会，因此在工作中彼此互相了解、互相关心、互相爱护、互相帮助、互相交流和沟通，有利于增进感情和友谊，有利于工作的协调和配合。

(3)在工作上服从监理，在生活上关心监理。监理是受业主的委托负责对工程建设过程实施监督和控制的，只要监理人员的工作没有超出他们的权限或者不是乱指挥、乱干涉、恶意阻挠等，项目部就必须服从监理的监督和控制。同时，由于监理部人员比较少，各方面条件往往不如项目部，业主和项目部在通信、交通、办公、生活等方面应给予其必要的关心和帮助，为他们提供一些更好的条件，以便他们更安心地工作，使得业主、监理、施工三方在整个建设过程中均能全身心地投入工程建设管理中，以利于整个工程建设。

(4)项目经理等主要班子成员要主动加强与监理的合作，带头处理好与监理的关系，为正常的业务配合创造良好的条件。在日常工作中，与监理打交道的主要是技术负责人和施工技术及质量检查人员等专业人员，这些人员在工程开工初期往往因为对监理人员

不熟悉或有顾虑而怕和监理打交道，容易造成工作的被动或耽搁，这就需要项目经理等主要人员积极给他们创造熟悉的条件，尽早消除工作顾虑和胆怯心理，使双方的工作早日进入正常的轨道。

(5)工作制度、责任心、业务熟练程度、企业实力、诚实守信、工程管理情况等是处理与监理关系最好的条件。与监理关系处理的好坏主要看项目部能否将工程项目建设好和管理好，这是决定项目部与监理关系的基础。因此，抓好硬件的管理始终是项目部根本的工作，没有硬件作保障，即使绞尽脑汁也难以处理好与监理的关系。

(6)在向业主汇报有关工作情况前，充分征求监理的意见。在工程建设期间，项目部需要随时将工程情况向业主汇报，每次汇报，业主一般不会仅听取项目部一方的汇报，实际上业主更信任监理的报告，为了不出现与监理汇报偏差较大的情况而影响业主对项目部的信任，重要的汇报应提前与监理进行交流和沟通，力争双方达成一致、贴近实际，把工程的真实情况汇报给业主，使其决策更有利于下一步的工作。应减少单方面汇报，避免单方面不合实际的汇报，禁止项目部与监理部分头以抵制对方为目的的恶意汇报，杜绝与监理双方联合对业主进行有欺骗性的汇报。

(7)各项工作应按程序进行，不寻捷径。有不少项目部的人以为与监理处理好关系的目的是借用监理之权谋不义之财，想方设法通过各种途径将监理拉向项目部一方，达到另有所图、共同欺骗业主的目的；也有一部分业主认为，监理是他们花钱请来帮助监管施工企业的，应该和业主站在一边共同对抗项目部，以便达到节省工程资金等目的。这两种想法和做法都是错误的，都没有充分理解监理的工作性质和实施监理制度的目的，是任何工程项目必须预防和坚决禁止的，无论出现上述哪种情况都会给工程建设带来严重甚至是致命的影响。因此，项目部和业主双方必须按有关规定严格按程序办事，监理人员也必须严于律己，严格按监理规程及监理大纲要求工作。项目部、业主和监理三方应互相监督、互相配合、互相支持、互相交流、互相帮助才能共同管理、实施和监督好整个工程项目的实施过程，最终达到共赢；违背原则、违背程序、违背法律、违背事实、违背道德、互相欺骗、互相抵制、互相隐瞒、互相敲诈、互相攻击、心存不轨、心存侥幸的，必将受到道德和法律的谴责和制裁。

习 题

3-1 施工准备工作的意义是什么？

3-2 简述施工准备工作的种类和主要内容。

3-3 施工原始资料收集包括哪些主要内容？

3-4 审查图纸要掌握哪些重点？包括哪些内容？

3-5 施工场地准备工作包括哪些主要内容？

3-6 生产资料准备工作包括哪些主要内容？

3-7 人力资源准备工作包括哪些主要内容？

3-8 冬、雨季施工的准备工作应如何进行？

3-9 接口关系主要有哪几个方面？如何协调？

第四章　施工组织总设计

本章重点

施工组织总设计编制内容和依据，施工组织总设计中主体工程的施工方案，施工总进度计划及施工总体布置的内容和有关事项。

教学目标

了解施工组织总设计的内容与作用、施工辅助企业的作用和布置原则；熟悉施工组织总设计的组成、编制技巧与方法；通过职业能力训练，学会编制简单项目的施工组织总设计。

第一节　概　述

施工组织总设计是水利工程设计文件的重要组成部分，是编制工程投资估算、总概算和招标投标文件的主要依据，是工程建设和施工管理的指导性文件。认真做好施工组织总设计对正确选定坝址、坝型、枢纽布置、整体优化设计方案、合理组织工程施工、保证工程质量、缩短建设周期、降低工程造价都有十分重要的作用。

一、施工组织总设计的内容

(一)施工条件分析

施工条件包括工程条件、自然条件、物质资源供应条件以及社会经济条件等。施工条件分析需在简要阐明上述条件的基础上，着重分析它们对工程施工可能带来的影响和后果。

(二)施工导流

确定导流标准，划分导流时段，明确施工分期，选择导流方案、导流方式和导流建筑物，拟定截流、拦洪、排水、通航、过水、下闸封孔、供水、蓄水、发电等措施。

(三)主体工程施工

挡水、泄水、引水、发电、通航等主要建筑物，应根据各自的施工条件，对施工程序、施工方法、施工强度、施工布置、施工进度和施工设备等问题，进行分析比较和选择。必要时，对其中的关键技术问题，如特殊的基础处理、大体积混凝土温度控制、土石坝合龙、拦洪等问题作出专门的设计和论证。

(四)施工交通运输

施工交通运输包括对外交通和场内交通两部分。对外交通是联系工地与外部公路、铁路车站、水运港口之间的交通，担负施工期间外来物资的运输任务；场内交通是联系施工工地内部各工区、当地材料产地、弃料场，各生产、办公生活区之间的交通。场内交通须与对外交通衔接。

（五）施工工厂设施和大型临建工程

施工工厂设施，如混凝土骨料开采加工系统、土石料场和土石料加工系统、混凝土生产系统、机械修配系统、汽车修配厂、钢筋加工厂、预制构件厂以及风、水、电、通信、照明系统等，均应根据施工的任务和要求分别确定各自位置、规模、设备容量、生产工艺、工艺设备、平面布置、占地面积、建筑面积和土建安装工程量，并提出土建安装进度和分期投产的计划。

大型临建工程，如施工栈桥、过河桥梁、缆机平台等，要作出专门设计，确定其工程量和施工进度安排。

（六）施工总体布置

充分掌握和综合分析水利工程枢纽布置，主体建筑物规模、型式、特点、施工条件和工程所在地区的社会、自然条件等因素，确定并统筹规划布置为工程施工服务的各种临时设施，妥善处理施工场地内外关系。

（七）施工总进度

编制施工总进度时，应根据国民经济发展需要，采取积极有效的措施满足主管部门或业主对施工总工期提出的要求。如果确认要求工期过短或过长、施工难以实现或代价过大，应以合理工期报批。

（八）主要技术供应计划

根据施工总进度的安排和定额资料的分析，对主要建筑材料（如钢材、钢筋、木材、水泥、粉煤灰、油料、炸药等）和主要施工机械设备，列出总需要量和分年需要量计划。

二、施工组织总设计编制依据

在进行施工组织总设计编制时，应依据现状、相关文件和试验成果等，具体内容如下：

（1）可行性研究报告及审批意见、设计任务书、上级单位对本工程建设的要求或批件。

（2）工程所在地区有关基本建设的法规或条例、地方政府对本工程建设的要求。

（3）国民经济各有关部门（铁道、交通、林业、灌溉、旅游、环保、城镇供水等）对本工程建设期间的有关要求及协议。

（4）当前水利工程建设的施工装备、管理水平和技术特点。

（5）工程所在地区和河流的自然条件（地形、地质、水文、气象特征和当地建筑材料情况等）、施工电源、水源及水质、交通、环保、旅游、防洪、灌溉、航运、过木、供水等现状和近期发展规划。

（6）当地城镇现有修配、加工能力，生活、生产物资和劳动力供应条件，居民生活、卫生习惯等。

（7）施工导流及通航过木等水工模型试验、各种原材料试验、混凝土配合比试验、重要结构模型试验、岩土物理力学试验等成果。

（8）工程有关工艺试验或生产性试验成果。

（9）勘测、设计各专业有关成果。

第二节 施工方案

研究主体工程施工是为了正确选择水利工程枢纽布置和建筑物型式,保证工程质量与施工安全,论证施工总进度的合理性和可行性,并为编制工程概算提供需求的资料。

一、施工方案选择原则

(1)施工期短、辅助工程量及施工附加量小、施工成本低。

(2)先后作业之间、土建工程与机电安装之间、各道工序之间协调均衡,干扰较小。

(3)技术先进、可靠。

(4)施工强度和施工设备、材料、劳动力等资源需求均衡。

二、施工设备选择及劳动力组合原则

(1)适应工地条件,符合设计和施工要求,保证工程质量,生产能力满足施工强度要求。

(2)设备性能机动、灵活、高效、能耗低、运行安全可靠。

(3)通过市场调查,应按各单项工程工作面、施工强度、施工方法进行设备配套选择,使各类设备均能充分发挥效率。

(4)通用性强,能在先后施工的工程项目中重复使用。

(5)设备购置及运行费用较低,易于获得零、配件,便于维修、保养、管理、调度。

(6)在设备选择配套的基础上,应按工作面、工作班制、施工方法以混合工种结合国内平均先进水平进行劳动力优化组合设计。

三、主体工程施工

水利工程施工涉及的工种很多,其中主体工程施工包括土石方明挖、地基处理、混凝土施工、碾压式土石坝施工、地下工程施工等,下面介绍其中两项工程量较大、工期较长的主体工程施工。

(一)混凝土施工

混凝土施工方案选择应遵循以下原则:

(1)混凝土生产、运输、浇筑、温控防裂等各施工环节衔接合理。

(2)施工机械化程度符合工程实际,保证工程质量,加快工程进度和节约工程投资。

(3)施工工艺先进,设备配套合理,综合生产效率高。

(4)能连续生产混凝土,运输过程的中转环节少、运距短,温控措施简易、可靠。

(5)初、中、后期浇筑强度协调平衡。

(6)混凝土施工与机电安装之间干扰少。

混凝土浇筑程序、各期浇筑部位和高程应与供料线路、起吊设备布置和机电安装进度相协调,并符合相邻块高差及温控防裂等有关规定。各期工程形象进度应能适应截流、拦洪度汛、封孔蓄水等要求。

混凝土浇筑设备选择应遵循以下原则:

(1)起吊设备能控制整个平面和高程上的浇筑部位。

(2)主要设备型号单一、性能良好、生产率高,配套设备能发挥主要设备的生产能力。

(3)在固定的工作范围内能连续工作,设备利用率高。

(4)浇筑间歇能承担模板、金属构件及仓面小型设备吊运等辅助工作。

(5)不压浇筑块,或不因压块而延长浇筑工期。

(6)生产能力在能保证工程质量前提下满足高峰时段浇筑强度要求。

(7)混凝土宜直接起吊入仓,若用带式输送机或自卸汽车入仓卸料时,应有保证混凝土质量的可靠措施。

(8)当混凝土运距较远时,可用混凝土搅拌运输车,防止混凝土出现离析或初凝,保证混凝土质量。

模板选择应遵循以下原则:

(1)模板类型应适合结构物外型轮廓,有利于机械化操作和提高周转次数。

(2)有条件部位宜优先采用混凝土或钢筋混凝土模板,并尽量多用钢模、少用木模。

(3)结构型式应力求标准化、系列化,便于制作、安装、拆卸和提升,条件适合时应优先选用滑模和悬臂式钢模。

坝体分缝应结合水利工程相关要求确定。最大浇筑仓面尺寸在分析混凝土性能、浇筑设备能力、温控防裂措施和工期要求等因素后确定。

坝体接缝灌浆应考虑以下几个方面:

(1)接缝灌浆应待灌浆区及以上冷却层混凝土达到坝体稳定温度或设计规定值后进行,在采取有效措施情况下,混凝土龄期不宜短于4个月。

(2)同一坝缝内灌浆分区高度为10~15 m。

(3)应根据双曲拱坝施工期应力确定封拱灌浆高程和浇筑层顶面间的允许高差。

(4)对空腹坝封顶灌浆,或受气温年变化影响较大的坝体接缝灌浆,宜采用较坝体稳定温度更低的超冷温度。

用平浇法浇筑混凝土时,设备生产能力应能确保混凝土初凝前将仓面覆盖完毕;当仓面面积过大、设备生产能力不能满足时,可用台阶法浇筑。

大体积混凝土施工必须进行温控防裂设计,采用有效的温控防裂措施以满足温控要求。有条件时宜用系统分析法确定各种措施的最优组合。

在多雨地区雨季施工时,应掌握分析当地历年降雨资料,包括降雨强度、频度和一次降雨延续时间,并分析雨日停工对施工进度的影响和采取防雨措施的可能性与经济性。

低温季节混凝土施工必要性应根据总进度及技术经济比较论证后确定。在低温季节进行混凝土施工时,应作好保温防冻措施。

(二)碾压式土石坝施工

认真分析工程所在地区气象台(站)的长期观测资料。统计降水、气温、蒸发等各种气象要素不同量级出现的天数,确定对各种坝料施工影响程度。

料场规划应遵循以下原则:

(1)料物物理力学性质符合坝体用料要求,质地较均一。

(2)贮量相对集中,料层厚,总贮量能满足坝体填筑需要量。

(3)有一定的备用料区,保留部分近料场作为坝体合龙和抢拦洪高程用。

(4)按坝体不同部位合理使用各种不同的料场,减少坝料加工。

(5)料场剥离层薄,便于开采,获得率较高。

(6)采集工作面开阔、料物运距较短,附近有足够的废料堆场。

(7)不占或少占耕地、林场。

料场供应应遵循以下原则:

(1)必须满足坝体各部位施工强度要求。

(2)充分利用开挖渣料,做到就近取料、高料高用、低料低用,避免上下游料物交叉使用。

(3)垫层料、过渡层和反滤料一般宜用天然砂石料,工程附近缺乏天然砂石料或使用天然砂石料不经济时,方可采用人工料。

(4)减少料物堆存、倒运,必须堆存时,堆料场宜靠近坝区上坝道路,并应有防洪、排水、防料物污染、防分离和散失的措施。

(5)力求使料物及弃渣的总运输量最小。做好料场平整,防止水土流失。

土料开采和加工处理要求如下:

(1)根据土层厚度、土料物理力学特性、施工特性和天然含水量等条件研究确定主次料场,分区开采。

(2)开采加工能力应能满足坝体填筑强度要求。

(3)若料场天然含水量偏高或偏低,应通过技术经济比较选择具体措施进行调整,增减土料含水量宜在料场进行。

(4)若土料物理力学特性不能满足设计和施工要求,应研究使用人工砾质土的可能性。

(5)统筹规划施工场地、出料线路和表土堆存场,必要时应做还耕规划。

坝料上坝运输方式应根据运输量、开采、运输设备型号、运距和运费、地形条件以及临建工程量等资料,通过技术经济比较后选定,并考虑以下原则:

(1)满足填筑强度要求。

(2)在运输过程中不得混掺、污染和降低料物物理力学性能。

(3)各种坝料尽量采用相同的上坝方式和通用设备。

(4)临时设施简易,准备工程量小。

(5)运输的中转环节少。

(6)运输费用较低。

施工上坝道路布置应遵循以下原则:

(1)各路段标准原则满足坝料运输强度要求,在认真分析各路段运输总量、使用期限、运输车型和当地气象条件等因素后确定。

(2)能兼顾地形条件,各期上坝道路能衔接使用,运输不致中断。

(3)能兼顾其他施工运输,两岸交通和施工期过坝运输,尽可能与永久公路结合。

(4)在限制坡长条件下,道路最大纵坡不大于15%。

上料用自卸汽车运输上坝时,用进占法卸料,铺土厚度根据土料性质和压实设备性能通过现场试验或工程类比法确定,压实设备可根据土料性质、细颗粒含量和含水量等因素选择。

土料施工尽可能安排在少雨季节,若在雨季或多雨地区施工,应选用适合的土料和施工方法,并采取可靠的防雨措施。

当寒冷地区当日平均气温低于0 ℃时,黏性土按低温季节施工;当日平均气温低于-10 ℃时,一般不宜填筑土料,否则应进行技术经济论证。

面板堆石坝的面板垫层为级配良好的半透水细料,要求压实度较高。垫层下游排水必须通畅。

混凝土面板堆石坝上游坝坡用振动平碾,在坝面顺坡分级压实,分级长度一般为10~20 m;也可用夯板随坝面升高逐层夯实。压实平整后的边坡用沥青乳胶或喷混凝土固定。

混凝土面板垂直缝间距应以有利于滑模操作、适应混凝土供料能力、便于组织仓面作业为准,一般用高度不大的面板,坝一般不设水平缝。高面板坝由于坝体施工期度汛或初期蓄水发电需要,混凝土面板可设置水平缝分期度汛。

混凝土面板浇筑宜用滑模自下而上分条进行,滑模滑行速度通过试验选定。

沥青混凝土面板堆石坝的沥青混合料宜用汽车配保温吊罐运输,坝面上设喂料车、摊铺机、振动碾和牵引卷扬台车等专用设备。面板宜一期铺筑,当坝坡长大于120 m或因度汛需要,也可分两期铺筑,但两期间的水平缝应作加热处理。纵向铺筑宽度一般3~4 m。

沥青混凝土心墙的铺筑层厚宜通过碾压试验确定,一般可采用20~30 cm。铺筑与两侧过渡层填筑尽量平起平压,两者离差不大于3 m。

寒冷地区沥青混凝土施工不宜裸露越冬,越冬前已浇筑的沥青混凝土应采取保护措施。

坝面作业规划如下:

(1)土质防渗体应与其上、下游反滤料及坝壳部分平起填筑。

(2)垫层料与部分坝壳料均宜平起填筑,当反滤料或垫层料施工滞后于堆后棱体时,应预留施工场地。

(3)混凝土面板及沥青混凝土面板宜安排在少雨季节施工,坝面上应有足够的施工场地。

(4)各种坝料铺料方法及设备宜尽量一致,并重视结合部位填筑措施,力求减少施工辅助设施。

碾压式土石坝施工机械选型配套应遵循以下原则:

(1)提高施工机械化水平。

(2)各种坝料坝面作业的机械化水平应协调一致。

(3)各种设备数量按施工高峰时段的平均强度计算,适当留有余地。

(4)振动碾的碾型和碾重根据料场性质、分层厚度、压实要求等条件确定。

第三节　施工总进度计划

编制施工总进度时,应根据国民经济发展需要,采取积极有效的措施满足主管部门或业主对施工总工期提出的要求。如果确认要求工期过短或过长、施工难以实现或代价过大,应以合理工期报批。

一、工程建设阶段划分

工程建设一般划分为四个施工阶段。

(一)工程筹建期

工程筹建期指工程正式开工前由业主单位负责为承包单位进场开工创造条件所需的时间。筹建工作有对外交通、施工用电、通信、征地、移民以及招标、评标、签约等。

(二)工程准备期

工程准备期指从准备工程开工起至河床基坑开挖(河床式)或主体工程开工(引水式)前的工期。所做的必要准备工程一般包括场地平整、场内交通、导流工程、临时建房和施工工厂等。

(三)主体工程施工期

主体工程施工期指一般从河床基坑开挖或从引水道或厂房开工起,至第一台机组发电或工程开始受益为止的期限。

(四)工程完建期

工程完建期指自水电站第一台机组投入运行或工程开始受益起,至工程竣工的工期。

工程施工总工期为后三项工期之和,并非所有工程的四个建设阶段均能截然分开,某些工程的相邻两个阶段工作也可交错进行。

二、施工总进度的表示形式

施工总进度根据工程不同情况分别采用以下三种形式表示:

(1)横道图。具有简单、直观等优点。

(2)网络图。可从大量工程项目中表示控制总工期的关键线路,便于反馈、优化。

(3)斜线图。易于体现流水作业。

三、主体工程施工进度编制

(一)坝基开挖与地基处理工程施工进度

坝基岸坡开挖一般与导流工程平行施工,并在河流截流前基本完成。平原地区的水利工程和河床式水电站若施工条件特殊,也可两岸坝基与河床坝基交叉进行开挖,但以不延长总工期为原则。

基坑排水一般安排在围堰水下部分防渗设施基本完成之后、河床地基开挖之前进行。对于土石围堰与软质地基的基坑,应控制排水下降速度。

不良地质地基处理宜安排在建筑物覆盖前完成。固结灌浆时间可与混凝土浇筑交叉作业,经过论证,也可在混凝土浇筑前进行。帷幕灌浆可在坝基面或廊道内进行,不占直线工期,并应在蓄水前完成。

两岸岸坡有地质缺陷的坝基,应根据地基处理方案安排施工工期,当处理部位在坝基范围以外或地下时,可考虑与坝体浇筑(填筑)同时进行,在水库蓄水前按设计要求处理完毕。

采用过水围堰导流方案时,应分析围堰过水期限及过水前后对工期带来的影响,在多泥沙河流上应考虑围堰过水后清淤所需工期。

地基处理工程进度应根据地质条件、处理方案、工程量、施工程序、施工水平、设备生产能力和总进度要求等因素研究确定。对处理复杂、技术要求高、对总工期起控制作用的深覆盖层的地基处理应作深入分析,合理安排工期。

根据基坑开挖面积、岩土等级、开挖方法及按工作面分配的施工设备性能、数量等分析计算坝基开挖强度及相应的工期。

(二)混凝土工程施工进度

在安排混凝土工程施工进度时,应分析有效工作天数,大型工程经论证后若需加快浇筑进度,可分别在冬、雨、夏季采取确保施工质量的措施后施工。一般情况下,混凝土浇筑的月工作日数可按25 d计。对于控制直线工期工程的工作日数,宜将气象因素影响的停工天数从设计日历天数中扣除。

混凝土的平均升高速度与坝型、浇筑块数量、浇筑块高、浇筑设备能力以及温控要求等因素有关,一般通过浇筑排块确定。大型工程宜尽可能应用计算机模拟技术,分析坝体浇筑强度、升高速度和浇筑工期。

混凝土坝施工期历年度汛高程与工程面貌按施工导流要求确定,若施工进度难以满足导流要求,则可相互调整,确保工程安全度汛。

混凝土的接缝灌浆进度(包括厂坝间接缝灌浆)应满足施工期度汛与水库蓄水安全要求,并结合温控措施与二期冷却进度要求确定。

混凝土坝浇筑期的月不均衡系数:大型工程宜小于2,中型工程宜小于2.3。

(三)碾压式土石坝施工进度

碾压式土石坝施工进度应根据导流与安全度汛要求安排,研究坝体的拦洪方案,论证上坝强度,确保大坝按期达到设计拦洪高程。

坝体填筑强度的拟订应遵循以下原则:

(1)满足总工期以及各高峰期的工程形象要求,且各强度较为均衡。

(2)月高峰填筑量与填筑总量比例协调,一般可取1:20~1:40。

(3)坝面填筑强度应与料场出料能力、运输能力协调。

(4)水文、气象条件对土石坝各种坝料的施工进度有不同程度的影响,须分析相应的有效施工工作日。一般应按照有关规范要求结合本地区水文、气象条件参考附近已建工程综合分析确定。

(5)土石坝上升速度主要由塑性心墙(或斜墙)的上升速度控制,而心墙或斜墙的上升速度又和土料性能、有效工作日、工作面、运输与碾压设备性能以及压实参数有关,一般宜通过现场试验确定。

(6)碾压式土石坝填筑期的月不均衡系数宜小于2。

(四)地下工程施工进度

地下工程施工进度受工程地质和水文地质影响较大,各单项工程施工程序互相制约,安排时应统筹兼顾开挖、支护、浇筑、灌浆、金属结构、机电安装等各个工序。

地下工程一般可全年施工,具体安排施工进度时,应根据各工程项目规模、地质条件、施工方法及设备配套情况,用关键线路法确定施工程序和各洞室、各工序间的相互衔接和最优工期。

地下工程月进度指标根据地质条件、施工方法、设备性能及工作面情况分析确定。

(五)金属结构及机电安装进度

施工总进度中应考虑预埋件、闸门、启闭设备、引水钢管、水轮发电机组及电气设备的安装工期，妥善协调安装工程与土建工程施工的交叉衔接，并适当留有余地。

对于控制安装进度的土建工程(如斜井开挖、支墩浇筑、厂房吊车梁及厂房顶板、副厂房、开关站基础等)，交付安装的条件与时间均应在施工进度文件中逐项研究确定。

(六)施工劳动力及主要资源供应

单位工程施工进度计划编制确定以后，根据施工图纸、工程量计算资料、施工方案、施工进度计划等有关技术资料，着手编制劳动力需要量计划，各种主要材料、构件和半成品需要量计划及各种施工机械的需要量计划。它们不仅是为了明确各种技术工人和各种技术物资的需要量，而且还是做好劳动力与物资的供应、平衡、调度、落实的依据，也是施工单位编制月、季生产作业计划的主要依据之一和保证施工进度计划顺利执行的关键。

1. 劳动力需要量计划

劳动力需要量计划主要是作为安排劳动力的平衡、调配和衡量劳动力耗用指标、安排生活福利设施的依据。其编制方法是将施工进度计划表内所列各施工过程每天(或旬、月)所需工人人数按工种汇总而得。其表格形式如表4-1所示。

表4-1　劳动力需要量计划表

序号	工种名称	需要人数	××月			××月			备注
			上旬	中旬	下旬	上旬	中旬	下旬	

2. 主要材料需要量计划

主要材料需要量计划是备料、供料和确定仓库、堆场面积及组织运输的依据。其编制方法是将施工进度计划表中各施工过程的工程量，按材料名称、规格、数量、使用时间计算汇总而得。其表格形式如表4-2所示。

表4-2　主要材料需要量计划表

序号	材料名称	规格	需要量		需要时间						备注
			单位	数量	××月			××月			
					上旬	中旬	下旬	上旬	中旬	下旬	

当某分部(分项)工程是由多种材料组成时，应按各种材料分类计算，如混凝土工程应换算成水泥、砂、石、外加剂和水的数量列入表格。

3. 构件和半成品需要量计划

建筑结构构件、配件和其他加工半成品的需要量计划主要用于落实加工订货单位，并按照所需规格、数量、时间，组织加工、运输和确定仓库或堆场，可根据施工图和施工进度计划编制。其表格形式如表4-3所示。

4. 施工机械需要量计划

施工机械需要量计划主要用于确定施工机械的类型、数量、进场时间，可据此落实施工机械来源，组织进场。其编制方法是将单位工程施工进度计划表中的每一个施工过程及每天所需的机械类型、数量和施工日期进行汇总，即得施工机械需要量计划。其表格形式如表 4-4 所示。

表 4-3　构件和半成品需要量计划表

序号	构件、半成品名称	规格	图号、型号	需要量		使用部位	制作单位	供应日期	备注
				单位	数量				

表 4-4　施工机械需要量计划表

序号	机械名称	型号	需要量		现场使用起止时间	机械进场或安装时间	机械退场或拆卸时间	供应单位
			单位	数量				

四、实例介绍——横道图

当用横道图表达总进度计划时，项目的排列可按施工总体方案所确定的工程开展程序排列。横道图上应表达出各施工项目的开、竣工时间及其施工持续时间。其表格形式如表 4-5 所示。

表 4-5　某堤防施工总进度计划表

序号	主要工程项目	2006年				
		2月	3月	4月	5月	6月
1	准备工作					
2	清基及削坡					
3	堤身填筑及整形					
4	浆砌石脚槽					
5	干砌石护坡					
6	抛石					
7	导滤料					
8	草皮护坡					
9	锥探灌浆					
10	竣工资料整理及工程验收					

第四节　施工总体布置

施工总体布置方案应遵循因地制宜、因时制宜、有利生产、方便生活、易于管理、安全可靠、经济合理的原则，经全面系统比较论证后选定。

一、施工总体布置方案比较

施工总体布置方案比较有以下几项指标：

(1)交通道路的主要技术指标包括工程质量、造价、运输费及运输设备需要量。

(2)各方案土石方平衡计算成果，场地平整的土石方工程量和形成时间。

(3)风、水、电系统管线的主要工程量、材料和设备等。

(4)生产、生活福利设施的建筑物面积和占地面积。

(5)有关施工征地移民的各项指标。

(6)施工工厂的土建、安装工程量。

(7)站场、码头和仓库装卸设备需要量。

(8)其他临建工程量。

二、施工总体布置及场地选择

施工总体布置应该根据施工需要分阶段逐步形成，满足各阶段施工需要，做好前后衔接，尽量避免后阶段拆迁。初期场地平整范围按施工总体布置最终要求确定。施工总体布置应着重研究以下内容：

(1)施工临时设施项目的划分、组成、规模和布置。

(2)对外交通衔接方式、站场位置、主要交通干线及跨河设施的布置情况。

(3)可资利用场地的相对位置、高程、面积和占地赔偿。

(4)供生产、生活设施布置的场地。

(5)临建工程和永久设施的结合。

(6)前后期结合和重复利用场地的可能性。

若枢纽附近场地狭窄、施工布置困难，可采取适当利用或重复利用库区场地，布置前期施工临建工程，充分利用山坡进行小台阶式布置。提高临时房屋建筑层数和适当缩小间距。利用弃渣填平河滩或冲沟作为施工场地。

三、施工分区规划

(一)施工总体布置一般分区

(1)主体工程施工区。

(2)施工工厂区。

(3)当地建材开采区。

(4)仓库、站、场、厂、码头等储运系统。

(5)机电、金属结构和大型施工机械设备安装场地。

(6)工程弃料堆放区。

(7)施工管理中心及各施工工区。

(8)生活福利区。

要求各分区间交通道路布置合理，运输方便可靠，能适应整个工程施工进度和工艺流程要求，尽量避免或减少反向运输和二次倒运。

(二)施工分区规划布置原则

(1)以混凝土建筑物为主的枢纽工程，施工区布置宜以砂石料开采、加工，混凝土拌和浇筑系统为主；以当地材料坝为主的枢纽工程，施工区布置宜以土石料采挖、加工，堆料场和上坝运输线路为主。

(2)机电设备、金属结构安装场地宜靠近主要安装地点。

(3)施工管理中心设在主体工程、施工工厂和仓库区的适中地段。各施工区应靠近各施工对象。

(4)生活福利设施应考虑风向、日照、噪声、绿化、水源水质等因素，其生产、生活设施应有明显的界限。

(5)特殊材料仓库(炸药、雷管库、油库等)应根据有关安全规程的要求布置。

(6)主要施工物资仓库、站场、转运站等储运系统一般布置在场内外交通衔接处。

当外来物资的转运站远离工区时，应在工区按独立系统设置仓库、道路、管理及生活福利设施。

四、施工总体布置实例

三峡水利枢纽是当今世界上最大的水利枢纽工程，它位于长江三峡的西陵峡中段，坝址在湖北宜昌三斗坪。工程由大坝及泄水建筑物、厂房、通航建筑物等组成，具有防洪、发电、航运、供水等巨大的综合利用效益。坝顶高程 185 m，坝长 2 309.47 m，总库容 1 820 万 m^3，总装机容量 1 820 万 kW。

三峡水利枢纽大坝为混凝土重力坝，左右两岸布置电站厂房，左岸布置升船机和永久船闸。主体建筑物土石挖方 10 400 万 m^3、填方 4 149.2 万 m^3，使用混凝土 2 671.4 万 m^3。

初步设计推荐的施工总进度安排仍按三期施工。施工准备及一期工程 5 年，二期工程 6 年，三期工程 6 年，总工期 17 年。一期工程主要围护右岸，挖明渠，建纵向围堰；二期工程围护左岸，主河床施工，修建溢流坝及左厂房；三期工程围护右岸，主要施工右厂房。

(一)场地布置条件

坝址河流宽阔，两岸为低山丘陵，沟谷发育。右岸沿江有 75 ~ 90 m 高程带状台地，坝线下游沿江 6 km 范围内有三斗坪、高家冲、白庙子、东岳庙、杨家湾等场地，坝线上游有徐家冲、茅坪等缓坡地可资利用。左岸台地较少，而冲沟较发育，坝线下游 7 km 范围内有覃家沱、许家冲、陈家冲、瓦窑坪、坝河口、杨淌河等较大冲沟，山脊普遍高程为 100 ~ 140 m，沟底高程为 78 ~ 90 m，另有面积约 100 万 m^2 的陈家坝滩地，地面高程 65 m 左右；坝线上游有刘家河、苏家坳等场地。左右岸共有可利用场地 15 km^2，可满足施工场地布置要求。

(二)场地布置原则

(1)主要施工场地和交通道路布置在20年一遇洪水位77 m高程以上。

(2)以宜昌市为后方基地,充分利用已建施工工厂、仓库、车站、码头、生活系统。坝址附近主要布置砂石、混凝土拌和及制冷系统,机电、金属结构安装基地,汽车机械保养、中小修配加工企业和办公生活房屋。

(3)由于两岸都布置有主体建筑物,左岸尤为集中,故采取两岸布置并以左岸为主的方式。

(4)生产与生活区相对分开。

(5)节约用地,多利用荒山坡地布置施工工厂和生活区,利用基坑开挖弃渣填滩造地,布置后期使用的安装基地和施工设施。

(6)根据主体工程高峰年施工需要,坝区布置相应规模的生产、交通、生活、服务系统,按两岸采用公路运输方式进行施工总体规划。

(三)左岸布置

1. 覃家沱-古树岭区

该区是左岸前方施工主要基地。布置有120 m高程、82 m高程及98.7 m高程三个混凝土生产系统。120 m高程混凝土系统设4×4 m^3和6×4 m^3拌和楼各1座,供应大坝120 m高程以上及临时船闸、升船机和永久船闸一部分混凝土浇筑;82 m高程混凝土系统设4×4 m^3和6×3 m^3拌和楼各1座,供应溢流坝、厂房坝段下游面120 m高程以下部位和电厂混凝土浇筑;98.7 m高程混凝土系统设2座4×3 m^3拌和楼,月产量20万m^3,供应永久船闸混凝土浇筑。各混凝土系统分设水泥、粉煤灰贮存罐及供风站。古树岭布置人工骨料加工系统,设备生产能力为2 108 m^3/h,承担左岸4个混凝土生产系统砂石料供应。

2. 刘家河-苏家坳区

该区是左岸坝上游施工基地,苏家坳90 m高程布置4×3 m^3及4×6 m^3拌和楼各1座,供应溢流坝、厂房坝段上游面和混凝土纵向围堰90 m高程以上混凝土浇筑。刘家河、瞿家湾一带为弃渣场和二期围堰土石料备料堆场,弃渣量约600万m^3。上游引航道130 m平台至左坝头185 m平台一带在弃渣场上布置有钢筋、混凝土预制、木材加工厂、机械修配厂、汽车停放保养场及承包商营地等。

3. 陈家坝-望家坝区

除望家坝约1万m^2地面高程在70 m以上外,其余均在60 m高程左右,葛洲坝蓄水后常年被淹。作为左岸主要弃渣场,结合主体工程弃渣填筑场地,布置后期使用的企业,如金属结构、压力钢管安装场和机电设备仓库,以及二期围堰土石料堆场。弃渣容量约1 600万m^3。

4. 许家冲-黎家湾区

许家冲、陈家冲布置容量约800万m^3的岩石利用料堆场及220 kV施工变电所。柳树湾布置生产能力为200 m^3/h的前期砂砾料加工系统。黎家湾布置物资仓库、材料仓库和承包商营地等。

5. 瓦窑坪－坝河口区

该区为左岸主要办公生活区。布置有业主、监理、设计、施工办公,生活各类设施,建有高水准的餐厅、医院、体育场馆、公园、游泳池、接待中心等,是三峡坝区的办公、商业、文化中心。

6. 坝河口－大象溪区

该区是对外交通与场内交通相衔接的区域。沿江峡大道布置有政府有关部门办事机构、保税仓库、鹰子嘴水厂、临时砂石码头、重件杂货码头,大象溪布置贮量为 8 000 t 的油库,杨淌河布置前期临时货场、临时炸药库和爆破材料贮放场地。

(四)右岸布置

1. 徐家冲－茅坪区

徐家冲弃渣场弃渣容量约 1 600 万 m^3,谢家坪弃渣容量约 450 万 m^3。此两处为右岸主要弃渣场。茅坪溪布置围堰备料场、围堰施工土石料堆场和茅坪溪防护大坝施工承包商营地。

2. 三斗坪－高家冲区

该区是右岸前方主要施工基地。青树湾布置 85 m 高程和 120 m 高程混凝土系统。85 m 高程布置 4×3 m^3 拌和楼 2 座和 6×3 m^3 拌和楼 1 座,担负混凝土纵向围堰和导流明渠上游碾压混凝土围堰 58 m 高程和 50 m 高程以下混凝土浇筑,二期拆迁至左岸的 75 m 和 79 m 高程混凝土系统安装使用,三期工程在 84 m 高程布置 2 座 4×3 m^3 拌和楼,担负右岸大坝 85 m 高程以下和电站厂房及三期上游横向混凝土围堰浇筑,120 m 高程新建 4×3 m^3 和 6×4 m^3 拌和楼各 1 座,担负三期碾压混凝土围堰、明渠坝段和厂房的混凝土供应。枫箱沟布置生产能力为 815 m^3/h 的砂石加工系统和砂石料堆场。高家冲、鸡公岭可弃渣 680 万 m^3,布置容量为 3 000 万 m^3 的基岩利用料堆场,三斗坪布置汽车停放场、施工机械停放场、金属结构拼装场、基础处理基地。高家冲口布置生产能力为 200 m^3/h 砂砾料加工系统、机电设备库、试验室等。

3. 白庙子－东岳庙区

白庙子布置混凝土预制、钢筋、木材加工厂,水厂,消防站,建材仓库和物资仓库。东岳庙布置葛洲坝集团办公生活中心营地。江边布置船上水厂基地和砂石码头。

4. 杨家湾区

该区布置对外交通水运码头、水泥和粉煤灰中转贮存系统。右桥头布置有桥头公园。

(五)场内交通

三峡场内运输总量约 53 850 万 t,其中汽车运输量约 38 210 万 t。共兴建公路约 108 km,大中型公路桥梁 6 座,总长约 1 700 m。根据坝区场地条件,考虑结合城镇发展,布置公路主干线连通施工辅助企业、仓库、生活区。左岸布置有江峡大道、江峡一路两条纵向主干道,坝址上下游交通在临时船闸运行后由苏覃路改经苏黄路;右岸布置西陵大道,在导流明渠边坡加宽马道,以沟通坝区上下游交通。

为满足施工期和未来两岸交通运输需要,在距坝轴线约 4 km 的望家坝—大沱修建西陵长江公路大桥。因三峡工程分期导流及航运需要,要求最好河床不建桥墩,经长期研究比较,选定悬索桥,主跨约 900 m,跨越下航道隔流堤,总长约 1 450 m。根据泥沙模型试验和实测资料,左岸滩地普遍淤积厚度较大,因此港口集中布置于右岸杨家湾,港区岸线约 1 km,布置水泥、重件杂货、客运等 4 座码头;左岸设重件码头,兼做杂货码头使用。

工程施工初期,于右岸茅坪、三斗坪和丝瓜槽,左岸覃家沱、坝河口、小湾和乐天溪共设置 7 座临时简易码头,担负两岸临时交通汽渡和施工机械设备进场运输。

(六)办公生活布置

初步设计文件估算施工高峰期职工人数 42 700 人,在坝区居住的有 39 700 人,共须修建办公生活房屋建筑面积 66 万 m^2,其中生活房屋建筑面积 44.5 万 m^2,公共房屋建筑面积 13.7 万 m^2,办公房屋建筑面积 7.8 万 m^2。右岸集中布置于东岳庙、高家冲两处,占地面积分别约 25 万 m^2、7 万 m^2;左岸集中布置于瓦窑坪一带,洞湾布置部分前期办公生活房屋。实施结果比原设计数字少一些,但大多数房屋与永久使用相结合。

(七)场地排水与环保

场内集水面积约 63 km^2,设计排水量采用 10 年一遇、小时降雨量 80 mm 标准。以暗排为主,管网结构为箱涵或涵管,分区形成独立排水系统。考虑到施工附属企业一般不产生严重有害废水,施工期暂按混流制排水,即雨水、污水合用同一排水管道直接排入长江。排污管道与雨水道同时建成,先将排污管道封闭,工程建成后再改分流制,污水经处理后排入长江。各小区利用地形或行道树形成分隔带,降低噪声和灰尘,空地尽可能保留原有植被,场地绿化除选择适当地方重点绿化外,生产、生活小区利用零散场地植树种花进行绿化。晴天或干燥季节施工时要求路面洒水降尘。

(八)施工布置的特点与经验教训

三峡工程规模巨大,项目和标段繁多,施工总体布置的核心内容是如何适应这些项目及标段对施工场地、道路等方面的要求。三峡工程的施工总体布置在兼顾诸多因素的条件下满足了区域经济发展和国家宏观经济发展进程的要求。

施工总体布置格局较好地适应了施工管理模式和生产力水平。以左岸为主、右岸为辅,生产区、生活区相对分开。西陵大桥以上布置施工区,主要包括混凝土生产系统、弃渣场、综合加工厂、临时营地等;江峡大道以右布置仓储区及辅助工厂;西陵大桥以下,江峡大道与江峡一路之间布置办公、生活服务设施。右岸高家溪以上布置施工区,高家溪以下布置办公生活区及仓储、服务设施等。

施工交通规划和道路技术标准较合理,施工期间基本无交通堵塞和道路返修现象。

施工场地排水规划保障了坝区排水通畅。雨水与污水排放系统布置考虑近期与远期相结合。

施工景观布置与环境保护相结合。各小区利用行道树形成分隔带,空地尽可能保留原有植被,场地绿化除选择适当地方重点绿化外,生产、生活小区利用零散场地植树种花进行绿化,降低了噪声和灰尘,形成了良好的生产生活环境。

另外,根据工程施工实践,三峡工程施工总体布置在施工征地和考虑地方交通方面还有待改进。三峡工程施工的总体布置如图 4-1 所示。

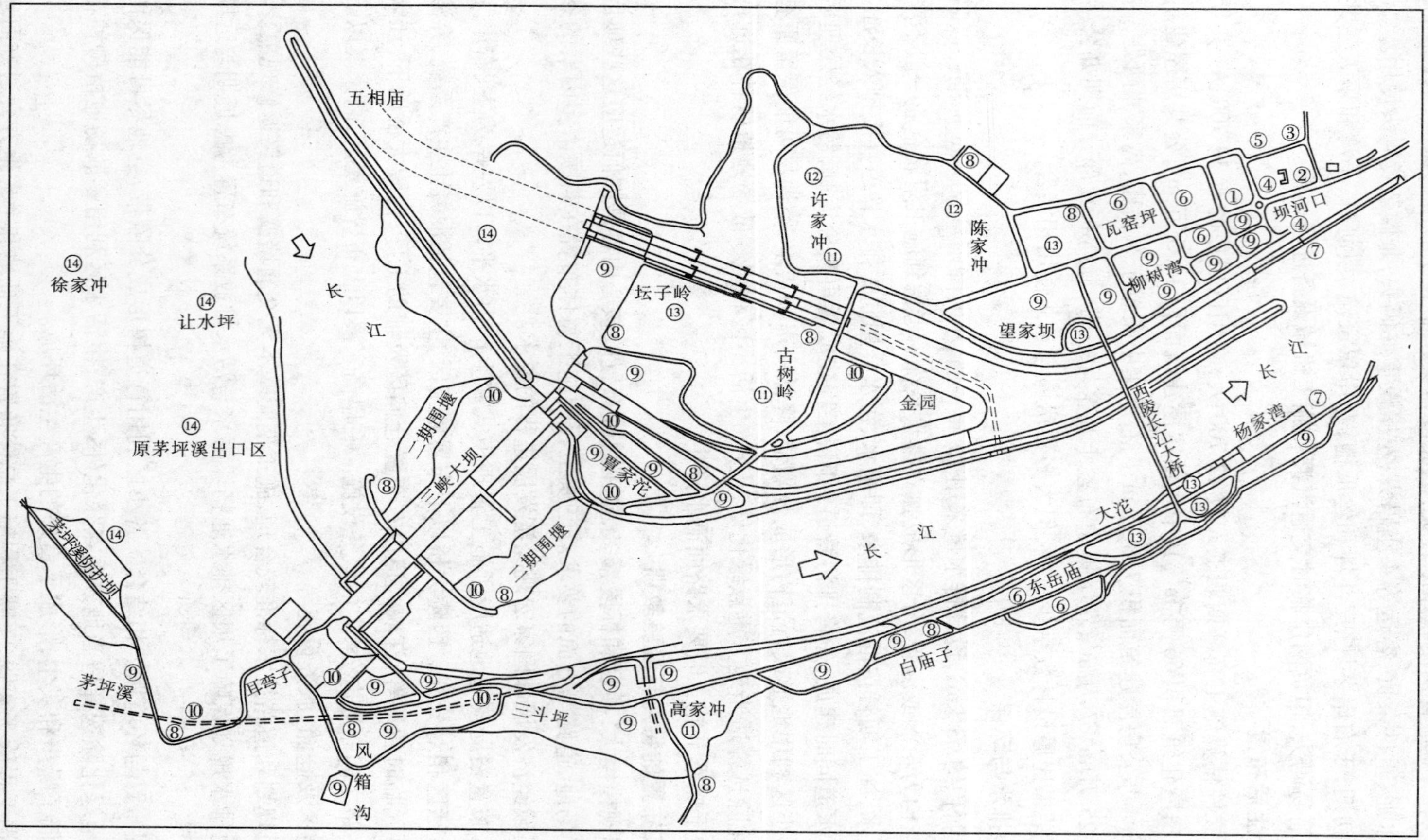

①—建设指挥中心；②—接待中心；③—培训中心；④—体育设施；⑤—急救中心；⑥—办公生活区；⑦—港口码头；⑧—变电所；⑨—生产区；⑩—混凝土拌和系统；⑪—混凝土骨料加工系统；⑫—利用料堆场；⑬—绿化区；⑭—弃渣场

图 4-1　三峡工程施工总布置

第五节 施工辅助企业

为施工服务的施工工厂设施(简称施工工厂)主要有砂石加工、混凝土生产、预冷、预热、压缩空气、供水、供电和通信、机械修配及加工系统等。其任务是制备施工所需的建筑材料,供应水、电和风,建立工地与外界通信联系,维修和保养施工设备。加工制作少量非标准件和金属结构。

一、一般规定

(1)施工工厂的规划布置。施工工厂设施规模的确定,应研究利用当地工矿企业进行生产和技术协作以及结合本工程与梯级电站施工需要的可能性和合理性。

厂址宜靠近服务对象和用户中心,设于交通运输和水电供应方便处。

生活区应该与生产区分开,协作关系密切的施工工厂宜集中布置。

(2)施工工厂的设计应积极、慎重地推广和采用新技术、新工艺、新设备、新材料,提高机械化、自动化水平,逐步推广装配式结构,力求设计系列化、定型化。

(3)尽量选用通用及多功能设备,提高设备利用率,降低生产成本。

(4)需在现场设置施工工厂时,其生产人员应根据工厂生产规模,按工作班制进行定岗、定员计算所需生产人员。

二、砂石加工系统

砂石加工系统(简称砂石系统)主要由采石场和砂石厂组成。

砂石原料需要量根据混凝土和其他砂石用料及开采加工运输损耗量和弃料量确定。砂石系统规模可按砂石厂的处理能力和年开采量划分为大、中、小型,划分标准见表4-6。

表4-6 砂石系统规模划分标准

规模类型	砂石厂处理能力		采料场
	小时生产能力(t/h)	月生产能力(万 t/月)	年开采量(万 t/a)
大型	>500	>15	>120
中型	120~500	4~15	30~120
小型	<120	<4	<30

(一)砂石料源确定

根据优质、经济、就近取材的原则,选用天然、人工砂石料或两者结合的料源。

(1)工程附近天然砂石储量丰富,质量符合要求,级配及开采、运输条件较好时,应优先作为比较料源。

(2)在主体工程附近无足够合格天然砂石料时,应研究就近开采加工人工骨料的可能性和合理性。

(3)尽量不占或少占耕地。

(4)开挖渣料数量较多,且质量符合要求,应尽量利用。

(5)当料物较多或情况较复杂时,宜采用系统分析法优选料源。

(二)料场开采规划原则

(1)尽可能机械化集中开采,合理选择采、挖、运设备。

(2)若料场比较分散,上游料场用于浇筑前期,近距离料场宜用于生产高峰期。

(3)力求天然级配与混凝土需用级配接近,并能连续均衡开采。

(4)受洪水或冰冻影响的料场应有备料、防洪或冬季开采等措施。

(三)砂石厂厂址选择原则

(1)设在料场附近;多料场供应时,设在主料场附近;砂石利用率高、运距近,场地许可时,亦可设在混凝土工厂附近。

(2)砂石厂人工骨料加工的粗碎车间宜设在离开采场 1 ~ 2 km 内,且尽可能靠近混凝土系统,以便共用成品堆料场。

(3)主要设施的地基稳定,有足够的承受能力。

成品堆料场容量尚应满足砂石自然脱水要求。当堆料场总容量较大时,宜多堆毛料或半成品,毛料或半成品可采用较大的堆料高度。

(四)成品骨料堆存和运输要求

(1)有良好的排水系统。

(2)必须设置隔墙避免各级骨料混杂,隔墙高度可按骨料动摩擦角 34° ~ 37°加 0.5 m 超高确定。

(3)尽量减少转运次数,粒径大于 40 mm 的骨料抛料落差大于 3 m 时,应设缓降设备。碎石与砾石、人工砂与天然砂混合使用时,碎砾石混合比例波动范围应小于 10%,人工、天然砂料的波动范围应小于 15%。

(五)大中型砂石系统堆料物设计注意事项

大中型砂石系统堆料场一般宜采用地弄取料,设计时应注意以下几点:

(1)地弄进口高出堆料地面。

(2)地弄底板一般宜设大于 5‰的纵坡。

(3)各种成品骨料取料口不宜小于 3 个。

(4)不宜采用事故停电时不能自动关闭的弧门。

(5)较长的独头地弄应设有安全出口。

石料加工以湿法除尘为主,工艺设计应注意减少生产环节,降低转运落差,密闭尘源。应采取措施降低或减少噪声影响。

三、混凝土生产系统

混凝土生产必须满足质量、品种、出机口温度和浇筑强度的要求,小时生产能力可按月高峰强度计算,月有效生产时间可按 500 h 计,不均匀系数按 1.5 考虑,并按充分发挥浇筑设备的能力进行校核。

拌和加冰和掺合料以及生产干硬性或低坍落度混凝土时,均应核算拌和楼的生产能力。

混凝土生产系统(简称混凝土系统)规模按生产能力分大、中、小型,划分标准见表4-7。

表4-7　混凝土系统规模划分标准

规模定型	小时生产能力(m^3/h)	月生产能力(万 m^3/月)
大型	>200	>6
中型	50~200	1.5~6
小型	<50	<1.5

独立大型混凝土系统拌和楼总数以1~2座为宜,一般不超过3座,且规格、型号应尽可能相同。

(一)混凝土系统布置原则

(1)拌和楼尽可能靠近浇筑地点,并应满足爆破安全距离要求。

(2)妥善利用地形减少工程量,主要建筑物应设在稳定、坚实、承载能力满足要求的地基上。

(3)统筹兼顾前、后期施工需要,避免中途搬迁,不与永久性建筑物干扰。高层建筑物应与输电设备保持足够的安全距离。

(二)混凝土系统分散设厂

混凝土系统尽可能集中布置,下列情况可考虑分散设厂:

(1)水工建筑物分散或高差悬殊、浇筑强度过大,集中布置使混凝土运距过远、供应有困难。

(2)两岸混凝土运输线不能沟通。

(3)砂石料场分散,集中布置骨料运输不便或不经济。

(三)混凝土系统内部布置原则

(1)利用地形高差。

(2)各个建筑物布置紧凑,制冷、供热、供水泥、供粉煤灰设施等均宜靠近拌和楼。

(3)原材料进料方向与混凝土出料方向错开。

(4)系统分期建成投产或先后拆迁能满足不同施工期混凝土浇筑要求。

(四)拌和楼出料线布置原则

(1)出料能力能满足多品种、多强度等级混凝土的发运,保证拌和楼不间断地生产。

(2)出料线路平直、畅通。若采用尽头线布置,应核算其发料能力。

(3)每座拌和楼有独立发料线,使车辆进出互不干扰。

(4)出料线高程应和运输线路相适应。

轮换上料时,骨料供料点至拌和楼的输送距离宜在300 m以内。输送距离过长,一条带式输送机向两座拌和楼供料或采用风冷、水冷骨料时,均应核算储仓容量和供料能力。

混凝土系统成品堆料场总储量一般不超过混凝土浇筑月高峰日平均3~5 d的需要量,特别困难时,可减少到1 d的需要量。

砂石与混凝土系统相距较近并选用带式输送机运输时,成品堆料场可以共用,或混凝土系统仅设容积为 1 ~2 班用料量的调节料仓。

水泥应力求固定厂家计划供应,品种在 2 ~3 种以内为宜。应积极创造条件,多用散装水泥。

仓库储存水泥量应根据混凝土系统的生产规模、水泥供应及运输条件、施工特点及仓库布置条件等综合分析确定,既要保证混凝土连续生产,又要避免储存过多、过久,影响水泥质量,水泥和粉煤灰在工地的储备量一般按可供工程使用日数而定:材料由陆路运输为 4 ~7 d,由水路运输为 5 ~15 d,当中转仓库距工地较远时,可增加 2 ~3 d。

袋装水泥仓库容量以满足初期临建工程需要为原则。仓库宜设在干燥处,有良好的排水及通风设施。水泥量大时,宜用机械化装卸、拆包和运输。

运输散装水泥优先选用气力卸载车辆。站台卸载能力、输送管道气压与输送高度应与所用的车辆技术特性相适应。受料仓和站台长度按同时卸载车辆的长度确定。尽可能从卸载点直接送至水泥仓库,避免中断站转送。

四、混凝土预冷、预热系统

(一)混凝土预冷系统

混凝土的拌和出机口温度较高、不能满足温控要求时,拌和料应进行预冷。

拌和料预冷方式可采用骨料堆场降温、加冷水、粗骨料预冷等单项或多项综合措施。加冷水或加冰拌和不能满足出机口温度时,结合风冷或冷水喷淋冷却粗骨料,水冷骨料须用冷风保温。骨料进一步冷却,需风冷、淋冷水并用。粗骨料预冷可用水淋法、风冷法、水浸法、真空汽化法等措施。直接水冷法应有脱水措施,使骨料含水率保持稳定;风冷法在骨料进入冷却仓前宜冲洗脱水,5 ~20 mm 骨料的表面水含量不得超过 1%。

(二)混凝土预热系统

低温季节混凝土施工须有预热设施。

优先用热水拌和以提高混凝土拌和料温度,若还不能满足浇筑温度要求,再进行骨料预热,水泥不得直接加热。

混凝土材料加热温度应根据室外气温和浇筑温度通过热平衡计算确定,拌和水温一般不宜超过 60 ℃ 。骨料预热设施根据工地气温情况选择,当地最低月平均气温在 -10 ℃以上时,可在露天料场预热;在 -10 ℃以下时,宜在隔热料仓内预热。预热骨料宜用蒸汽排管间接加热法。

供热容量除满足低温季节混凝土浇筑高峰时期加热骨料和拌和水外,尚应满足料仓、骨料输送廊道、地弄、拌和楼、暖棚等设施预热时耗热量。

供热设施宜集中布置,尽量缩短供热管道减少热耗,并应满足防火、防冻要求。

混凝土组成材料在冷却、加热生产、运输过程中,必须采取有效的隔热、降温或采暖措施,预冷、预热系统均需围护隔热材料。

有预热要求的混凝土在日平均气温低于 -5 ℃时,对输送骨料的带式输送机廊道、地弄、装卸料仓等均需采暖,骨料卸料口要采取措施防止冻结。

五、压缩空气与施工供水、供电和通信系统

(一)压缩空气

压气系统主要供石方开挖、混凝土施工、水泥输送、灌浆、机电及金属结构安装所需压缩空气。

根据用气对象的分布、负荷特点、管网压力损失和管网设置的经济性等综合分析确定集中或分散供气方式,大型风动凿岩机及长隧洞开挖应尽可能采用随机移动式空压机供气,以减少管网和能耗。

压气站位置应尽量靠近耗气负荷中心、接近供电和供水点,处于空气洁净、通风良好、交通方便、远离需要安静和防振的场所。

同一压气站内的机型不宜超过两种规格,空压机一般为2~3台,备用1台。

(二)施工供水

施工供水量应满足不同时期日高峰生产用水和生活用水需要,并按消防用水量进行校核。

水源选择应遵循以下原则:

(1)水量充沛可靠,靠近用户。

(2)满足水质要求,或经过适当处理后能满足要求。

(3)符合卫生标准的自流或地下水应优先作为生活饮用水源。

(4)冷却水或其他施工废水应根据环保要求与论证确定回收净化作为施工循环用水源。

(5)水量有限而与其他部门共用水源时,应签订协议,防止用水矛盾。

水泵型号及数量根据设计供水量的变化、水压要求、调节水池的大小、水泵效率、设备来源等因素确定。同一泵站的水泵型号尽可能统一。

泵站内应设备用水泵,当供水保证率要求不高时,可根据具体情况少设或不设。

(三)施工供电

供电系统应保证生产、生活高峰负荷需要。电源选择应结合工程所在地区能源供应和工程具体条件,经技术经济比较确定。一般优先考虑电网供电,并尽可能提前架设电站永久性输电线路;施工准备期间,若无其他电源,可建临时发电厂供电,电网供电后,电厂作为备用电源。

各施工阶段用电最高负荷按需要系数法计算;当资料缺乏时,用电高峰负荷可按全工程用电设备总容量的25%~40%估算。

对工地因停电可能造成人身伤亡或设备事故、引起国家财产严重损失的一类负荷必须保证连续供电,设两个以上电源;若单电源供电,须另设发电厂做备用电源。

自备电源容量确定应遵循以下原则:

(1)用电负荷全由自备电源供给时,其容量应能满足施工用电最高负荷要求。

(2)作为系统补充电源时,其容量为施工用电最高负荷与系统供电容量的差值。

(3)作为事故备用电源时,其容量必须满足系统供电中断时工地一类负荷用电要求。

(4)自备电源除满足施工供电负荷和大型电动机起动电压要求外,尚应考虑适当的

备用容量或备用机组。

供电系统中的输、配电电压等级采用电压等级,根据输送半径及容量确定。

(四)施工通信

施工通信系统应符合迅速、准确、安全、方便的原则。

通信系统组成与规模应根据工程规模大小、机械程度高低、施工设施布置以及用户分布情况确定。一般以有线通信为主,机械化程度较高的大型工程,需增设无线通信系统。有线调度电话总机和施工管理通信的交换机容量可按用户数加 20% ~30% 的备用量确定,当资料缺乏时,可按每百人 5 ~10 门确定。

水情预报、远距离通信以及调度施工现场流动人员,设备可采用无线电通信。其工作频率应避免与该地区无线电设备干扰。

供电部门的通信主要采用电力载波。当变电站距供电部门较近且架设通信线经济时,可架设通信线。

与工地外部通信一般应通过邮电部门挂长途电话方式解决,其中继线数量一般可按每百门设双向中继线 2 ~3 对;有条件时,可采用电力载波、电缆载波、微波中继、卫星或租用邮电系统的通道等方式通信,并与电力调度通信及对外永久通信的通道并用。

六、机械修配(站)、加工厂

机械修配厂(站)主要进行设备维修和更换零部件,尽量减少在工地的设备加工、修理工作量,使机械修配厂向小型化、轻装化发展,应接近施工现场,便于施工机械和原材料运输,附近有足够场地存放设备、材料,并靠近汽车修配厂。

机械修配厂各车间的设备数量应按承担的年工作量(总工时或实物工作量)和设备年工作时数(或生产率)计算,最大规模设备应与生产规模相适应。尽可能采用通用设备,以提高设备利用率。

汽车大修时尽可能不在工地进行。当汽车数量较多且使用期多超过大修周期、工地又远离城市或基地时,方可在工地设置汽车修理厂。大型或利用率较低的加工设备尽可能与修配厂合用。当汽车大修量较小时,汽车修理厂可与机械修配厂合并。

压力钢管加工制作地点主要根据钢管直径、管壁厚度、加工运输条件等因素确定。大型钢管一般宜在工地制作;直径较小且管壁较厚的钢管可在专业工厂内加工成节或瓦状,运至工地组装。

木材加工厂承担工程锯材、制作细木构件、木模板和房屋建筑构件等加工任务。根据工程所需原木总量,木材来源及其运输方式,锯材、构件、木模板的需要量和供应计划,场内运输条件等确定加工厂的规模。

当工程布置比较集中时,木材加工厂宜和钢筋加工、混凝土构件预制共同组成综合加工厂,厂址应设在公路附近装、卸料方便处,并应远离火源和生活办公区。

钢筋加工厂承担主体及临时工程和混凝土预制厂所用钢筋的冷处理、加工及预制钢筋骨架等任务。规模一般按高峰月日平均需要量确定。

混凝土构件预制厂供应临建工程和永久工程所需的混凝土预制构件,混凝土构件预制厂规模根据构件的种类、规格、数量、最大质量、供应计划、原材料来源及供应运输方式等计算确定。

当预制件量小于3 000 m^3/a时,一般只设简易预制场。预制构件应优先采用自然养护,大批量生产或寒冷地区低温季节才采取蒸汽养护。

当混凝土预制与钢筋加工、木材加工组成综合加工厂时,可不设钢筋、木模加工车间;当由附近混凝土系统供应混凝土时,可不设或少设拌和设备。木材、钢筋、混凝土预制厂在南方以工棚为主,少雨地区尚可露天作业。

习　题

4-1　施工组织总设计的作用和编制依据是什么?

4-2　试述施工总进度计划的作用和编制步骤。

4-3　混凝土坝枢纽和当地材料坝枢纽施工布置各以何为主线?

4-4　简述施工总进度计划与施工导流方案、施工方法、技术供应、施工总体布置设计之间的关系。

4-5　某水利枢纽加固改造工程包括以下工程项目:

(1)浅孔节制闸加固。主要内容包括底板及闸墩加固、公路桥及以上部分拆除重建等。浅孔节制闸设计洪水位29.5 m。

(2)新建深孔节制闸。主要内容包括闸室,公路桥,新挖上、下游河道等。深孔节制闸位于浅孔闸右侧(地面高程35.0 m左右)。

(3)新建一座船闸。主要内容包括闸室,公路桥,新挖上、下游航道等。

(4)上、下游围堰填筑。

(5)上、下游围堰拆除。

按工程施工需要,枢纽加固改造工程布置有混凝土拌和系统、钢筋加工厂、木工加工厂、预制构件厂、机修车间、地磅房、油料库、生活区、停车场等。枢纽布置示意图如图4-2所示。图4-2中①、②、③、④、⑤为临时设施(包括混凝土拌和系统、地磅房、油料库、生活区、预制构件厂)代号。有关施工基本要求有:

(1)施工导流采用深孔节制闸与浅孔节制闸互为导流。深孔节制闸在浅孔节制闸施工期内能满足非汛期10年一遇的导流标准。枢纽所处河道的汛期为每年的6、7、8三个月。

(2)在施工期间,连接河道两岸村镇的县级公路不能中断交通。施工前通过枢纽工程的县级公路的线路为A→B→H→F→G。

(3)工程于2004年3月开工,2005年12月底完工,合同工期22个月。

(4)2005年汛期枢纽工程基本具备设计排洪条件。

回答以下问题:

(1)按照合理布置的原则,指出图4-2中代号①、②、③、④、⑤所对应的临时设施的名称。

(2)指出枢纽加固改造工程项目中哪些是控制枢纽工程加固改造工期的关键项目,并简要说明合理的工程项目建设安排顺序。

(3)指出新建深孔节制闸(完工前)、浅孔节制闸加固(施工期)、新建船闸(2005年8月)这三个施工阶段两岸的交通路线。

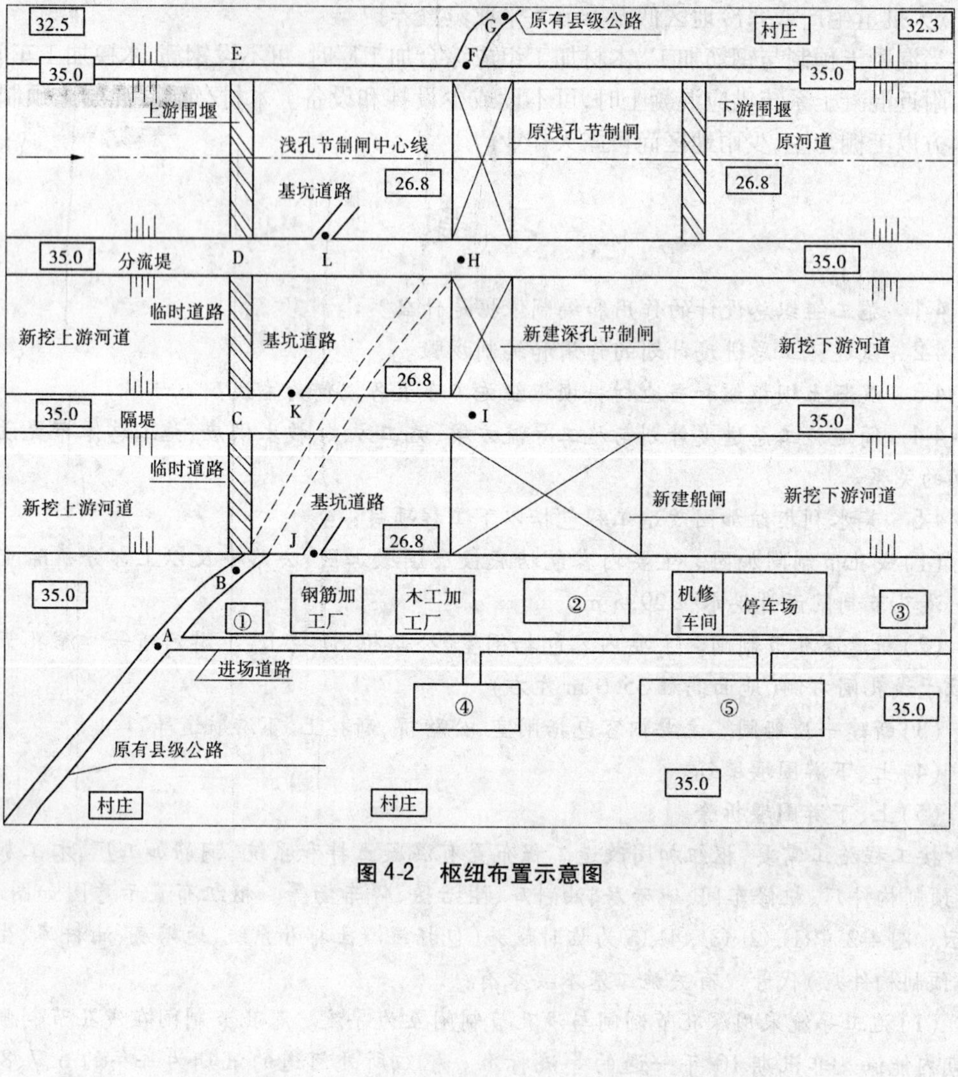

图4-2 枢纽布置示意图

第五章 单位工程施工组织设计

本章重点

单位工程施工组织设计编制的内容,工程概况与施工条件分析,施工方案选择,单位工程施工进度计划编制,单位工程平面图布置。

教学目标

熟悉单位工程施工组织设计编制的原则、作用、依据,施工组织的选择和主要工程施工顺序及工艺,施工进度计划、施工布置的作用和依据;掌握单位工程施工组织设计编制、施工条件分析、施工方案选择、单位工程施工进度计划、平面图布置的内容和方法。

第一节 概 述

本章阐述的单位工程施工组织设计,主要指招标投标的施工组织设计。

根据《中华人民共和国招标投标法》的有关规定,水利工程招标方式有公开招标、邀请招标。招标文件一般包括三部分,即第一卷《合同条款》、第二卷《技术规范》、第三卷《图纸》。投标文件内容因招标工程内容而异,但形式是基本相同的,主要结构一般由三卷和附件组成,即第一卷《投标及合同文件》、第二卷《施工组织设计》、第三卷《图纸》。中标之后,全部投标文件作为与发包单位签订的合同文件的一个组成部分,是承包单位据以施工的重要依据,也是建设单位监督施工的依据。履行合同是双方的义务,既然投标文件是合同的组成部分,投标文件中的《施工组织设计》当然也是合同的一部分,因此双方必须履行合同、重视投标阶段的施工组织设计。

一、编制原则

(一)全面响应原则

全面响应原则是对招标文件全部内容的全面响应,而不是有的响应,有的不响应,也不能单方面修改。

(二)技术可行原则

根据招标项目的具体情况及招标文件给定的施工条件,投标时编制的施工组织设计必须是技术上可行,质量、进度、安全等保证达到表述的要求。

技术上的可行是指施工组织设计中选定的施工方案、施工方法必须是可行的,符合当时施工水平、设备水平,所采用的施工平面布置是合理的,资源供给达到相对平衡合理,经过努力可以达到。

施工组织设计中的技术上可行是中标的前提。

二、单位工程施工组织设计的作用与编制依据

（一）单位工程施工组织设计的作用

单位工程是指可以有单独的设计，能独立施工，建成后不能独立发挥作用的工程。例如，水库枢纽工程的大坝工程、溢洪道工程、输水洞工程、发电系统等。

能独立施工的项目，一般来说就具备了单独招标选择施工承包商的条件。

单位工程施工组织设计（标前）的主要作用就是投标、中标。由于中标后，该施工组织设计是合同的一部分，所以说它的作用除投标、中标外，还应该有组织施工，确定施工方案、施工总体布置、施工进度计划等作用。

（二）单位工程施工组织设计的编制依据

单位工程施工组织设计的主要编制依据是设计阶段的施工组织总设计、招标文件。

（1）施工组织总设计。单位工程施工组织设计（标前）一般是一个项目的一个组成部分，有单独的设计，可以组织单独的施工，竣工后不能单独发挥效益的工程是招标的一个标段的工程。所以该段的施工组织计划，必须按照设计阶段的施工组织总设计的各项指标和任务要求来编制，如进度计划的安排应符合总设计的要求。

（2）招标文件。投标阶段的施工组织计划，其主要的目的是投标、中标，要想达到中标的目的，就必须响应招标文件，所做的施工布置、进度要求、质量要求必须符合招标文件的具体要求；否则就是不响应招标文件，就不能中标，施工组织设计也只是空谈。因此，招标文件是该段施工组织设计的主要依据。

（3）工程所在地的气象资料。如施工期间的最低、最高气温及延续时间，雨季、雨量等。

（4）施工现场条件和地质勘察资料。如施工现场的地形地貌、地上与地下障碍物以及水文地质、交通运输道路、施工现场可占用的场地面积等。

（5）施工图及设计单位对施工的要求。包括单位工程的全部施工图样、会审记录和相关标准图等有关设计资料。

（6）本项目相关的技术资料。包括标准图集、地区定额手册、国家操作规定及相关的施工与验收规定、施工手册等，同时包括企业相关的经验资料、企业定额等。

三、单位工程施工组织设计的内容

（一）一般内容

单位工程施工组织设计的内容：根据工程的性质、规模和复杂程度，其内容、深度和广度要求不同，在编制时应从实际出发，确定各种生产要素，如材料、机械、资金、劳动力等，使其真正起到工程投标指导现场施工的目的。

标前单位工程施工组织设计一般包括以下几个方面的内容：

（1）工程概况及施工条件分析。

（2）施工方法与相应的技术组织措施，即施工方案。

（3）施工进度计划。

（4）劳动力、资料、构件和机械设备等需要量计划。

(5)施工准备工作计划。

(6)施工现场平面布置图。

(7)保证质量、安全、降低成本及文明施工等技术措施。

(8)冬、雨季施工保障措施。

(9)各项技术经济指标。

(二)各内容间的相关关系

单位工程施工组织设计各项内容中,劳动力、材料、构件和机械设备等需要量计划、施工准备工作计划、施工现场平面布置图,是指导施工准备工作的进行,为施工创造物质基础的技术条件。施工方案和进度计划则主要是指导施工过程的进行,规划整个施工活动的文件。工程能否按期完成或提前交工主要取决于施工进度计划的安排,而施工进度计划的制定又必须以施工准备、场地条件以及劳动力、机械设备、材料的供应能力和施工技术水平等因素为基础。反之,各项施工准备工作的规模和进度、施工平面图的分期布置、各种资源的供应计划等又必须以施工进度计划为依据。因此,在编制时,因抓住关键环节,同时处理好各方面的相互关系,重点编好施工方案、施工进度计划和施工平面布置图,即常称的"一图、一案、一表"。抓住三个重点,突出"技术、时间和空间"三大要素,其他问题就会迎刃而解。

第二节　工程概况与施工条件分析

一、工程概况

单位工程施工组织设计是根据招标文件提供的工程概况进行编制和分析的。一般情况下,招标文件提供的工程概况都不详细,还需通过相关的建设单位进行深入细致的调查,包括自然情况、社会经济情况以及工程情况等。

单位工程施工组织设计应对工程的基本情况作详细的说明,具体内容包括:

(1)工程概况。主要说明工程的规模、位置、内容、功能等。

(2)水文气象和地质。包括水文地质、工程地质等。

(3)对外交通条件。

(4)工程项目和工作内容。

二、施工条件分析

(一)施工现场条件

单位工程施工组织设计应根据工程规模、现场条件确定。施工现场条件:在标前施工组织设计中应简要介绍和分析施工现场的施工导流和水流控制,包括围堰的情况(标准、度汛等)、建筑物的基坑排水情况等;施工现场的"三通一平"情况:拟建工程的位置、地形地貌、拆迁、移民、障碍物清除及地下水位等情况,周边建筑物以及施工现场周边的人文环境等。不了解和分析这些情况,会影响施工组织与管理、施工方案的制定。

(二)气象资料分析

应对施工项目所在地的气象资料作全面的收集与分析,如当地最低、最高气温及时间,冬、雨季施工的起止时间和主导风向等,特别是土方施工的项目应对雨天的频率进行分析计算,以满足施工要求。只有分析好这些自然现象,才能更好地制定施工方案,完成施工任务,使施工风险损失降低。

(三)其他资料的调查分析

调查工程所在地的原材料、劳动力、机械设备的供应及价格情况,水、电、风等动力的供应情况,交通运输条件,施工临时设施可利用当地条件的情况,以及当地其他资源条件。以上这些资源情况直接影响到项目的施工管理、施工方案以及完成施工任务的进度等。

第三节　施工方案的选择

施工方案的选择是编制单位工程施工组织设计的重点,是整个单位工程施工组织设计的核心。它直接影响工程的质量、工期、经济效益,以及劳动安全、文明施工、环境保护。好的施工方案可以达到保证质量、节省资源、保证进度的目的。它关系到降低投资风险、提高投资效益、工程建设成败。因此,施工方案的选择是非常关键的工作。

施工方案的选择主要包括施工工序或流向、施工组织、施工机械和主要分部(分项)工程施工方法的选择等内容。

一、施工流向的确定

施工流向是指单位工程在平面上或竖向上是个开始的部位和进展的方向。对单位工程施工流向的确定一般遵循“四先四后”的原则,即先准备后施工,先地下后地上,先主体后维护,先结构后装饰的次序。同时,针对具体的单位工程,在确定施工流向时应考虑以下因素:生产使用的先后,施工区段的划分,材料、构件、土方的运输方向不发生矛盾,适应主导工程。

确定施工顺序具体应注意以下几点:

(1)主导工程(工程量大、技术复杂、占用时间长的施工过程)的施工顺序是确定施工流向的关键因素。影响主导工程进度的应先施工。

(2)对生产或使用有要求的部位先施工。

(3)技术复杂、工期长的区段或部位应先施工。

(4)基础深浅不一的应先浅后深。

(5)土方开挖运输时,施工起点一般由远而近进行,土方填筑应分层填筑、分层压实。

二、施工组织的选择

(一)考虑的因素

施工顺序是指各项工程之间或施工过程之间的先后次序。施工顺序应根据实际的工程施工条件和采用的施工方法确定。没有一种固定不变的顺序,但这并不是说施工顺序是可以随意改变的。水利水电工程施工顺序有其一般性,也有其特殊性,因此确定施工顺序应考虑以下几个方面的因素：

（1）遵循施工顺序。施工顺序应在不违背施工程序的前提下确定。

（2）符合施工工艺。施工顺序应与施工工艺顺序相一致，如浇筑钢筋混凝土梁的施工顺序为：支模板→绑扎钢筋→浇混凝土→养护→拆模板。

（3）施工方法和施工机械的要求相一致。不同的施工方法和施工机械会使施工过程的先后顺序有所不同。如修筑堤防工程，可采用推土机推土上堤、铲运机运土上堤、挖掘机装土自卸汽车运土上堤，三种不同的施工机械有着不同的施工方法和不同的施工顺序。

（4）考虑工期和施工组织的要求。施工工期要求尽快完成施工项目时，应多考虑平行施工、流水施工。

（5）考虑施工质量和安全的要求。如基础回填土，必须在砌体达到必需的强度后才能开始，否则砌体的质量会受到影响。

（6）不同地区的气候特点不同。安排施工过程应考虑不同地区的气候特点对工程的影响。如土方工程施工应避开雨季、冬季，以免基础被雨水浸泡或遇到地表水而加大基坑开挖的难度，防止冻害对土料压实造成困难。

（二）砌体工程及施工顺序

砌体工程包括护坡、泵站、拦河闸、排水沟、渠道等建筑的浆砌石、干砌石、小骨料混凝土砌石体和房建工程的砌砖等，可划分为基础施工和主体施工两部分。一般的施工顺序如下：地基开挖→做垫层→砌基础→回填土→砌主体。

1. 基础施工

基础工程施工顺序一般是：挖基础→做垫层→基础施工→回填土。若有桩基，则在开挖前应进行桩基施工。

基础开挖完成后，立即验槽做垫层，基础开挖时间间隔不能太长，以防止地基土长期暴露，被雨水浸泡而影响其承载力，即所说的“抢基础”。在实际施工中，若由于技术或组织上的原因不能立即验槽做垫层和基础，则在开挖时可留 20～30 cm 至设计标高，以保护基土，待有条件进行下一步施工时，再挖去预留的土层。

对于回填土，由于回填土对后续工序的施工影响不大，可视施工条件灵活安排。原则上是在基础工程完工之后一次性分层夯填完毕，可以为主体结构工程阶段施工创造良好的工作条件，特别是当基础比较深，回填土量比较大的情况下，回填土最好在砌主体前填完，在工期紧张的情况下，也可以与砌主体平行施工。

2. 主体施工

砌筑结构主体施工的主导工序就是砌筑实体。对于整个施工过程主要有搭脚手架、砌筑、安装止水及沉降缝等，砌筑工程可以组织流水施工，使主导工序能连续进行。

（三）钢筋混凝土工程及施工过程

钢筋混凝土工程包括护坡、泵站、拦河闸、挡土墙、涵洞等永久工程及施工导流工程中的混凝土、钢筋混凝土、预制混凝土和水下混凝土等混凝土工程。

钢筋混凝土工程的施工过程如下：

（1）砂石骨料的采集、加工、贮存与温控，掺合料、外加剂和水泥的贮存，拌和水的温控。

(2)模板和钢筋的加工制作、运输与架设。

(3)混凝土的制备、运输、浇捣和养护。

钢筋混凝土工程包括3个分项工程,即钢筋工程、模板工程、混凝土工程。

1. 钢筋工程

钢筋制备加工包括调查、除锈、配料、剪切、弯曲、绑扎与焊接、冷加工处理(冷拉、冷拔、冷轧)等工序。

1)调查和除锈

盘条状的细钢筋通过绞车绞拉调直后方可使用。直线状的粗钢筋,当发生弯曲时才需用弯筋机调直,直径在25 mm以下的钢筋可在工作台上手工调直。

钢筋除锈的主要目的是为了保证其与混凝土间的握裹力。因此,在钢筋使用前需对钢筋表层的鱼鳞锈、油渍和漆皮加以清除。去锈的方法有多种,如可借助钢丝刷或砂堆手工除锈,也可用风砂枪或电动去锈机机械除锈,还可用酸洗法化学除锈。新出厂的或保管良好的钢筋一般不需要除锈。采用闪光对焊的钢筋,其接头处则要用除锈机严格除锈。

2)配料与画线

钢筋配料是指施工单位根据钢筋结构图计算出各种形状钢筋的直线下料长度、总根数以及钢筋总质量,从而编制出钢筋配料单,作为备料加工的依据。施工中确因钢筋品种或规格与设计要求不相符合时,须征得设计部门同意并按规范指定的原则进行钢筋代换。从降低钢筋损耗率考虑,钢筋配料要按照长料长用、短料短用和余料利用的原则下料。画线是指按照配料单上标明的下料长度用粉笔或石笔在钢筋应剪切的部位进行勾画的工序。

3)钢筋下料长度计算

钢筋的外包尺寸与轴线长度之间存在一个差值,称为度量差值,在计算下料长度时,必须扣除该差值,计算如下

下料长度=各段外包尺寸之和-度量差值+两端弯钩增长值

每个弯钩增长值视加工方式而定,采用人工弯曲时为$6.25d$(d为钢筋直径);采用机械弯曲时为$5d$。而量度差值的大小与转角大小、钢筋直径及弯转内直径有关。

《水工钢筋混凝土施工规范》(DL 5169—2002)对钢筋最小弯转直径d_{min}有着严格的规定:

(1)所有受拉光面圆钢筋的末端应做180°半圆弯钩,弯转内直径不得小于$2.5d$。

(2)Ⅱ级及以上钢筋的端头,当设计要求弯转90°、钢筋直径小于16 mm时,其最小弯转内直径为$5d$;当钢筋直径大于16 mm时,最小弯转内直径为$7d$。

(3)弯起钢筋处的圆弧半径宜大于$12.5d$。

4)切断与弯曲

钢筋切断有手工切断、剪切机剪断等方式。手工切断一般只能用于直径不超过12 mm的钢筋,12~40 mm直径的钢筋一般采用剪切机剪断,而直径大于40 mm的圆钢则采用氧炔焰切割或用型材切割机切割。

钢筋的弯制包括画线、试弯、弯曲成型等工序。钢筋弯制分手工弯制和机械弯制两种,但手工弯制只能弯制直径20 mm的钢筋。近年来,除直径不大的箍筋外,一般钢筋均

采用机械弯制。弯制过的钢筋需要用铅丝归类并绑扎堆放好，同时挂上注明编号和使用位置的标签等标识。

5）焊接与绑扎

水利工程中钢筋焊接常采用闪光对焊、电弧焊、电阻点焊和电渣压力焊等方法，有时也用埋弧压力焊。

（1）闪光对焊。闪光对焊是利用对焊机将两段钢筋对头焊接，通以低压强电流，待钢筋端部加热变软后，进行轴向加压顶锻，形成对焊接头。由于钢筋再加热过程中会产生闪光，故称闪光对焊。

闪光对焊一般在钢筋加工厂进行，主要用于不同直径（截面比小于1.5）或相同直径的钢筋接长，且能保持轴心一致。由于其加工成本低、焊接质量好、功效较高，所以钢筋的拉长往往采用闪光对焊。只有在工程现场不具备对焊条件时，才采用电弧焊或其他焊接方法。钢筋对接根据钢筋品种、直径、端面平整度及对焊机的容量不同，可采用连续闪光焊，预热—闪光焊和闪光—预热—闪光焊等工艺。对Ⅳ级钢筋中可焊性差的高强钢筋宜采用强电流焊接，焊后还需进行通电热处理，以改善接头的塑性。

（2）电弧焊。交流或直流弧焊机能使焊条与焊件在接触时产生高温电弧而熔化，待其冷却凝固后形成焊缝或接头，这种焊接工艺称为电弧焊。

钢筋焊接时应根据钢材等级和接头形式来选用焊条。电弧焊在一般情况下采用碱性或酸性焊条均可，但重要结构的钢筋焊接宜使用低轻型碱性焊条。焊接电流的大小取决于钢筋和焊条的直径。

钢筋电弧焊的接头形式有搭接焊、帮条焊和坡口焊。根据工程实际情况，钢筋接头处可采用单面焊或双面焊、平焊或立焊进行焊接。电弧焊的质量检验包括外观检查、拉力测试和非破损（超声波、射线、X射线）检验。

电弧焊因其设备便于移动且操作简单，因而在工程现场有比较广泛的使用，多用于钢结构焊接、钢筋骨架焊接、钢筋接头、钢筋与钢板的焊接、装配式结构接头的焊接等。

（3）电阻点焊。用于交叉钢筋焊接的电阻点焊，在工程中可代替绑扎焊接钢筋骨架和钢筋网。相互交叉的钢筋焊接时，因接触点电阻较大，通电后金属受热而熔化，在电极加压下可使钢筋接触点焊牢。

按使用场合不同，点焊机分为单点式、多头式、手提式和悬挂式。单点式点焊机用于较粗钢筋的焊接；多头式点焊机用于钢筋网点焊；手提式点焊机用于施工现场；悬挂式点焊机用于钢筋骨架或钢筋网焊接。

电阻点焊的工艺参数为电流强度、通电时间和电极压力。大电流（120～360 A）通电时间（0.1～0.5 s）称为强参数焊接；小电流（80～120 A）通电时间（0.5 s至数秒）称为弱参数焊接。点焊冷拉钢筋或冷拔钢丝必须用强参数焊接，以避免因焊接升温而降低冷加工获得的强度。除点焊直径较大的热轧钢筋因焊机功率不足而采用弱参数外，一般钢筋点焊均采用强参数。电极压力的大小取决于钢筋直径，直径越大，电极压力越大。

点焊不同直径的钢筋时，应按小直径钢筋选择焊接参数。

钢筋点焊的操作程序是：选择焊接参数→调整变压器级次→调整焊接（预压、通电、锻压）时间→调整电极行程→合闸通电→焊接。

点焊的质量检验分外观检查和强度检验两项。目测时焊点应无脱落、漏焊、裂缝、气孔、空洞、烧伤,熔化金属均匀饱满,制品尺寸正常误差在 10 mm 以内。热轧钢筋焊点与冷处理钢筋焊点均应进行抗剪试验,冷处理钢筋焊点还应进行抗拉试验。

(4)电渣压力焊。电渣压力焊是利用电流通过渣盒产生的电阻热将钢筋端部熔化,再施加压力使钢筋焊牢。该焊接方法多用于现浇钢筋混凝土结构内竖向钢筋的焊接接长。

电渣压力焊的施焊机具主要是弧焊机和焊接夹具,弧焊机的选用与焊接钢筋的直径有关,焊接直径不大于 22 mm 的钢筋宜采用 20 kVA 的交流弧焊机,焊接直径 22 mm 的钢筋宜采用 24 kVA 的交流弧焊机。焊接夹具由焊剂盒、上钳口(活动电极)、下钳口(固定电极)和加压机构(手柄、标尺、滑动架等)组成。

电渣压力焊主要包括引弧、稳弧和顶端三个过程。放焊前,先将钢筋端部 120 mm 范围的铁锈除尽。夹具夹牢于下部钢筋上,上部扶直的钢筋夹牢固定于活动电极上,上下钢筋之间放入一小块电焊条或钢丝球做导电剂。装上药盒并装满焊药后,接通电路并操纵手柄引弧(用电弧引燃)。经历一定时间,使之形成渣池,并使钢筋熔化(稳弧),再用手柄上顶钢筋。断电后通过顶锻排除夹渣和气泡,冷却后形成钢筋接头。最后拆开药盒、夹具并清除焊渣。

电渣压力的工艺参数有焊接电流、电渣池压力和通电时间,根据钢筋直径加以选择。钢筋焊接后应对接头进行外观质量检查和拉力试验。

目前,有一种套管连接的方法,适用于所有场合、所有规格的变形钢筋的连接。套管连接法多用于受作业空间限制不能采用电弧焊的地方,比电渣压力焊更加简便可靠。

(5)埋弧压力焊。埋弧压力焊多用于钢筋与钢板作丁字形接头焊接。它利用覆盖于焊接剂中焊接点出处产生的高温电弧,熔化接触点的金属,经加压顶锻形成焊接接头。

6)冷加工处理

钢筋冷加工是指在常温下对钢筋施加一个高于屈服点强度的外力使钢筋产生变形;当除去外力后,钢筋因改变了内部晶体结构的排列产生永久变形;经过一段时间之后,钢筋的强度得到较大的提高。钢筋冷加工处理的目的在于提高钢筋强度和节约钢材用量。钢筋冷加工的方法有冷拉、冷拔和冷轧三类。

(1)冷拉。钢筋的冷拉需要在冷拉机械上进行。除盘条状钢筋需要进行冷拉调直外,有时为了提高钢筋的屈服强度需要专门进行冷拉,对于直径在 12 mm 以下的盘条钢筋若冷拉后钢筋长度增加,则可节约钢筋约 20%。

钢筋的冷拉控制有单控和双控两种。单控只需要控制钢筋的伸长率;双控不仅要控制钢筋的伸长率,同时还要控制冷拉应力。若钢筋已到达控制应力而冷拉率未超过允许值则认为合格;若钢筋已达到允许的冷拉率,而冷拉应力还小于控制值,则该批钢筋应降低强度使用。

钢筋冷拉卸荷后,在内应力的作用下其晶体组织自行调整的过程叫时效。时效后屈服强度进一步提高。时效分自然时效和人工时效两种。将冷拉后的Ⅰ、Ⅱ级钢筋放在常温下放置 15~20 h 即可完成自然时效;而将冷拉后的Ⅰ、Ⅱ级钢筋放在 100 ℃以下经 2 h 就可完成人工时效。Ⅲ、Ⅳ级钢筋一般通过电加热至 150~300 ℃,保持 20 min 便可完成人工时效。

(2)冷拔。将直径小于 10 mm 的Ⅰ级光面钢筋在常温下用强力从冷拔机的钨合金拔丝膜孔中以 0.4 ~4.0 m/s 的速度拔出,因钢筋轴向被拉伸而径向被压缩,钢筋的抗拉强度可提高 50% ~90% ,硬度也有所提高,但塑性降低。钢筋冷拔工艺需经过轧头、剥壳和拔丝的过程。

经多次强力冷拔的钢筋,称为冷拔低碳钢丝。其甲级品用做预应力筋,乙级品可用于焊接骨架、网片或用做构造筋等。冷拔钢丝的制作并非一次完成,经数次冷拔使钢筋截面逐步缩小,但每拔一次,钢筋直径的缩减宜控制在 $d_0/d = 1.1 \sim 1.15$。

除原料钢筋的内在质量外,冷拔总压缩率便是影响冷拔钢丝质量的主要因素。冷拔总压缩率是由盘条筋拔至成品钢丝的横截面总压缩率,即冷拔后的钢筋截面缩减面积与冷拔前的钢筋截面面积之比的百分率。冷拔总压缩率值越大,钢丝强度提高越多,但塑性降低也越多,故需严格控制冷拔总压缩率。

冷拔钢丝的检查验收包括外观(裂纹、机械损伤)检查和机械性能(拉力、反复弯曲)试验。

(3)冷轧。将盘条钢筋或直筋穿过冷轧机成对的有齿轧后,钢筋因受双向挤压作用而产生凹凸有致的变形。经冷轧的钢筋,屈服点强度可提高 350 MPa,但塑性降低,同时因增大了钢筋表面的面积从而提高了钢筋与混凝土的握裹力。

7)钢筋的安装

钢筋的安装可采用散装和整装两种方式。散装是将加工成型的单根钢筋运到工作面,按设计图纸绑扎或电焊成型。整装则是将地面上加工好的钢筋网片或钢筋骨架吊运至工作面进行安装。散装对运输要求相对较低,中小型工程用得较多,而在大中型工程中,散装已逐步被整装所取代。但是,水利工程钢筋的规格以及形状一般没有统一的定型,所以有时很难采用整装的办法,为了加快施工进度,也可采用半整装半散装相结合的办法,即在地面上不能完全加工成整装的部分,待吊运至工作面时再补充完成,以提高施工进度。

钢筋安装时应注意钢筋的位置、间距、保护层厚度及各个部位的型号、规格均应符合设计要求,同时还应特别注意不要让脱模剂或机油、泥土污染钢筋表面。钢筋安装的允许偏差,参见《水工钢筋混凝土施工规范》(DL 5169—2002)中的规定。

为防止整装中的特大钢筋网或钢筋骨架在运输安装过程中发生歪斜变形,可在斜向用钢筋拉结临时固定,并设钢筋架或焊接型钢加以固定。

2. 模板工程

1)对模板的基本要求

模板的主要作用是使混凝土按设计要求成型,承受混凝土水平与垂直作用力以及施工荷载,改善混凝土硬化条件。水利工程对模板的技术要求如下:

(1)形式简便,安装拆卸方便。

(2)拼装紧密,支撑牢靠稳固。

(3)成型准确,表面平整光滑。

(4)经济适用,周转使用率高。

(5)结构坚固,强度、刚度足够。

2)模板的组成和分类

模板的组成。通常,模板由面板、加劲体和支撑体(支撑架或钢架和锚固件)三部分组成,有时模板还附有行走部件。目前,国内常用的模板面板有标准木模板、组合钢模板、混合式大型整装模板和竹胶模板等。

模板的分类。模板按材质可分为钢模板、木模板、钢木组合模板、混凝土或钢筋混凝土模板,按使用特点分为固定模板、拆移模板、移动模板和滑升模板,按形状可分为平面模板和曲面模板,按受力条件可分为承重模板和非承重模板,按支承受力方式可分为简支模板、悬臂模板和半悬臂模板。

3.混凝土工程

混凝土工程的施工顺序包括浇筑、振捣、养护等。

1)浇筑

在混凝土开仓浇筑前,要对浇筑仓位进行统筹安排,以便井然有序地进行混凝土浇筑。安排浇筑仓位时,必须考虑以下几个问题:

(1)便于开展流水作业。

(2)避免在施工过程中产生相互干扰。

(3)尽可能地减少混凝土模板的用量。

(4)加大混凝土浇筑块的散热面积。

(5)尽量减小地基的不均匀沉降。

水利工程的实践表明:水工建筑物的构造比较复杂,混凝土的分块尺寸普遍较大,混凝土温度控制的要求相当严格,土建工程与安装工程的目标一致性尤为突出。因此,工程界对各浇筑仓位施工顺序的安排都极为重视,比较成熟的浇筑程序有对角浇筑、跳仓浇筑、错缝浇筑和对称浇筑。

2)振捣

振捣的目的是使混凝土获取最大的密实性,是保证混凝土质量和各项技术指标的关键工序和根本措施。

混凝土振捣的方式有多种。在施工现场使用的振捣器有内部振捣器、表面振捣器和附着式振捣器,使用得最多的是内部振捣器。而内部振捣器又分为电动式振捣器、风动式振捣器和液压式振捣器。大型水利工程中普遍采用成组振捣器。表面振捣器只适合薄层混凝土使用,如路面、大坝顶面、护坦表面、渠道衬砌等。附着式振捣器只适合用于结构尺寸较小而配筋密集的混凝土构件,如柱、墙壁等。在混凝土构件预制厂,多用振动台进行工厂化生产。振捣器的振动效果相当明显,在振捣器小振幅(1.1~2 mm)和高频率(5 000~12 000 r/min)的振动作用下,混凝土拌和物的内摩擦力大为下降,流动性明显增强,骨料在重力作用下因滑移而相互排列紧密,砂浆流淌填满空隙的同时空气泡逸出,从而使浇筑仓内的混凝土趋于密实并加强了混凝土与钢筋的紧密结合。

振动影响圈直径一般为振捣棒直径的10倍左右。为了避免漏振,应使振点呈方格形或梅花形布点排列,振点间距约为影响半径的1~1.5倍,井然有序地按振点进行垂直振捣,并应使振捣器插入下层混凝土5~10 cm,以利于上下层混凝土的结合。振动过程中振捣器应与模板保持1/2影响半径的距离，振捣器也不得触及钢筋和预埋件。混凝土振捣时间以15～25 s为宜，不得少振或过度振。振捣时间过短则难以振捣密实，振捣时间过长会引起混凝土粗细骨科分离。当混凝土坍落度较大而振捣层不超过20 cm时，或在振捣器难以操作的部位，也可运用捣杆、捣铲或平头锤进行人工辅助捣实，但质量较差。

如果混凝土拌和物振捣已经充分，则会出现混凝土中粗骨料停止下沉、气泡不再上升、表面平坦泛浆。判断已经硬化成型的混凝土是否密实，应通过钻孔压水试验来检查。

3）养护

养护就是在混凝土浇筑完毕后的一段时间内保持适当的温度和足够的湿度，形成良好的混凝土硬化条件。养护是保证混凝土强度增长，不发生开裂的必要措施。

养护分洒水养护和养护剂养护两种。洒水养护就是在混凝土表面覆盖上草袋或麻袋，并用带有多孔的水管不间断地洒水。采用养护剂养护，就是在混凝土表面喷一层养护剂，等其干燥成膜后再覆盖上保温材料。

混凝土应在浇筑完毕后6～18 h内开始洒水养护，低塑性混凝土应在浇筑完毕后立即喷雾养护，并及早开始洒水养护。混凝土应连续养护，养护期内始终保持混凝土表面的湿润，养护持续期应符合《水工混凝土施工规范》（DL/T 5144—2001）的要求，一般不少于28 d，有特殊要求的部位宜适当延长养护时间。

（四）施工方法确定

1.施工方法确定原则

（1）具有针对性。在确定某个分部（分项）工程的施工方法时，应结合本分项工程的实际情况来制定，不能泛泛而谈。如模板工程应结合本分项工程的特点来确定其模板的组合、支撑及加固方案，画出相应的模板安装图，不能仅仅按施工规范谈安装要求。

（2）体现先进性、经济性和适用性。选择某个具体的施工方法（工艺）首先应考虑其先进性，保证施工质量。同时，还应考虑到在保证质量的前提下，该方法是否经济适用，并对不同的方法进行经济评价。

（3）保障性措施应落实。在拟定施工方法时不仅要拟定操作过程和方法，而且要提出质量要求，并要拟定相应的质量保障措施和施工安全措施及其他可能出现情况的预防措施。

2.施工方法选择

在选择主要的分部（分项）工程施工时，应包括以下内容。

1）土石方工程

（1）计算土石方工程量，确定开挖或爆破方法，选择相应的施工机械。当采用人工开挖时，应按工期要求确定劳动力数量，并确定如何分区分段施工；当采用机械开挖时，应选择机械挖土的方式，确定挖掘机型号、数量和行走线路，以充分利用机械能力，达到最高的挖土效率。

（2）当地形复杂的地区进行场地平整时，确定土石方调配方案。

（3）当基坑深度低于地下水位时，应选择降低地下水位的方法，确定降低地下水位所需设备。

（4）当基坑较深时，应根据土的类别确定边坡坡度、土壁支护方法，确保安全施工。

2)基础工程

(1)基础需设施工缝时,应明确留设位置和技术要求。

(2)确定浅基础的垫层、混凝土和钢筋混凝土基础施工的技术要求。

(3)当地下水埋深不能满足施工要求,而需要进行降水时,应确定降水方法和技术要求。

(4)确定桩基础的施工方法和施工机械。

3)砌筑工程

(1)应明确砖墙的砌筑方法和质量要求。

(2)明确砌筑施工中的流水分段和劳动力组合形式等。

(3)确定脚手架搭设方法和技术要求。

4)混凝土工程及钢筋混凝土

(1)确定混凝土工程施工方案,如滑模法、爬高法或其他方法等。

(2)确定模板类型的支模方法。重点应考虑提高模板周转利用次数,节约人力和降低成本。对于复杂工程还需进行模板设计和绘制模板放样图或排列图。

(3)钢筋工程应选择恰当的加工、绑扎和焊接方法。当钢筋制作现场预应力张拉时,应详细制定预应力钢筋的加工、运输、安装和检测方法。

(4)选择混凝土的制备方案,如确定是采用商品混凝土,还是现场制备混凝土。确定搅拌、运输及浇筑顺序和方法,选择泵送混凝土还是普通垂直运输混凝土机械。

(5)选择混凝土搅拌、振捣设备的类型和规格,确定施工缝的留设位置。

(6)若采用预应力混凝土应确定预应力混凝土的施工方法、控制应力和张拉设备。

(五)施工机械选择

1.施工机械选择注意事项

在水利工程施工中,采用的机械种类杂、型号多,有土方机械、运输机械、吊装起重机械等。在选择施工机械时,应根据工程的规模、工期要求、现场条件等择优选定。选择施工机械时,应注意以下几点:

(1)首先选择主导工程的施工机械。如地下工程的土方机械,主体结构工程和垂直、水平运输机械,结构吊装工程的起重机械等。

(2)在选择辅助施工机械时,必须充分发挥主导施工机械的生产效率,要使两者的台班生产能力协调一致,并确定出辅助施工机械的类型、型号和台数。如土方工程中自卸汽车的载重量应为挖掘机斗容量的整数倍,汽车的数量应保证挖掘机连续工作,使挖掘机的效率充分发挥。

(3)为便于施工机械化管理,同一施工现场的机械类型应尽可能少。当工程量大且集中时,应选用专业化施工机械;当工程量小而分散时,可选择多用途施工机械。

(4)尽量选用施工单位的现有机械,以减少施工的投资额、提高现有机械的利用率、降低成本。当现有施工机械不能满足工程需要时,则购置或租赁所需新型机械。

2.施工机械选择步骤

水利工程机械施工包括的内容很多,这里以土石方工程的挖、填为例进行说明。

1）分析施工过程

水利工程机械化施工过程包括施工准备工作、基本工作和辅助工作。

（1）施工准备工作：包括料场覆盖层清除、基坑开挖、岩基清理、修筑道路等。

（2）基本工作：包括土石料挖掘、装载、运输、卸料、平整和压实等工序。

（3）辅助工作：是配合基本工作进行的，包括翻松硬土、洒水、翻晒、废料清除和道路维修等。

2）施工机械选择

施工机械选择应该是根据施工方案进行的。在拟订施工方案时，首先研究基本工作所需要的主要机械，按照施工条件和工作参数选定主要机械；然后依据主要机械的生产能力和性能参数选用与其配套的机械。准备工作和辅助工作的机械，则根据施工条件和进度要求另行选用，或者采用基本工作所选用的机械。

3）施工机械需要量

施工机械需要量可根据进度计划安排的日施工强度、机械生产率、机械利用率等参数计算求得。

配套设备需要量计算。在水利工程的机械施工中，需要不同功能的设备相互配合，才能完成其施工任务。例如，挖掘机装土自卸汽车运土上坝，拖拉机压实工作就是挖掘机、自卸汽车、拖拉机等三种机械配合才能完成的施工任务。

在土石方施工中，与挖掘机配套的自卸汽车，其数量和所占施工费用的比例都很大，应仔细选择车型和计算所需用量。只有配套合理，才能最大限度地发挥机械施工能力，提高机械使用率。

选择自卸汽车时，可以选用适当的车铲容积比，并根据已选定的挖掘机斗容量来选取汽车的可载重量；计算装满一车厢的铲斗数以及汽车实际的载重量，以确定汽车载重量的利用程度；计算一台挖掘机配套的汽车需要量（台数）；进行技术经济比较，推荐车型和数量。

（1）车铲容积比的选择。挖掘机和汽车的利用率均达到最高值时的理论车铲容积比随运距的增加而提高，随汽车平均行驶速度增加而降低。根据工程实践的数据，一般情况下，当运距为1～2.5 km时，理论的车铲容积比为4～7；当运距为2.5～5 km时，理论的车铲容积比为7～10。

（2）汽车载重量的利用程度计算。汽车载重量的利用程度是考核配套是否合理的另一个指标。它与车铲容积比、汽车载重量或车厢容积等因素有关系。

装满自卸汽车车厢所需的铲装次数（取整数）应满足下列条件，即

$$m \leqslant \frac{Q}{W} \quad 或 \quad n \leqslant \frac{V}{V_1} \tag{5-1}$$

式中 m,n——装满一车厢的铲装次数；

Q——自卸汽车的载重量，t；

V——自卸汽车的车厢容量，m^3；

V_1——铲斗内料物的松散体积，m^3；

W——铲斗物料重量，t，可用式（5-2）计算，即

$$W = qk_{cn}k_e\rho \tag{5-2}$$

其中 q——挖掘机铲斗容量，m^3；

ρ——料物的自然密度，t/m^3；

k_{cn}——铲斗的充盈系数，取0.7；

k_e——料物的可松性系数，取0.6。

(3)一台挖掘机配套的汽车需要台数计算。与挖掘机配套工作的汽车需要量的理论计算的前提是认为挖掘机面前总有一辆汽车待装，挖掘机能充分发挥效率，需要汽车的数量N可按式(5-3)计算，即

$$N = \frac{T}{t_1} \tag{5-3}$$

式中 T——汽车的工作循环时间，min；

t_1——装车的时间，min。

费用计算：计算汽车数量应该考虑经济因素，在工程实践中，费用指标往往是决定因素，因此还需要进行费用分析。设计时拟订多个方案，分别计算其单价，单价最低即为可选方案。

3. 施工机械选择实例

【例5-1】 某土石方工程工程量为133.6万m^3，Ⅲ类土，工程施工日历天数为212 d，有效工作天数139 d，以7个月计，每天3班昼夜施工。施工组织设计为采用液压反铲挖掘机(斗容为2.0 m^3)挖装；20 t自卸汽车运输，运距5 km；103 kW推土机进行平土；16 t轮胎碾压机碾压，施工不均匀系数取1.3。

解：(1)计算施工强度。

$$\text{月平均施工强度} = 133.6/7 = 19.1(\text{万 } m^3/\text{月})$$

$$\text{班平均施工强度} = \frac{1\ 336\ 000}{1\ 39 \times 3} = 3\ 204(m^3/\text{班})$$

(2)查定额求出台班工作量。

根据水利部《水利建筑工程预算定额》：液压反铲挖掘机(斗容量为2.0 m^3)台班产量1 429 m^3/台班；20 t自卸汽车运输，台班产量120 m^3/台班；推土机台班产量851 m^3/台班，16 t轮胎碾压机碾压，台班产量1 018 m^3/台班。

(3)计算各种施工机械数量。

$$\text{液压反铲挖掘机(斗容量为2.0 } m^3\text{)台数} = \frac{QK}{P} = \frac{3\ 204 \times 1.3}{1\ 429} = 3(\text{台})$$

$$\text{自卸汽车运输台数} = \frac{QK}{P} = \frac{3\ 204 \times 1.3}{120} = 35(\text{台})$$

$$\text{推土机台数} = \frac{QK}{P} = \frac{3\ 204 \times 1.3}{851} = 5(\text{台})$$

$$\text{轮胎碾压机台数} = \frac{QK}{P} = \frac{3\ 204 \times 1.3}{1\ 018} = 4(\text{台})$$

根据挖掘机的斗容量确定自卸汽车载重量，应满足挖掘机配套的工艺要求。挖掘机斗容量和汽车载重量的比值应在一个合理的范围，按式(5-4)计算所选挖掘机装车的斗数m为

$$m = \frac{Q}{k_{cn}\rho_1 q k_e} \tag{5-4}$$

式中 m——挖掘机装车的斗数；

Q——汽车的载重量,t;

ρ_1——料物的自然密度,t/m^3；

q——挖掘机铲斗容量,m^3；

k_{cn}——铲斗的充盈系数,取0.9;

k_e——土的可松性系数,取0.8。

$$m = \frac{Q}{k_{cn}\rho_1 q k_e} = \frac{20}{2.2 \times 2 \times 0.9 \times 0.8} = 6(\text{斗})$$

20 t 自卸汽车用 2 m^3 挖掘机,每车需要6斗,即可满足配合的工艺要求。

挖掘机挖装一斗的时间 $t_c = 28$ s,汽车的运、卸、回程空返时间(运距5 km) $T =$ 1 980 s,为保证连续工作,每台挖掘机需要配备汽车数量 n 为

$$n = \frac{T}{mt_c} = \frac{1\,980}{6 \times 28} = 12(\text{辆})$$

3台液压反铲挖掘机(斗容量为2.0 m^3)所需自卸汽车 $3 \times 12 = 36$(辆) 可以满足要求。考虑到机械设备的检修、车辆备用及道路现场情况等,设计确定选用液压反铲挖掘机(斗容量为2.0 m^3)3台,20 t 自卸汽车运输36辆,103 kW 推土机5台,16 t 轮胎碾压机4台。

(六)施工方案的评价

工程项目施工方案选择的目的是要求适合本工程的最佳方案在技术上可行、经济上合理,做到技术经济相统一。对施工方案进行技术经济分析,就是为了避免施工方案的盲目性、片面性,在方案付诸实施之前就能分析出其经济效益,保证所选方案的科学性、有效性和经济性,达到提高质量、缩短工期、降低成本的目的,进而提高工程施工的经济效益。

1.评价方法

施工方案技术经济分析方法可分为定性分析和定量分析两大类。

定性分析只能泛泛地分析各方案的优缺点,如施工操作的难易和安全与否、可否为后续工序提供有利条件、冬季或雨季对施工影响的大小、是否可利用某些现有机械和设备、能否一机多用、能否给现场文明施工创造有利条件等,还有评价时受评价人的主观因素影响大,故只用于方案初步评价。

定量分析法是对各方案的投入与产出进行计算,如劳动力、材料及机械台班消耗、工期、成本等直接进行计算、比较,用数据说话比较客观,让人信服,所以定量分析是方案评价的主要方法。

2.评价指标

(1)技术指标。一般用各种参数表示,如大体积混凝土施工时为了防止裂缝的出现,体现浇筑方案的指标有浇筑速度、浇筑温度、水泥用量等,还有模板方案中的模板面积、型号、支撑间距离。这些技术指标应结合具体的施工对象来确定。

(2)经济指标。主要反映为完成任务必须消耗的资源量,由一系列价值指标、实物指

标及劳动指标组成。如工程施工成本消耗的机械台班数,用工量及其钢材、木材、水泥(混凝土半成品)等材料消耗量等,这些指标能评价方案是否经济合理。

(3)效果指标。主要反映采用该施工方案后预期达到的效果。效果指标有两大类:一类是工程效果指标,如工程工期、工程效率等;另一类是经济效果指标,如成本降价额或降低率,材料的节约量或节约率。

第四节 单位工程施工进度计划

一、施工进度计划的作用与编制依据

(一)施工进度计划的作用与形式

单位工程施工进度计划的编制方式基本与总进度计划相同,在满足总进度计划的前提下应将项目分得更细、更具体一些。

单位工程施工进度计划是施工方案在时间上的具体反映,是指导单位工程施工的依据。它的主要任务是以施工方案为依据,安排工程中各施工过程的施工顺序和施工时间,使单位工程在规定的时间内,有条不紊地完成施工任务。

施工进度计划的主要作用是为编制企业季度、月度生产计划提供依据,为平衡劳动力、调配和供应各种施工机械和各种物资资源提供依据,同时也为确定施工现场的临时设施数量和动力设备提供依据。施工进度计划必须满足施工规定的工期,在空间上必须满足工作面的实际要求,与施工方法相互协调。因此,编制施工进度计划应该细致地、周密地考虑这些因素。

单位工程施工进度计划的表达形式一般分为横道计划、网络计划和时标网络计划。

(二)施工进度计划编制依据

本章所需的单位工程施工组织设计主要指投标时的施工组织设计。为此,招标文件是主要的编制依据,同时必须满足以下要求:

(1)施工总工期及开工、竣工日期。

(2)经过审批的建筑总平面图、地形图、单位工程施工图、设备及基础图、使用的标准图及技术资料。

(3)施工组织总设计对本单位工程的有关规定。

(4)施工条件、劳动力、材料、构件及机械供应条件,分包单位情况等。

(5)主要分部(分项)工程的施工方案。

(6)劳动定额、机械台班定额及本企业施工水平。

(7)工程承包合同及业主的合理要求。

(8)其他有关资料,如当地的气象资料等。

二、编制程序与步骤

现行的招标投标工作是按国家规定的合法的程序进行的,依据《中华人民共和国招标投标法》及相关规定,按照“统一量,市场价,竞争费”的办法进行,即有统一的工程量清单;根据市场的材料单价;间接费率、企业利润率等由投标企业自行选定,形成竞争费用。有了统一的工程量清单,工程量计算的工作可以省略。

(一)划分施工过程

编制单位工程施工进度计划,首先按照招标文件的工程量清单、施工图纸和施工顺序列出拟建单位工程的各个施工过程,并结合施工方法、施工条件、劳动组织等因素加以适当调整,使其成为编制单位工程进度计划所需的施工程序。

在确定施工过程时,应注意以下几点问题:

(1)施工过程划分的粗细程度,主要根据招标文件的要求,按照工程量清单的项目划分,基本可以达到控制施工进度,特别是开工、竣工时间,必须满足招标文件的时间要求。

(2)施工过程的划分要结合所选择的施工方案。不同的施工方案,其施工顺序有所不同,项目的划分也不同。

(3)注意适当简化单位工程进度计划内容,避免工程项目划分过细、重点不突出。根据工程量清单中的项目,有些小的项目可以合并,划分施工过程要粗细得当。

(二)校核工程量清单中的工程量

招标文件提供的工程量清单是招标文件的一部分,投标者没有权利更改,但作为投标者应该进行工程量清单的校核。通过对工程量清单的校核,可以更多地了解工程情况,对投标工作有利,同时也为中标后的工程施工、工程索赔奠定基础。

(三)确定劳动量工时数和机械台班数

劳动量工时数和机械台班数应当根据工程量、施工方法和现行的施工定额,并结合当时当地的具体情况确定,即

$$P = \frac{Q}{S} \quad 或 \quad P = QH \tag{5-5}$$

式中 P——完成某施工过程所需的劳动量工时数或机械台班数;

Q——完成某施工过程所需的工程量;

S——某施工过程所采取的产量定额;

H——某施工过程所采取的时间定额。

例如,已知某农桥道的基础土方3 240 m^3,可采取人工挖土,工时产量为0.8 m^3,则完成挖基础所需总劳动量为

$$P = \frac{Q}{S} = \frac{3\,240}{0.8} = 4\,050(工时)$$

若已知挖每立方米土方时间定额为1.25工时,则完成挖基础所需总劳动量为

$$P = QH = 3\,240 \times 1.25 = 4\,050(工时)$$

(四)确定各施工过程的施工天数

根据工程量清单中的各项工程量以及施工顺序,确定其施工天数,这一过程非常重要,因为各分部(分项)工程的施工天数,组成了整个工程的施工天数。在投标阶段,一般都采用倒排进度的方法进行。这是因为工程的开工、竣工时间都由招标文件规定了,不能更改,施工期又不能任意增加或减少。根据招标文件要求的开工、竣工时间和施工经验,

确定各分部(分项)工程施工时间,然后再按分部(分项)工程所需的劳动量工时数或机械台班数,确定每一分部(分项)工程每个班组所需的工人数或机械台数。计算公式为

$$R = \frac{P}{tmk} \tag{5-6}$$

式中 R——每班安排在某分部(分项)工程上的施工机械台数或劳动人数;

P——完成某分部(分项)施工过程所需的劳动量工时数或机械台班数;

t——完成某分部(分项)施工过程的天数;

m——每天工作班次;

k——每天工作时间。

例如,某单位工程的土方工程采用机械施工,需要 87 个台班完成,则当工期为 8 d 时,每天工作 1 个班次,所需挖土机的台数为

$$R = \frac{P}{tmk} = \frac{87}{8 \times 1} = 11(\text{台})$$

通常计算时一般按一班制考虑,如果每天所需机械台数或工人人数已超过施工单位现有物力或工作面限制时,则应根据具体情况和条件,从技术和施工组织上采取积极的措施,如增加工作班次,最大限度地组织立体交叉及水平流水施工等。

(五)施工进度计划的调整

为了使初始方案满足规定的目标,一般进行以下检查调整:

(1)各施工过程的施工顺序、平行搭接和技术间歇是否合理。

(2)工期方面。初始方案的总工期是否满足连续、均衡施工。

(3)劳动力方面。主要工种工人是否满足连续、均衡施工。

(4)物资方面。主要机械、设备、材料等的利用是否均衡,施工机械是否充分利用。

经过检查,对不符合要求的部分可采用增加或缩短某些分项工程的施工时间。在施工顺序允许的情况下,将某些分项工程的施工时间向前向后移动。

必要时,改变施工方法或施工组织等进行调整。

应当指出,上述编制施工进度计划的步骤不是孤立的,而是相互依赖、相互联系的,有时可以同时进行。由于水利工程施工是一个复杂的生产过程,受周围客观因素的影响很大,在施工过程中,由于劳动力、机械、材料等物资的供应及自然条件等因素的影响经常不符合原计划的要求,因而在工程进展中,应随时掌握施工动态,经常检查,不断调整计划。

三、编制进度表

施工进度表是施工进度的最终成果。它是在控制性进度表(施工总进度表或标书要求的工期)的基础上进行编制的,其起始与终止时间必须符合施工总进度计划或标书要求工期的规定。其他中间的分项工程可以适当调整。如图 5-1 所示为某施工标段工程进度计划网络图,其开工、竣工时间是已定的,不能更改,其他分项工程可以适当调整。

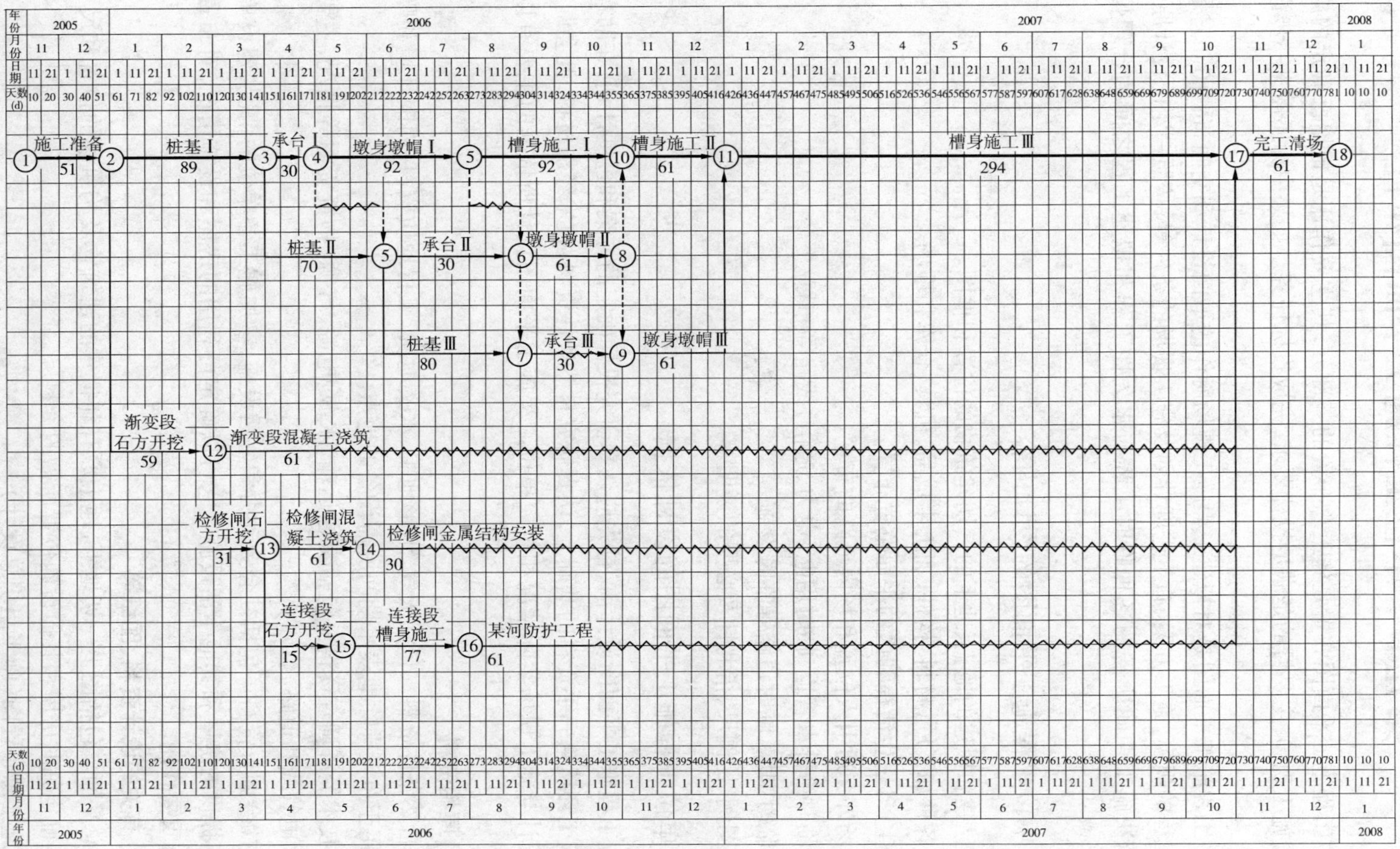

图 5-1　某施工标段工程进度计划网络图

第五节　单位工程施工平面图布置

单位工程施工平面图布置是施工总布置的一部分,其主要作用是根据已确定的施工方案布置施工现场,主要目的是满足投标要求,完成投标任务。如果中标还需进一步详细布置。

单位工程施工平面图是对拟建工程施工现场所作的平面设计和空间布置图。它是根据拟建工程的规模、施工方案、施工进度计划及施工现场的条件等,按照一定的设计原则,正确地解决施工期间所需的各种临时工程与永久性工程和拟建工程之间的合理位置关系。

一、单位工程施工平面图的设计内容

(1)已建和拟建的地上、地下的一切建筑物的位置和框图。

(2)各种加工厂,材料、构件、加工半成品、机具、仓库和堆场。

(3)生产区、生活福利区的平面位置布置。

(4)场外交通引入位置和场内道路的布置。

(5)临时给排水管道、临时用电(电力、通信)线路等布置。

(6)临时围堰、临时道路等临时设施。

(7)图例、比例尺、指北针及必要的说明等。

二、单位工程施工平面图的设计依据

单位工程施工平面图设计前,首先应认真研究投标确定的方案和进度计划,在勘察现场取得施工环境第一手资料的基础上,认真研究自然条件资料、技术经济材料,社会调查,方能使设计与施工现场实际情况相符。单位工程施工平面图设计所依据的主要有以下资料。

(一)原始资料

(1)自然条件资料。包括天气、地形地貌、水文地质、工程地质资料,周围环境和障碍物,主要用于布置排除地表水期间所需设备的地点。

(2)技术经济调查资料。包括交通运输、水源、电源、气源、物资资源等情况,主要用于布置水电管线和道路。

(3)社会调查资料。包括社会劳动力和生活设施,参加施工各单位的情况,建设单位可为施工提供的房屋和其他生活设施。它可以确定可利用的房屋和设施情况,对布置临时设施有重要作用。

(二)有关的设计资料、图纸等

(1)总平面。包括图上一切地下、地上原有和拟建的建筑物及构筑物的位置和尺寸。它是正确确定临时房屋和其他设施位置所需的资料。

(2)施工总布置图(施工组织总设计)。

(3)一切原有和拟建的地下、地上管道位置资料。

(4)建筑区域的土方平衡图。它是安排土方的挖填、取土或弃土的依据。

(5)单位工程施工组织设计平面图应符合施工总平面图的要求。

(6)单位工程的施工方案、进度计划、资源需要量计划等施工资料。

三、单位工程施工平面图的设计原则

单位工程施工平面图的设计原则与施工总布置图的设计原则基本相同,主要有以下几点:

(1)现场布置尽量紧凑,节约用地,不占或少占农田。在保证施工顺利进行的前提下,布置紧凑,节约用地,有利于管理,减少施工道路和管线,以降低成本。

(2)短运输,少搬运。在合理地组织运输、保证现场运输道路通畅的前提下,最大限度地减少厂内运输,特别是场内二次搬运,各种材料的进场时间,应按计划分批分期进行,充分利用场地。各种材料的堆放位置,应根据使用时间的要求尽量靠近使用地点,运距最短,既节约劳动力,又减少材料多次转运中的消耗,可降低成本。

(3)控制临时设施规模,降低临时设施费用,在满足施工的条件下尽可能利用施工现场附近的原有建筑物作为临时设施,多用装配式的临时设施,精心计算和设计,从而节省资金。

(4)临时设施的布置,应便利施工管理及生产和生活,生产工人居住区至施工区的距离最近,往返时间最少,办公用房应靠近施工现场,福利设施应在生活区范围之内。

(5)遵循水利建设法律法规对施工现场管理提出的要求,利于生产、生活、安全、消防、环保、卫生防疫、劳动保护等。

四、单位工程施工平面图的设计步骤

单位工程施工平面图的一般设计步骤如图5-2所示。其设计步骤在实际设计中,往

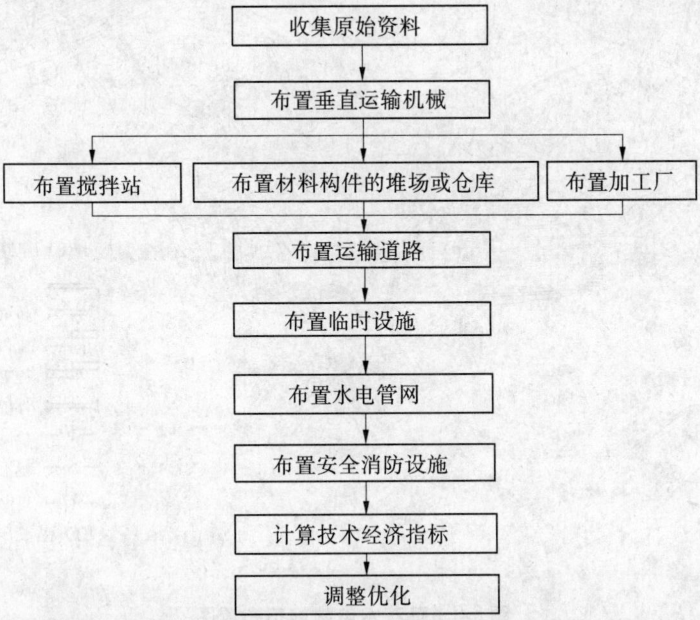

图5-2　单位工程施工平面图的设计步骤

往相互牵连,互相影响,因此要多次重复进行。除研究在平面上的布置是否合理外,还需要考虑他们的空间条件是否可行和科学合理,特别是要注意安全问题。

五、单位工程施工平面图布置的编制

单位工程施工平面布置图是投标的重要技术文件之一,是该段施工组织设计的重要组成部分。因此,要精心设计,认真绘制。

(一)单位工程施工平面布置图的绘制要求

(1)绘图的步骤、内容、图例、要求和方法基本与施工总平面相同,应做到标明主要位置尺寸,要按图例或编号注明布置的内容、名称,线条粗细分明,字迹工整清晰,图面美观。

(2)绘图比例常用1:500~1:2 000,视工程规模大小而定。

(3)将拟建工程置于平面图的中心位置,各项设施围绕拟建工程设置。

(二)单位工程施工平面布置图的绘制

单位工程施工平面布置图的绘制可采用手工绘制和计算机绘制。在水利工程设计中,绘图软件一般都采用CAD应用软件。图5-3为莲花水电站施工布置图。

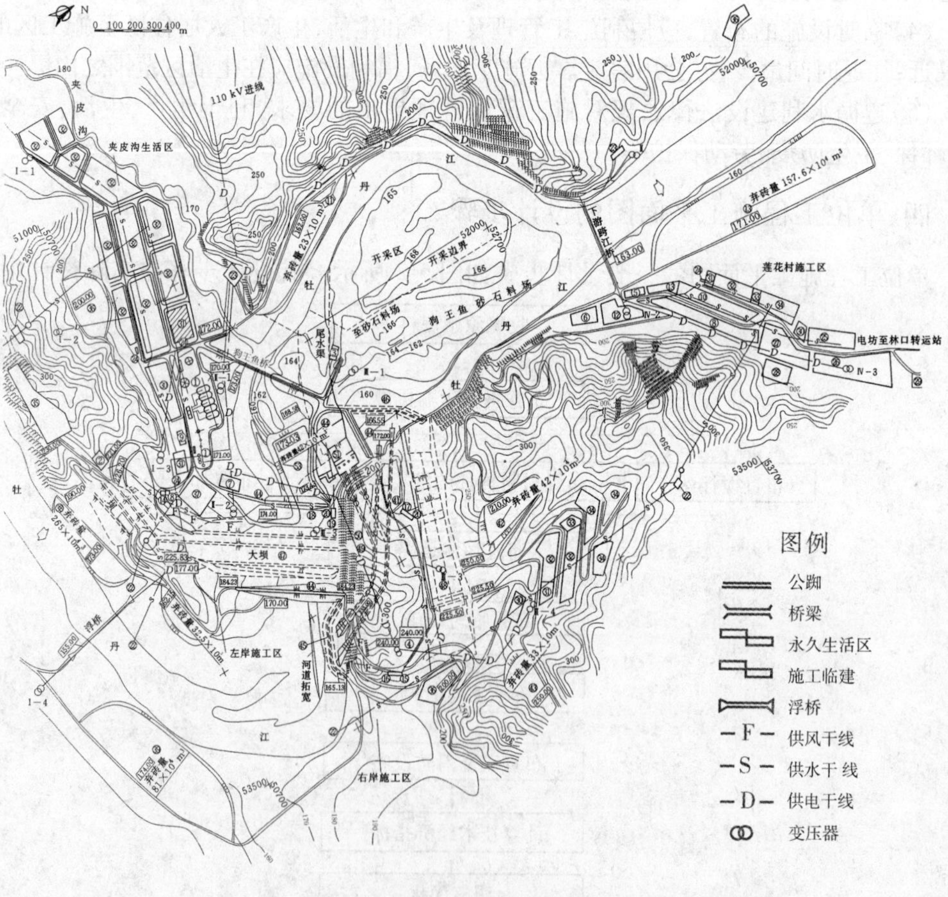

图5-3 莲花水电站施工布置图

习 题

5-1 单位工程施工组织设计的作用和编写依据是什么?

5-2 施工方案的选择主要包括什么内容?

5-3 编制施工顺序时应该考虑的因素是什么?

5-4 简述确定施工方法的原则。

5-5 简述施工机械选择的步骤和方法。

5-6 简述施工方案评价方法和评价指标。

5-7 简述单位施工组织设计中的进度计划编制依据。

5-8 简述单位施工组织设计中的进度计划的编制程序与步骤。

5-9 某土石方工程,工程量为120万 m^3,Ⅲ类土,工程施工日历天数为183 d,有效工作天数120 d,以6个月计,每天3班昼夜施工。施工组织设计为采用液压反铲挖掘机(斗容量为2.0 m^3)挖装;20 t自卸汽车运输,运距5 km;103 kW推土机进行平土;16 t轮胎碾压机,施工不均匀系数取1.3(定额:液压反铲挖掘机(斗容量为2.0 m^3),台班产量1 429 m^3/台班;20 t自卸汽车运输,运距5 km,台班产量120 m^3/台班;103 kW推土机进行平土(Ⅲ类),推运距20 m,台班产量851 m^3/台班;16 t轮胎碾压机台班产量1 018 m^3/台班)。

第六章　施工质量管理

本章重点

本章重点介绍有关工程质量管理体系的基本知识,以及工程施工质量统计与分析常用方法,中心任务是通过建立健全有效的工程质量监督体系,确保工程质量达到合同规定的标准和等级要求。

教学目标

通过本章的学习,要求学生理解施工质量管理体系相关知识;掌握常用的工程质量统计与分析方法;了解施工质量事故处理方法和施工质量验收内容;熟悉质量管理的三个体系,即施工单位的质量保证体系、建设(监理)单位的质量检查体系和政府部门的质量监督体系。

第一节　工程质量管理的基本概念

水利工程项目的施工阶段是根据设计图纸和设计文件的要求,通过工程参建各方及其技术人员的劳动形成工程实体的阶段。这个阶段的质量控制无疑是极其重要的,其中心任务是通过建立健全有效的工程质量监督体系,确保工程质量达到合同规定的标准和等级要求。为此,在水利工程项目建设中,建立了质量管理的三个体系,即施工单位的质量保证体系、建设(监理)单位的质量检查体系和政府部门的质量监督体系。

一、工程项目质量和工程项目质量控制的概念

(一)工程项目质量

质量是反映实体满足明确或隐含需要能力的特性的总和。工程项目质量是国家现行的有关法律、法规、技术标准、设计文件及工程承包合同对工程的安全、适用、经济、美观等特征的综合要求。

从功能和使用价值来看,工程项目质量体现在适用性、可靠性、经济性、外观质量与环境协调等方面。由于工程项目是依据项目法人的需求而兴建的,故各工程项目的功能和使用价值的质量应满足于不同项目法人的需求,并无一个统一的标准。

从工程项目质量的形成过程来看,工程项目质量包括工程建设各个阶段的质量,即可行性研究质量、工程决策质量、工程设计质量、工程施工质量、工程竣工验收质量。

工程项目质量具有两个方面的含义:一是指工程产品的特征性能,即工程产品质量;二是指参与工程建设各方面的工作水平、组织管理等,即工作质量。工作质量包括社会工作质量和生产过程工作质量。社会工作质量主要是指社会调查、市场预测、维修服务等。

生产过程工作质量主要包括管理工作质量、技术工作质量、后勤工作质量等,最终将反映在工序质量上,而工序质量的好坏直接受人、原材料、机具设备、工艺及环境等五方面因素的影响。因此,工程项目质量的好坏是各环节、各方面工作质量的综合反映,而不是单纯靠质量检验查出来的。

(二)工程项目质量控制

质量控制是指为达到质量要求所采取的作业技术和活动,工程项目质量控制,实际上就是对工程在可行性研究、勘测设计、施工准备、建设实施、后期运行等各阶段、各环节、各因素的全程、全方位的质量监督控制。工程项目质量有个产生、形成和实现的过程,控制这个过程中的各环节,以满足工程合同、设计文件、技术规范规定的质量标准。在我国的工程项目建设中,工程项目质量控制按其实施者的不同,包括以下三个方面。

1.项目法人方面的质量控制

项目法人方面的质量控制,主要是委托监理单位依据国家的法律、规范、标准和工程建设的合同文件对工程建设进行监督和管理。其特点是外部的、横向的、不间断的控制。

2.政府方面的质量控制

政府方面的质量控制是通过政府的质量监督机构来实现的,其目的在于维护社会公共利益,保证技术性法规和标准的贯彻执行。其特点是外部的、纵向的、定期或不定期抽查。

3.承包人方面的质量控制

承包人主要是通过建立健全质量保证体系,加强工序质量管理,严格施行“三检制”(即初检、复检、终检),避免返工,提高生产效率等方式来进行质量控制的。其特点是内部的、自身的、连续的控制。

二、工程项目质量的特点

建筑产品的位置固定、生产流动性、项目单件性、生产一次性、受自然条件影响大等特点,决定了工程项目质量具有以下特点。

(一)影响因素多

影响工程质量的因素是多方面的,如人的因素、机械因素、材料因素、方法因素、环境因素(人、机、料、法、环)等均直接或间接地影响着工程质量,尤其是水利工程项目主体工程的建设,一般由多家承包单位共同完成,故其质量形式较为复杂,影响因素多。

(二)质量波动大

由于工程建设周期长,在建设过程中易受到系统因素及偶然因素的影响,使产品质量产生波动。

(三)质量变异大

由于影响工程质量的因素较多,任何因素的变异均会引起工程项目的质量变异。

(四)质量具有隐蔽性

由于工程项目实施过程中,工序交接多,中间产品多,隐蔽工程多,取样数量受到各种因素、条件的限制,使产生错误判断的概率增大。

（五）终检局限性大

由于建筑产品位置固定等自身特点，使质量检验时不能解体、拆卸，所以在工程项目终检验收时难以发现工程内在的、隐蔽的质量缺陷。

此外，质量、进度和投资目标三者之间既对立又统一的关系使工程质量受到投资、进度的制约。因此，应针对工程质量的特点，严格控制质量，并将质量控制贯穿于项目建设的全过程。

三、工程项目质量控制的原则

在工程项目建设过程中，对其质量进行控制应遵循以下几项原则。

（一）质量第一原则

“百年大计，质量第一”，工程建设与国民经济的发展和人民生活的改善息息相关。质量的好坏直接关系到国家繁荣富强，关系到人民生命财产的安全，关系到子孙幸福，所以必须树立强烈的“质量第一”的思想。

要确立质量第一的原则，必须弄清并且摆正质量和数量、质量和进度之间的关系。不符合质量要求的工程，数量和进度都将失去意义，也没有任何使用价值，而且数量越多，进度越快，国家和人民遭受的损失也将越大。因此，好中求多、好中求快、好中求省才是符合质量管理所要求的质量水平。

（二）预防为主原则

对于工程项目的质量，我们长期以来采取事后检验的方法，认为严格检查就能保证质量，实际上这是远远不够的，应该从消极防守的事后检验变为积极预防的事先管理。因为好的建筑产品是好的设计、好的施工所产生的，不是检查出来的。必须在项目管理的全过程中，事先采取各种措施，消灭种种不符合质量要求的因素，以保证建筑产品质量。如果各质量因素（人、机、料、法、环）预先得到保证，工程项目的质量就有了可靠的前提条件。

（三）为用户服务原则

建设工程项目是为了满足用户的要求，尤其要满足用户对质量的要求。真正好的质量是用户完全满意的质量。进行质量控制就是要把为用户服务的原则作为工程项目管理的出发点，贯穿到各项工作中去。同时，要在项目内部树立“下道工序就是用户”的思想。各个部门、各种工作、各种人员都有个前、后的工作顺序，在自己这道工序上的工作一定要保证质量，凡达不到质量要求的不能交给下道工序，一定要使“下道工序”的用户感到满意。

（四）用数据说话原则

质量控制必须建立在有效的数据基础之上，必须依靠能够确切反映客观实际的数字和资料，否则就谈不上科学的管理。一切用数据说话就需要用数理统计方法对工程实体或工作对象进行科学的分析和整理，从而研究工程质量的波动情况，寻求影响工程质量的主次原因，采取改进质量的有效措施，掌握保证和提高工程质量的客观规律。

在很多情况下，我们评定工程质量时，虽然也按规范标准进行检测计量，也有一些数据，但是这些数据往往不完整、不系统，没有按数理统计要求积累数据、抽样选点，所以难以汇总分析，有时只能统计加估计，抓不住质量问题，既不能完全表达工程的内在质量状态,也不能有针对性地进行质量教育,提高企业素质。所以,必须树立起“用数据说话”的意识,从积累的大量数据中找出控制质量的规律性,以保证工程项目的优质建设。

四、工程项目质量控制的任务

工程项目质量控制的任务就是根据国家现行的有关法规、技术标准和工程合同规定的工程建设各阶段质量目标实施全过程的监督管理。由于工程建设各阶段的质量目标不同,因此需要分别确定各阶段的质量控制对象和任务。

(一)工程项目决策阶段质量控制的任务

(1)审核可行性研究报告是否符合国民经济发展的长远规划、国家经济建设的方针政策。

(2)审核可行性研究报告是否符合工程项目建议书或业主的要求。

(3)审核可行性研究报告是否具有可靠的基础资料和数据。

(4)审核可行性研究报告是否符合技术经济方面的规范标准和定额等指标。

(5)审核可行性研究报告的内容、深度和计算指标是否达到标准要求。

(二)工程项目设计阶段质量控制的任务

(1)审查设计基础资料的正确性和完整性。

(2)编制设计招标文件,组织设计方案竞赛。

(3)审查设计方案的先进性和合理性,确定最佳设计方案。

(4)督促设计单位完善质量保证体系,建立内部专业交底及专业会签制度。

(5)进行设计质量跟踪检查,控制设计图纸的质量。在初步设计和技术设计阶段,主要检查生产工艺及设备的选型、总平面布置、建筑与设施的布置、采用的设计标准和主要技术参数;在施工图设计阶段,主要检查计算是否有错误,选用的材料和做法是否合理,标注的各部分设计标高和尺寸是否有错误,各专业设计之间是否有矛盾等。

(三)工程项目施工阶段质量控制的任务

施工阶段质量控制是工程项目全过程质量控制的关键环节。根据工程质量形成的时间,施工阶段的质量控制又可分为质量的事前控制、事中控制和事后控制,其中事前控制为重点控制。

1. 事前控制

(1)审查承包商及分包商的技术资质。

(2)协助承建商完善质量体系,包括完善计量及质量检测技术和手段等,同时对承包商的试验室资质进行考核。

(3)督促承包商完善现场质量管理制度,包括现场会议制度、现场质量检验制度、质量统计报表制度和质量事故报告及处理制度等。

(4)与当地质量监督站联系,争取其配合、支持和帮助。

(5)组织设计交底和图纸会审,对某些工程部位应下达质量要求标准。

(6)审查承包商提交的施工组织设计,保证工程质量具有可靠的技术措施。审核工程中采用的新材料、新结构、新工艺、新技术的技术鉴定书;对工程质量有重大影响的施工机械、设备,应审核其技术性能报告。

(7)对工程所需原材料、构配件的质量进行检查与控制。

(8)对永久性生产设备或装置,应按审批同意的设计图纸组织采购或订货,到场后进行检查验收。

(9)对施工场地进行检查验收。检查施工场地的测量标桩、建筑物的定位放线以及高程水准点,重要工程还应复核,落实现场障碍物的清理、拆除等。

(10)把好开工关。对现场各项准备工作检查合格后,方可发开工令;停工的工程,未发复工令者不得复工。

2. 事中控制

(1)督促承包商完善工序控制措施。工程质量是在工序中产生的,工序控制对工程质量起着决定性的作用。应把影响工序质量的因素都纳入控制状态中,建立质量管理点,及时检查和审核承包商提交的质量统计分析资料和质量控制图表。

(2)严格工序交接检查。主要工作作业(包括隐蔽作业)需按有关验收规定经检查验收后方可进行下一道工序的施工。

(3)重要的工程部位或专业工程(如混凝土工程)要做试验或技术复核。

(4)审查质量事故处理方案,并对处理效果进行检查。

(5)对完成的分部(分项)工程,按相应的质量评定标准和办法进行检查验收。

(6)审核设计变更和图纸修改。

(7)按合同行使质量监督权和质量否决权。

(8)组织定期或不定期的质量现场会议,及时分析、通报工程质量状况。

3. 事后控制

(1)审核承包商提供的质量检验报告及有关技术性文件。

(2)审核承包商提交的竣工图。

(3)组织联动试车。

(4)按规定的质量评定标准和办法,进行检查验收。

(5)组织项目竣工总验收。

(6)整理有关工程项目质量的技术文件,并编目、建档。

(四)工程项目保修阶段质量控制的任务

(1)审核承包商的工程保修书。

(2)检查、鉴定工程质量状况和工程使用情况。

(3)对出现的质量缺陷,确定责任者。

(4)督促承包商修复缺陷。

(5)在保修期结束后,检查工程保修状况,移交保修资料。

五、工程项目质量影响因素的控制

在工程项目建设的各个阶段,对工程项目质量影响的主要因素就是“人、机、料、法、环”等五大方面。为此,应对这五个方面的因素进行严格控制,以确保工程项目建设质量。

（一）对“人”的因素的控制

人是工程质量的控制者，也是工程质量的“制造者”。工程质量的好与坏与人的因素是密不可分的。控制人的因素，即调动人的积极性、避免人的失误等，是控制工程质量的关键因素。

1. 领导者的素质

领导者是具有决策权力的人，其整体素质是提高工作质量和工程质量的关键。因此，在对承包商进行资质认证和选择时一定要考核领导者的素质。

2. 人的理论水平和技术水平

人的理论水平和技术水平是人的综合素质的体现，它直接影响工程项目质量，尤其是技术复杂、操作难度大、要求精度高、工艺新的工程对人的素质要求更高；否则，工程质量就很难保证。

3. 人的生理缺陷

根据工程施工的特点和环境，应严格控制人的生理缺陷，如患有高血压、心脏病的人不能从事高空作业和水下作业，反应迟钝、应变能力差的人不能操作快速运行、动作复杂的机械设备等；否则，将影响工程质量，引起安全事故。

4. 人的心理行为

影响人的心理行为的因素很多，而人的心理因素如疑虑、畏惧、抑郁等很容易使人产生愤怒、怨恨等情绪，使人的注意力转移，由此引发质量、安全事故。所以，在审核企业的资质水平时，要注意企业职工的凝聚力如何，职工的情绪如何，这也是选择企业的一条标准。

5. 人的错误行为

人的错误行为是指人在工作场地或工作中吸烟、打盹、错视、错听、误判断、误动作等，这些都会影响工程质量或造成质量事故。所以，在有危险的工作场所，应严格禁止吸烟、嬉戏等。

6. 人的违纪违章

人的违纪违章是指人的粗心大意、注意力不集中、不履行安全措施等不良行为，会对工程质量造成损害，甚至引起工程质量事故。所以，在使用人的问题上，应从思想素质、业务素质和身体素质等方面严格控制。

（二）对施工机械设备的控制

施工机械设备是工程建设不可缺少的设施，目前工程建设的施工进度和施工质量都与施工机械关系密切。因此，在施工阶段，必须对施工机械的性能、选型和使用操作等方面进行控制。

1. 机械设备的选型

机械设备的选型应因地制宜，按照技术先进、经济合理、生产适用、性能可靠、使用安全、操作和维修方便等原则来选择施工机械。

2. 机械设备的性能参数

机械设备的性能参数是选择机械设备的主要依据，为满足施工的需要，在参数选择上可适当留有余地，但不能选择超出需要很多的机械设备，否则容易造成经济上的不合理。

机械设备的性能参数很多,要综合各参数确定合适的施工机械设备。在这方面,要结合机械施工方案,择优选定机械设备;要严格把关,对不符合需要和有安全隐患的机械,不准进场。

3. 机械设备的使用、操作要求

合理使用机械设备、正确地进行操作是保证工程项目施工质量的重要环节,应贯彻"人机固定"的原则,实行定机、定人、定岗位的制度。操作人员必须认真执行各项规章制度,严格遵守操作规程,防止出现安全质量事故。

(三)对材料、构配件的质量控制

1. 材料质量控制的要点

(1)掌握材料信息,优选供货厂家。应掌握材料信息,优先选有信誉的厂家供货,对于主要材料、构配件在订货前必须经监理工程师论证同意后方可订货。

(2)合理组织材料供应。应协助承包商合理地组织材料采购、加工、运输、储备。尽量加快材料周转,按质按量,如期满足工程建设需要。

(3)合理使用材料,减少材料损失。

(4)加强材料检查验收。用于工程上的主要建筑材料,进场时必须具备正式的出厂合格证和材质化验单;否则,应作补检。工程中所有各种构配件,必须具有厂家批号和出厂合格证。

凡是标志不清或质量有问题的材料,对于质量保证资料有怀疑或与合同规定不相符的一般材料,应进行一定比例的材料试验,并需要追踪检验。对于进口的材料和设备以及重要工程或关键施工部位所用的材料,则应进行全面检验。

(5)重视材料的使用认证,以防错用或使用不当。

2. 材料质量控制的内容

1)材料质量的标准

材料质量的标准是用以衡量材料标准的尺度,并作为验收、检验材料质量的依据。其具体的材料标准指标可参见相关材料手册。

2)材料质量的检验、试验

材料质量检验的目的是通过一系列的检测手段,将取得的材料数据与材料的质量标准相比较,用以判断材料质量的可靠性。

(1)材料质量的检验方法:①书面检验。是通过对提供材料的质量保证资料、试验报告等进行审核,取得认可方能使用。②外观检验。是对材料从品种、规格、标志、外形尺寸等进行直观检查,看有无质量问题。③理化检验。是借助试验设备和仪器对材料样品的化学成分、机械性能等进行科学的鉴定。④无损检验。是在不破坏材料样品的前提下,利用超声波、X 射线、表面探伤仪等进行检测。

(2)材料质量的检验程度。材料质量检验程度分为免检、抽检和全部检查三种:①免检。是免去质量检验工序。对于有足够质量保证的一般材料,以及实践证明质量长期稳定而且质量保证资料齐全的材料可予以免检。②抽检。是按随机抽样的方法对材料抽样检验。若对材料的性能不清楚,对质量保证资料有怀疑,或对成批生产的构配件,均应按一定比例进行抽样检验。③全检。对进口的材料、设备和重要工程部位的材料,以及贵重的材料,应进行全部检验,以确保材料及工程质量。

(3)材料质量检验项目。通常可分为一般检验项目和其他检验项目。

(4)材料质量检验的取样。材料质量检验的取样必须具有代表性,也就是所取样品的质量应能代表该批材料的质量。在采取试样时,必须按规定的部位、数量及采选的操作要求进行。

(5)材料抽样检验的判断。抽样检验是对一批产品(个数为 M)根据一次抽取 N 个样品进行检验,用其结果来判断该批产品是否合格。

3. 材料的选择和使用要求

材料的选择不当和使用不正确会严重影响工程质量或造成工程质量事故。因此,在施工过程中,必须针对工程项目的特点和环境要求及材料的性能、质量标准、适用范围等多方面综合考察,慎重选择和使用材料。

(四)对方法的控制

对方法的控制主要是指对施工方案的控制,也包括对整个工程项目建设期内所采用的技术方案、工艺流程、组织措施、检测手段、施工组织设计等的控制。对于一个工程项目而言,施工方案恰当与否,直接关系到工程项目质量,关系到工程项目的成败,所以应重视对方法的控制。对方法的控制,在工程施工的不同阶段,其侧重点也不相同,但都是围绕确保工程项目质量这个纲进行的。

(五)对环境因素的控制

影响工程项目质量的环境因素很多,有工程技术环境、工程管理环境、劳动环境等。环境因素对工程质量的影响复杂而且多变,因此应根据工程特点和具体条件对影响工程质量的环境因素严格控制。

第二节　质量体系的建立与运行

一、施工阶段的质量控制

(一)质量控制的依据

施工阶段的质量管理及质量控制的依据大体上可分为两类,即共同性依据及专门技术法规性依据。

共同性依据是指那些适用于工程项目施工阶段与质量控制有关的、具有普遍指导意义和必须遵守的基本文件。主要有工程承包合同文件,设计文件,国家和行业现行的有关质量管理方面的法律、法规文件。

工程承包合同中分别规定了参与施工建设的各方在质量控制方面的权利和义务,并据此对工程质量进行监督和控制。

有关质量检验与控制的专门技术法规性依据是指针对不同行业、不同质量控制对象而制定的技术法规性文件,主要包括以下内容:

(1)已批准的施工组织设计。它是承包单位进行施工准备和指导现场施工的规划性、指导性文件,详细规定了工程施工的现场布置、人员设备的配置、作业要求、施工工序和工艺、技术保证措施、质量检查方法和技术标准等，是进行质量控制的重要依据。

(2)合同中引用的国家和行业的现行施工操作技术规范、施工工艺规程及验收规范。它是维护正常施工的准则，与工程质量密切相关，必须严格遵守执行。

(3)合同中引用的有关原材料、半成品、配件方面的质量依据。如水泥、钢材、骨料等有关产品技术标准，水泥、骨料、钢材等有关检验、取样、方法的技术标准，有关材料验收、包装、标志的技术标准。

(4)制造厂提供的设备安装说明书和有关技术标准。这是施工安装承包人进行设备安装必须遵循的重要技术文件，也是进行检查和控制质量的依据。

(二)质量控制的方法

施工过程中质量控制的方法主要有旁站检查、测量、试验等。

1. 旁站检查

旁站是指有关管理人员对重要工序(质量控制点)的施工所进行的现场监督和检查，以避免质量事故的发生。旁站也是驻地监理人员的一种主要现场检查形式。根据工程施工难度及复杂性，可采用全过程旁站、部分时间旁站两种方式。对容易产生缺陷的部位，或产生了缺陷难以补救的部位，以及隐蔽工程，应加强旁站检查。

在旁站检查中，必须检查承包人在施工中所用的设备、材料及混合料是否符合已批准的文件要求，检查施工方案、施工工艺是否符合相应的技术规范。

2. 测量

测量是对建筑物的尺寸控制的重要手段。应对施工放样及高程控制进行核查，不合格者不准开工。对模板工程、已完工程的几何尺寸、高程、宽度、厚度、坡度等质量指标，按规定要求进行测量验收，不符合规定要求的需进行返工。测量记录要事先经工程师审核签字后方可使用。

3. 试验

试验是工程师确定各种材料和建筑物内在质量是否合格的重要方法。所有工程使用的材料都必须事先经过材料试验，质量必须满足产品标准，并经工程师检查批准后方可使用。材料试验包括水源、粗骨料、沥青、土工织物等各种原材料，不同等级混凝土的配合比试验，外购材料及成品质量证明和必要的试验鉴定，仪器设备的校调试验，加工后的成品强度及耐用性检验，工程检查等。没有试验数据的工程不予验收。

(三)工序质量监控

1. 工序质量监控的内容

工序质量监控主要包括对工序活动条件的监控和对工序活动效果的监控。

(1)对工序活动条件的监控。所谓对工序活动条件监控就是指对影响工程生产因素进行的控制。工序活动条件的控制是工序质量控制的手段。尽管在开工前对生产活动条件已进行了初步控制，但在工序活动中有的条件还会发生变化，使其基本性能达不到检验指标，这正是生产过程产生质量不稳定的重要原因。因此，只有对工序活动条件进行控制，才能达到对工程或产品的质量性能特性指标的控制。工序活动条件包括的因素较多，要通过分析，分清影响工序质量的主要因素，抓住主要矛盾，逐渐予以调节，以达到质量控制的目的。

(2)工序活动效果的监控。主要反映在对工序产品质量性能的特征指标的控制上。通过对工序活动的产品采取一定的检测手段进行检验,根据检验结果分析、判断该工序活动的质量效果,从而实现对工序质量的控制,其步骤如下:①工序活动前的控制,主要要求人、材料、机械、方法或工艺、环境满足要求;②采用必要的手段和工具,对抽出的工序子样进行质量检验;③应用质量统计分析工具(如直方图、控制图、排列图等)对检验所得的数据进行分析,找出这些质量数据所遵循的规律;④根据质量数据分布规律的结果,判断质量是否正常;⑤若出现异常情况,寻找原因,找出影响工序质量的因素,尤其是那些主要因素,须采取对策和措施进行调整;⑥再重复前面的步骤,检查调整效果,直到满足要求为止。这样便可达到控制工序质量的目的。

2. 工序质量监控实施要点

对工序活动质量监控,首先应确定质量控制计划,它是以完善的质量监控体系和质量检查制度为基础的。一方面工序质量控制计划要明确规定质量监控的工作程序、流程和质量检查制度;另一方面需进行工序分析,在影响工序质量的因素中找出对工序质量产生影响的重要因素,进行主动的、预防性的重点控制。例如,在振捣混凝土这一工序中,振捣的插点和振捣时间是影响质量的主要因素,为此应加强现场监督并要求施工单位严格予以控制。

同时,在整个施工活动中,应采取连续的动态跟踪控制,通过对工序产品的抽样检验判定其产品质量波动状态,若工序活动处于异常状态,则应查出影响质量的原因,采取措施排除系统性因素的干扰,使工序活动恢复到正常状态,从而保证工序活动及其产品质量。此外,为确保工程质量,应在工序活动过程中设置质量控制点,进行预控。

3. 质量控制点的设置

质量控制点的设置是进行工序质量预防控制的有效措施。质量控制点是指为保证工程质量而必须控制的重点工序、关键部位、薄弱环节。应在施工前全面、合理地选择质量控制点,并对设置质量控制点的情况及拟采取的控制措施进行审核。必要时,应对质量控制实施过程进行跟踪检查或旁站监督,以确保质量控制点的施工质量。

设置质量控制点的对象,主要有以下几方面:

(1)关键的分项工程。如大体积混凝土工程、土石坝工程的坝体填筑、隧洞开挖工程等。

(2)关键的工程部位。如混凝土面板堆石坝面板趾板及周边缝的接缝,土基上水闸的地基基础,预制框架结构的梁板节点,关键设备的设备基础等。

(3)薄弱环节。指经常发生或容易发生质量问题的环节,或承包人无法把握的环节,或采用新工艺(材料)施工的环节等。

(4)关键工序。如钢筋混凝土工程的混凝土振捣,灌注桩钻孔,隧洞开挖的钻孔布置、方向、深度、用药量和填塞等。

(5)关键工序的关键质量特性。如混凝土的强度、耐久性,土石坝的干密度、黏性土的含水率等。

(6)关键质量特性的关键因素。如冬季混凝土强度的关键因素是环境(养护温度),支模的关键因素是支撑方法,泵送混凝土输送质量的关键因素是机械,墙体垂直度的关键因素是人等。

控制点的设置应准确、有效，因此究竟选择哪些作为控制点，需要由有经验的质量控制人员进行选择。一般可根据工程性质和特点来确定，表 6-1 列举出某些分部（分项）工程的质量控制点，可供参考。

表 6-1　质量控制点的设置

分部(分项)工程		质量控制点
建筑物定位		标准轴线桩、定位轴线、标高
地基开挖及清理		开挖部位的位置、轮廓尺寸、标高，岩石地基钻爆过程中的钻孔、装药量、起爆方式，开挖清理后的建基面，断层、破碎带、软弱夹层、岩溶的处理，渗水的处理
基础处理	基础灌浆、帷幕灌浆	造孔工艺、孔位、孔斜，岩心获得率，洗孔及压水情况，灌浆情况，灌浆压力、结束标准、封孔
	基础排水	造孔、洗孔工艺，孔口、孔口设施的安装工艺
	锚桩孔	造孔工艺锚桩材料质量、规格、焊接，孔内回填
混凝土生产	砂石料生产	毛料开采、筛分、运输、堆存，砂石料质量（杂质含量、细度模数、超逊径、级配）、含水率、骨料降温措施
	混凝土拌和	原材料的品种、配合比、称量精度，混凝土拌和时间、温度均匀性，拌和物的坍落度，温控措施（骨料冷却、加冰、加冰水），外加剂比例
混凝土浇筑	建基面清理	岩基面清理（冲洗、积水处理）
	模板、预埋件	位置、尺寸、标高、平整性、稳定性、刚度、内部清理，预埋件型号、规格、埋设位置、安装稳定性、保护措施
	钢筋	钢筋品种、规格、尺寸、搭接长度、焊接、根数、位置
	浇筑	浇筑层厚度、平仓、振捣、浇筑间歇时间、积水和泌水情况、埋设件保护、混凝土养护、混凝土表面平整度、麻面、蜂窝、露筋、裂缝、混凝土密实性、强度
土石料填筑	土石料	土料的黏粒含量、含水率，砾质土的粗粒含量、最大粒径，石料的粒径、级配、坚硬度、抗冻性
	土料填筑	防渗体与岩石面或混凝土面的结合处理、防渗体与砾质土、黏土地基的结合处理、填筑体的位置、轮廓尺寸、铺土厚度、铺填边线、土层接面处理、土料碾压、压实干密度
	石料砌筑	砌筑体位置、轮廓尺寸，石块重量、尺寸，表面顺直度、砌筑工艺、砌体密实度、砂浆配合比、强度
	砌石护坡	石块尺寸、强度、抗冻性、砌石厚度、砌筑方法、砌石孔隙率、垫层级配、厚度、孔隙率

4. 见证点、停止点的概念

在工程项目实施控制中，通常是由承包人在分项工程施工前制订施工计划时，就选定设置控制点，并在相应的质量计划中进一步明确哪些是见证点，哪些是停止点。所谓见证点和停止点，是国际上对于重要程度不同及监督控制要求不同的质量控制对象的一种区分方式。见证点监督也称为W点监督。凡是被列为见证点的质量控制对象，在规定的控制点施工前，施工单位应提前24 h通知监理人员在约定的时间内到现场进行见证并实施监督。若监理人员未按约定时间到场，施工单位有权对该点进行相应的操作和施工。停止点也称为待检查点或H点，它的重要性高于见证点，是针对那些由于施工过程或工序施工质量不易或不能通过其后的检验和试验而充分得到论证的"特殊过程"或"特殊工序"而言的。凡被列入停止点的控制点，要求必须在该控制点来临之前24 h通知监理人员到场实行监控，若监理人员未能在约定时间内到达现场，施工单位应停止该控制点的施工，并按合同规定等待监理方，未经认可不能超过该点继续施工，如水闸闸墩混凝土结构在钢筋架立之后，混凝土浇筑之前，可设置停止点。

在施工过程中，应加强旁站检查和现场巡查的监督检查，严格实施隐蔽工程工序间交接检查验收、工程施工预检等检查监督，严格执行对成品保护的质量检查。只有这样才能及早发现问题，及时纠正，防患于未然，确保工程质量，以免导致工程质量事故。

为了对施工期间的各分部(分项)工程的各工序质量实施严密、细致及有效的监督和控制，应认真地填写跟踪档案，即施工和安装记录。

(四)施工合同条件下的工程质量控制

工程施工是使业主及工程设计意图最终实现并形成工程实体的阶段，也是最终形成工程产品质量和工程项目使用价值的重要阶段。由此可见，施工阶段的质量控制不但是工程师的核心工作内容，也是工程项目质量控制的重点。

1. 质量检查(验)的职责和权力

施工质量检查(验)是建设各方质量控制必不可少的一项工作，它可以起到监督、控制质量，及时纠正错误，避免事故扩大，消除隐患等作用。

1)承包商质量检查(验)的职责

提交质量保证计划措施报告。保证工程施工质量是承包商的基本义务。承包商应按ISO 9000系列标准建立和健全所承包工程的质量保证计划，在组织上和制度上落实质量管理工作，以确保工程质量。

承包商质量检查(验)职责。根据合同规定和工程师的指示，承包商应对工程使用的材料和工程设备以及工程的所有部位及其施工工艺进行全过程的质量自检，并作质量检查(验)记录，定期向工程师提交工程质量报告。同时，承包商应建立一套全部工程的质量记录和报表，以便于工程师复核检验和日后发现质量问题时查找原因。当合同发生争议时，质量记录和报表还是重要的当时记录。

自检是检验的一种形式，它是由承包商自己来进行的。在合同环境下，承包商的自检包括班组的初检、施工队的复检、公司的终检。自检的目的不仅在于判定被检验实体的质量特性是否符合合同要求，更为重要的是其用于对施工过程的控制。因此，承包商的自检是质量检查(验)的基础,是控制质量的关键。为此,工程师有权拒绝对那些“三检”资料不完善或无“三检”资料的过程(工序)进行检验。

2)工程师的质量检查(验)权力

我国有关法律、法规规定:工程师在不妨碍承包商正常作业的情况下,可以随时对作业质量进行检查(验)。这表明工程师有权对全部工程的所有部位及其任何一项工艺、材料和工程设备进行检查和检验,并具有质量否决权。具体内容包括以下几个方面:

(1)复核材料和工程设备的质量及承包商提交的检查结果。

(2)对建筑物开工前的定位定线进行复核签证,未经工程师签认不得开工。

(3)对隐蔽工程和工程的隐蔽部位进行覆盖前的检查(验),上道工序质量不合格的不得进入下一道工序施工。

(4)对正在施工中的工程在现场进行质量跟踪检查(验),发现问题及时纠正等。

这里需要指出,承包商要求工程师进行检查(验)的意向,以及工程师要进行检查(验)的意向均应提前 24 h 通知对方。

2. 材料、工程设备的检查和检验

《水利水电土建工程施工合同条件》通用条款及技术条款规定材料和工程设备的采购分两种情况:承包商负责采购材料和工程设备;业主负责采购工程设备,承包商负责采购材料。

对材料和工程设备进行检查和检验时应区别对待以上两种情况。

1)材料和工程设备的检验和交货验收

对承包商采购的材料和工程设备,其产品质量承包商应对业主负责。材料和工程设备的检验和交货验收由承包商负责实施,并承担所需费用,具体做法是承包商会同工程师进行检验和交货验收,查验材质证明和产品合格证书。此外,承包商还应按合同规定进行材料的抽样检验和工程设备的检验测试,并将检验结果提交给工程师。工程师参加交货验收不能减轻或免除承包商在检验和验收中应负的责任。

对业主采购的工程设备,为了简化验交手续和重复装运,业主应将其采购的工程设备由生产厂家直接移交给承包商。为此,业主和承包商在合同规定的交货地点(如生产厂家、工地或其他合适的地方)共同进行交货验收,由业主正式移交给承包商。在交货验收过程中,业主采购的工程设备检验及测试由承包商负责,业主不必再配备检验及测试用的设备和人员,但承包商必须将其检验结果提交工程师,并由工程师复核签认检验结果。

2)工程师检查或检验

工程师和承包商应商定对工程所用的材料和工程设备进行检查和检验的具体时间和地点。通常情况下,工程师应到场参加检查或检验,如果在商定时间内工程师未到场参加检查或检验,且工程师无其他指示(如延期检查或检验),承包商可自行检查或检验,并立即将检查或检验结果提交给工程师。除合同另有规定外,工程师应在事后确认承包商提交的检查或检验结果。

对于承包商未按合同规定检查或检验材料和工程设备的,工程师指示承包商按合同规定补做检查或检验。此时,承包商应无条件地按工程师的指示和合同规定补做检查或检验,并应承担检查或检验所需的费用和可能带来的工期延误责任。

3)额外检验和重新检验

额外检验。在合同履行过程中,如果工程师需要增加合同中未作规定的检查或检验项目,工程师有权指示承包商增加额外检验,承包商应遵照执行,但应由业主承担额外检验的费用和工期延误责任。

重新检验。在任何情况下,如果工程师对以往的检验结果有疑问时,有权指示承包商进行再次检验即重新检验,承包商必须执行工程师的指示,不得拒绝。“以往检验结果”是指已按合同规定要求得到工程师的同意的结果,如果承包商的检验结果未得到工程师同意,则工程师指示承包商进行的检验不能称之为重新检验,应为合同内检测。

重新检验带来的费用增加和工期延误责任的承担视重新检验结果而定。如果重新检验结果证明这些材料、工程设备、工序不符合合同要求,则应由承包商承担重新检验的全部费用和工期延误责任;如果重新检验结果证明这些材料、工程设备、工序符合合同要求,则应由业主承担重新检验的费用和工期延误责任。

当承包商未按合同规定进行检查或检验,并且不执行工程师有关补做检查或检验指示和重新检验的指示时,工程师为了及时发现可能的质量隐患,减少可能造成的损失,可以指派自己的人员或委托其他人员进行检查或检验,以保证质量。此时,不论检查或检验结果如何,工程师因采取上述检查或检验补救措施而造成的工期延误和增加的费用均应由承包商承担。

4)不合格材料和工程设备的处理

禁止使用不合格材料和工程设备。工程使用的一切材料、工程设备均应满足合同规定的等级、质量标准和技术特性。工程师在工程质量的检查或检验中发现承包商使用了不合格材料和工程设备时,可以随时发出指示,要求承包商立即改正,并禁止在工程中继续使用这些不合格的材料和工程设备。

如果承包商使用了不合格材料和工程设备,其造成的后果应由承包商承担责任,承包商应无条件地按工程师指示进行补救。业主提供的工程设备经验收不合格的应由业主承担相应责任。

对不合格材料和工程设备的处理如下:

(1)如果工程师的检查或检验结果表明承包商提供的材料或工程设备不符合合同要求,工程师可以拒绝接收,并立即通知承包商。此时,承包商除立即停止使用外,应与工程师共同研究补救措施。如果在使用过程中发现不合格材料,工程师应视具体情况下达运出现场或降级使用的指示。

(2)如果检查或检验结果表明业主提供的工程设备不符合合同要求,承包商有权拒绝接收,并要求业主予以更换。

(3)如果因承包商使用了不合格材料和工程设备造成了工程损害,工程师可以随时发出指示,要求承包商立即采取措施进行补救,直至彻底清除工程的不合格部位及不合格材料和工程设备。

(4)如果承包商无故拖延或拒绝执行工程师的有关指示,则业主有权委托其他承包商执行该项指示,由此而造成的工期延误和增加的费用由承包商承担。

3. 隐蔽工程

隐蔽工程和工程隐蔽部位是指已完成的工作面经覆盖后将无法事后查看的任何工程部位和基础。由于隐蔽工程和工程隐蔽部位的特殊性及重要性,因此没有工程师的批准,工程的任何部分均不得覆盖或使之无法查看。

对于将被覆盖的部位和基础在进行下一道工序之前,首先由承包商进行自检,确认符合合同要求后,再通知工程师进行检查,工程师不得无故缺席或拖延,承包商通知时应考虑到工程师有足够的检查时间。工程师应按通知约定的时间到场进行检查,确认质量符合合同规定要求,并在检查记录上签字后,方能允许承包商进入下一道工序,进行覆盖。承包商在取得工程师的检查签证之前,不得以任何理由进行覆盖;否则,承包商应承担因补检而增加的费用和工期延误责任。如果由于工程师未及时到场检查,承包商因等待或延期检查而造成工期延误则承包商有权要求延长工期和赔偿其停工、窝工等损失。

4. 放线

1)施工控制网

工程师应在合同规定的期限内向承包商提供测量基准点、基准线和水准点及其书面资料。业主和工程师应对测量点、基准线和水准点的正确性负责。

承包商应在合同规定期限内完成测设自己的施工控制网,并将施工控制网资料报送工程师审批。承包商应对施工控制网的正确性负责。此外,承包商还应负责保管全部测量基准和控制网点。工程完工后,应将施工控制网点完好地移交给业主。

工程师为了监理工作的需要,可以使用承包商的施工控制网,并不为此另行支付费用。此时,承包商应及时提供必要的协助,不得以任何理由加以拒绝。

2)施工测量

承包商应负责整个施工过程中的全部施工测量放线工作,包括地形测量、放样测量、断面测量、支付收方测量和验收测量等,并应自行配置合格的人员、仪器、设备和其他物品。

承包商在施测前,应将施工测量措施报告报送工程师审批。

工程师应按合同规定对承包商的测量数据和放样成果进行检查。工程师认为必要时还可指示承包商在工程师的监督下进行抽样复测,并修正复测中发现的错误。

5. 完工和保修

1)完工验收

完工验收指承包商基本完成合同中规定的工程项目后,移交给业主接收前的交工验收,不是国家或业主对整个项目的验收。基本完成是指不一定要合同规定的工程项目全部完成,有些不影响工程使用的尾工项目,经工程师批准,可待验收后在保修期中去完成。

完工验收申请报告。当工程具备了下列条件,并经工程师确认,承包商即可向业主和工程师提交完工验收申请报告,并附上完工资料。

(1)除工程师同意可列入保修期完成的项目外,已完成了合同规定的全部工程项目。

(2)已按合同规定备齐了完工资料,包括工程实施概况和大事记,已完工程(含工程设备)清单,永久工程完工图,列入保修期完成的项目清单,未完成的缺陷修复清单,施工期观测资料,各类施工文件、施工原始记录等。

(3)已编制了在保修期内实施的项目清单和未修复的缺陷项目清单以及相应的施工措施计划。

工程师审核。工程师在接到承包商完工验收申请报告后的28 d内进行审核并作出决定，或者提请业主进行工程验收，或者通知承包商在验收前尚应完成的工作和对申请报告的异议。承包商应在完成工作后或修改报告后重新提交完工验收申请报告。

完工验收和移交证书。业主在接到工程师提请进行工程验收的通知后，应在收到完工验收申请报告后56 d内组织工程验收，并在验收通过后向承包商颁发移交证书。移交证书上应注明由业主、承包商、工程师协商核定的工程实际完工日期。此日期是计算承包商完工工期的依据，也是工程保修期的开始。从颁发移交证书之日起，照管工程的责任即应由业主承担，且在此后14 d内，业主应将保留金总额的50%退还给承包商。

分阶段验收和施工期运行。水利工程中分阶段验收有两种情况：第一种情况是在全部工程验收前，某些单位工程如船闸、隧洞等已完工，经业主同意可先行单独进行验收，通过后颁发单位工程移交证书，由业主先接管该单位工程。第二种情况是业主根据合同进度计划的安排，需提前使用尚未全部建成的工程，如大坝工程达到某一特定高程可以满足初期发电时，可对该部分工程进行验收，以满足初期发电要求。验收通过应签发临时移交证书。工程未完成部分仍由承包商继续施工。对通过验收的部分工程由于在施工期运行而使承包商增加了修复缺陷的费用，业主应给予适当的补偿。

业主拖延验收。若业主在收到承包商完工验收申请报告后，不及时进行验收，或在验收通过后无故不颁发移交证书的，业主应从承包商发出完工验收申请报告56 d后的次日起承担照管工程的费用。

2)工程保修

保修期(FIDIC条款中称为缺陷通知期)。工程移交前，虽然已通过验收，但是还未经过运行的考验，而且还可能有一些尾工项目和修补缺陷项目未完成，所以还必须有一段时间用来检验工程的正常运行，这就保修期。水利工程保修期一般为一年，从移交证书中注明的全部工程完工日期开始算起。在全部工程完工验收前，业主已提前验收的单位工程或部分工程，若未投入正常运行，其保修期仍按全部工程完工日期算起；若验收后投入正常运行，其保修期应从该单位工程或部分工程移交证书上注明的完工日期算起。

保修责任。在保修期内，承包商应负责修复完工资料中未完成的缺陷修复清单所列的全部项目。保修期内若发现新的缺陷和损坏，或原修复的缺陷又遭损坏，承包商应负责修复。至于修复费用由谁承担，需视缺陷和损坏的原因而定。由于承包商或其他承包商的原因在施工中所造成的隐患，应由承包商承担；若由于业主使用不当或业主因其他原因所导致的损坏则由业主承担。

保修责任终止证书(FIDIC条款中称为履约证书)。在全部工程保修期满，且承包商不遗留任何尾工项目和缺陷修补项目时，业主或授权工程师应在28 d内向承包商颁发保修责任终止证书。

保修责任终止证书的颁发表明承包商已履行了保修期的义务，工程师对其满意；也表明了承包商已按合同规定完成了全部工程的施工任务，业主接受了整个工程项目。但此时合同双方的财务账目尚未结清，可能有些争议还未解决，故并不意味着合同已履行结束。

3）清理现场与撤离

圆满完成清场工作是承包商进行文明施工的一个重要标志。一般而言，在工程移交证书颁发前，承包商应按合同规定的工作内容对工地进行彻底清理，以便业主使用已完成的工程。经业主同意后也可留下部分清场工作在保修期满前完成。

承包商应按下列工作内容对工地进行彻底清理，并经工程师检验合格为止：

工程范围内残留的垃圾已全部焚毁、掩埋或清除出场。

临时工程已按合同规定拆除，场地已按合同要求清理和平整。

承包商设备和剩余的建筑材料已按计划撤离工地，废弃的施工设备和材料已清除。

施工区内的永久道路和永久建筑物周围的排水沟道均已按合同图纸要求和工程师指示进行疏通和修整。

主体工程建筑物附近及其上、下游河道中的施工堆积场已按工程师的指示予以清理。

此外，在全部工程的移交证书颁发后 42 d 内，除经工程师同意，由于保修期工作需要留下部分承包商人员、施工设备和临时工程外，承包商的队伍应撤离工地，并做好环境恢复工作。

二、全面质量管理

全面质量管理（Total Quality Management，简称 TQM）是企业管理的中心环节，是企业管理的纲，它和企业的经营目标是一致的。这就要求将企业的生产经营管理和质量管理有机地结合起来。

（一）全面质量管理的基本概念

全面质量管理是以组织全员参与为基础的质量管理模式，它代表了质量管理的最新阶段，最早起源于美国，菲根堡姆指出：全面质量管理是为了能够在最经济的水平上，并充分考虑到满足用户的要求的条件下进行市场研究、设计、生产和服务，把企业内各部门研制质量、维持质量和提高质量的活动构成为一体的一种有效体系。他的理论经过世界各国的继承和发展，得到了进一步的扩展和深化。1994 年版 ISO 9000 族标准中对全面质量管理的定义是：一个组织以质量为中心，以全员参与为基础，目的在于通过让顾客满意和本组织所有成员及社会受益而达到长期成功的管理途径。

（二）全面质量管理的基本要求

1. 全过程的管理

任何一个工程（和产品）的质量都有一个产生、形成和实现的过程；整个过程由多个相互联系、相互影响的环节组成，每一环节都或重或轻地影响着最终的质量状况。因此，要搞好工程质量管理，必须把形成质量的全过程和有关因素控制起来，形成一个综合的管理体系，做到以防为主、防检结合、重在提高。

2. 全员的质量管理

工程（产品）的质量是企业各方面、各部门、各环节工作质量的反映。每一环节、每一个人的工作质量都会不同程度地影响着工程（产品）的最终质量。工程质量人人有责，只有人人都关心工程的质量，做好本职工作，才能生产出好质量的工程。

3. 全企业的质量管理

全企业的质量管理一方面要求企业各管理层次都要有明确的质量管理内容，各层次的侧重点要突出，每个部门应有自己的质量计划、质量目标和对策，层层控制；另一方面就是要把分散在各部门的质量职能发挥出来。如水利工程中的“三检制”就充分反映了这一观点。

4. 多方法的管理

影响工程质量的因素越来越复杂：既有物质因素，又有人为因素；既有技术因素，又有管理因素；既有内部因素，又有企业外部因素。要搞好工程质量，就必须把这些影响因素控制起来，分析它们对工程质量的不同影响。灵活运用各种现代化管理方法来解决工程质量问题。

（三）全面质量管理的基本指导思想

1. 质量第一、以质量求生存

任何产品都必须达到所要求的质量水平，否则就没有或未实现其使用价值，从而给消费者、社会带来损失。从这个意义上讲，质量必须是第一位的。贯彻“质量第一”就要求企业全员，尤其是领导层要有强烈的质量意识；要求企业在确定质量目标时，首先应根据用户或市场的需求，科学地确定质量目标，并安排人力、物力、财力予以保证。当质量与数量、社会效益与企业效益、长远利益与眼前利益发生矛盾时，应把质量、社会效益和长远利益放在首位。

“质量第一”并非“质量至上”。质量不能脱离当前的市场水准，也不能不问成本一味地讲求质量。应该重视质量成本的分析，把质量与成本加以统一，确定最适合的质量。

2. 用户至上

在全面质量管理中，这是一个十分重要的指导思想。“用户至上”就是要树立以用户为中心，为用户服务的思想。要使产品质量和服务质量尽可能满足用户的要求。产品质量的好坏最终应以用户的满意程度为标准。这里所说的用户是广义的，不仅指产品出厂后的直接用户，而且指在企业内部下道工序是上道工序的用户。如混凝土工程中，模板工程的质量直接影响混凝土浇筑这一下道关键工序的质量。每道工序的质量不仅影响下道工序的质量，也会影响工程进度和费用。

3. 质量是设计、制造出来的，而不是检验出来的

在生产过程中，检验是重要的，它可以起到不允许不合格品出厂的把关作用，同时还可以将检验信息反馈到有关部门。但影响产品质量好坏的真正原因并不在检验，而主要在于设计和制造。设计质量是先天性的，在设计的时候就已经决定了质量的等级和水平，而制造只是实现了设计质量，是符合性质量。二者不可偏废，都应重视。

4. 强调用数据说话

强调用数据说话就是要求在全面质量管理工作中具有科学的工作作风，在研究问题时不能满足于一知半解和表面，对问题不仅要有定性分析还尽量要有定量分析，做到心中有“数”，这样可以避免主观盲目性。

在全面质量管理中广泛采用了各种统计方法和工具，其中用得最多的有七种，即因果图、排列图、直方图、相关图、控制图、分层法和调查表。常用的数理统计方法有回归分析、

方差分析、多元分析、试验分析、时间序列分析等。

5. 突出人的积极因素

从某种意义上讲，在开展质量管理活动过程中，人是最积极、最重要的因素。与质量检验阶段和统计质量控制阶段相比较，全面质量管理阶段格外强调调动人的积极因素的重要性。这是因为现代化生产多为大规模系统，环节众多，联系密切复杂，远非单纯靠质量检验或统计方法就能奏效的。必须调动人的积极因素，加强质量意识，发挥人的主观能动性，以确保产品及服务质量。全面质量管理的特点之一就是全体人员参加的管理。"质量第一，人人有责"。

要提高质量意识，调动人的积极因素，一靠教育、二靠规范，需要通过教育培训和考核，同时还要依靠有关质量的立法以及必要的行政手段等各种激励及处罚措施。

（四）全面质量管理的工作原则

1. 预防原则

在企业的质量管理工作中，要认真贯彻预防为主的原则，凡事要防患于未然。在产品制造阶段应该采用科学方法对生产过程进行控制，尽量把不合格品消灭在发生之前。在产品的检验阶段，不论是对最终产品还是在制品，都要及时反馈质量信息并认真处理。

2. 经济原则

全面质量管理强调质量，但无论质量保证的水平或预防不合格的深度都是没有止境的，必须考虑经济性，建立合理的经济界限，这就是所谓的经济原则。因此，在产品设计制定质量标准时，在生产过程进行质量控制时，在选择质量检验方式为抽样检验或全数检验时，都必须考虑其经济效益。

3. 协作原则

协作是大生产的必然要求。生产和管理分工越细，就越要求协作。一个具体单位的质量问题往往涉及到许多部门，而无良好的协作是很难解决的。因此，强调协作是全面质量管理的一条重要原则，也反映了系统科学全局观点的要求。

4. 按照 PDCA 循环组织活动

PDCA 循环是质量体系活动所应遵循的科学工作程序，周而复始，内外嵌套，循环不已，以求质量不断提高。

（五）全面质量管理的运转方式

质量保证体系运转方式是按照计划（P）、执行（D）、检查（C）、处理（A）的管理循环进行的。它包括四个阶段和八个工作步骤。

1. 四个阶段

（1）计划阶段。按使用者要求，根据具体生产技术条件，找出生产中存在的问题及其原因，拟订生产对策和措施计划。

（2）执行阶段。按预定对策和生产措施计划组织实施。

（3）检查阶段。对生产成品进行必要的检查和测试，即把执行的工作结果与预定目标对比，检查执行过程中出现的情况和问题。

（4）处理阶段。把经过检查发现的各种问题及用户意见进行处理。凡符合计划要求的予以肯定，成文标准化；对不符合设计要求和不能解决的问题，转入下一循环以进一步研究解决。

2. 八个步骤

(1)分析现状,找出问题,不能凭印象和表面作判断,结论要用数据表示。

(2)分析各种影响因素。要把可能因素一一加以分析。

(3)找出主要影响因素。要努力找出主要因素进行剖析,才能改进工作,提高产品质量。

(4)研究对策。针对主要因素拟订措施,制订计划,确定目标。

以上四个步骤属(P)阶段工作内容。

(5)执行措施为(D)阶段的工作内容。

(6)检查工作成果。对执行情况进行检查,找出经验教训,为(C)阶段的工作内容。

(7)巩固措施,制定标准,把成熟的措施定成标准(规程、细则),形成制度。

(8)遗留问题转入下一个循环。

以上步骤(7)和步骤(8)为(A)阶段的工作内容。PDCA 管理循环的工作程序如图 6-1所示。

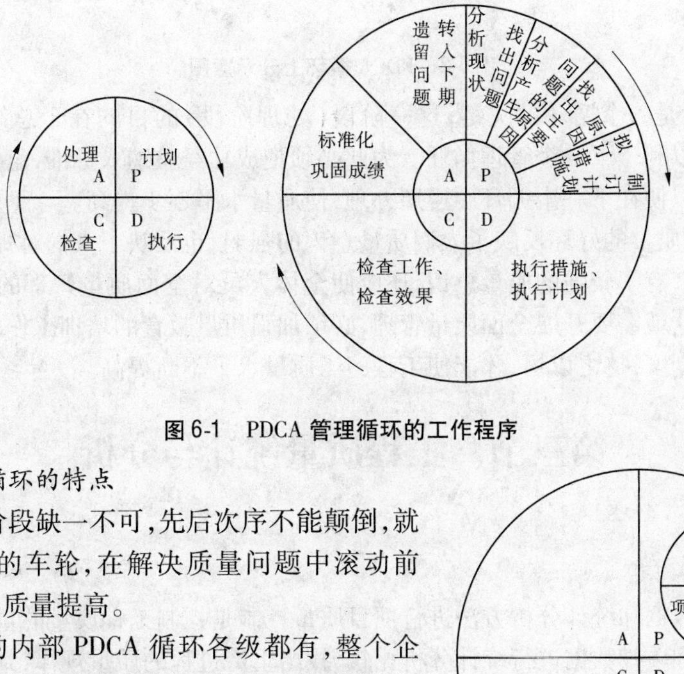

图 6-1　PDCA 管理循环的工作程序

3. PDCA 循环的特点

(1)四个阶段缺一不可,先后次序不能颠倒,就好像一只转动的车轮,在解决质量问题中滚动前进,逐步使产品质量提高。

(2)企业的内部 PDCA 循环各级都有,整个企业是一个大循环,企业各部门又有自己的循环,如图 6-2 所示。大循环是小循环的依据,小循环又是大循环的具体和逐级贯彻落实的体现。

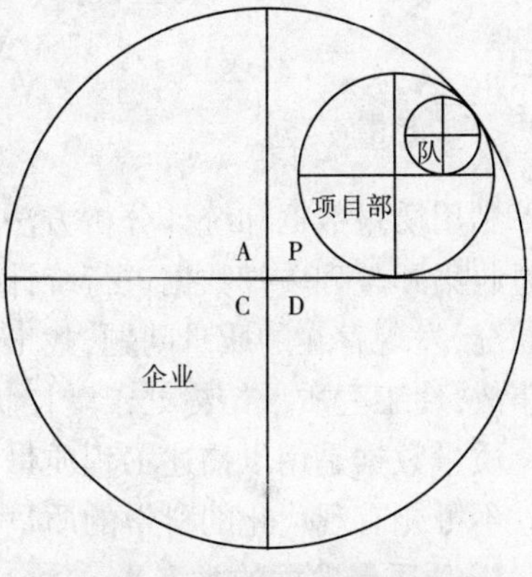

图 6-2　PDCA 循环运转示意图

(3)PDCA 循环不是在原地转动,而是在转动中前进。每个循环结束,质量便提高一步。图 6-3 为循环上升示意图,它表明每一个 PDCA 循环都不是在原地周而复始地转动,而是像爬楼梯那样,每转一个循环都有新的目标和内容。这就意味着前进了一步,从原有水平上升到了新的水平,每经过一次循环,也就解决了一批问题,质量水平就有新的提高。

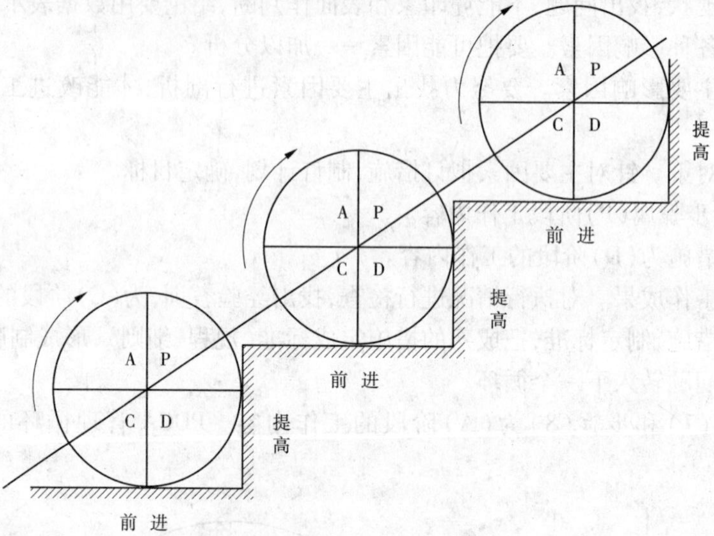

图 6-3　PDCA 循环上升示意图

(4)A 阶段是一个循环的关键,这一阶段(处理阶段)的目的在于总结经验,巩固成果,纠正错误,以利于下一个管理循环。为此必须把成功经验纳入标准,定为规程,使之标准化、制度化,以便在下一个循环中遵照办理,使质量水平逐步提高。

必须指出,质量的好坏反映了人们质量意识的强弱,也反映了人们对提高产品质量意义的认识水平。有了较强的质量意识,还应使全体人员对全面质量管理的基本思想和方法有所了解。这就需要开展全面质量管理,必须加强质量教育的培训工作,贯彻执行质量责任制并形成制度,持之以恒,才能使工程施工质量水平不断提高。

第三节　工程质量统计与分析

一、质量数据

利用质量数据和统计分析方法进行项目质量控制是控制工程质量的重要手段。通常通过收集和整理质量数据进行统计分析比较,找出生产过程的质量规律,判断工程产品质量状况,发现存在的质量问题,找出引起质量问题的原因,并及时采取措施,预防和纠正质量事故,使工程质量始终处于受控状态。

质量数据是用以描述工程质量特征性能的数据,是进行质量控制的基础,没有质量数据就不可能有现代化的科学的质量控制。

(一)质量数据的类型

质量数据按其自身特征,可分为计量值数据和计数值数据;按其收集目的又可分为控制性数据和验收性数据。

(1)计量值数据。是可以连续取值的连续型数据。如长度、重量、面积、标高等质量特征,一般都是可以用量测工具或仪器等量测的,一般都带有小数。

(2)计数值数据。是不连续的离散型数据。如不合格产品数、不合格的构件数等,这些反映质量状况的数据是不能用量测器具来度量的,采用计数的办法,只能出现0、1、2等非负数的整数。

(3)控制性数据。一般以工序作为研究对象,是为分析、预测施工过程是否处于稳定状态而定期随机地抽样检验获得的质量数据。

(4)验收性数据。是以工程的最终实体内容为研究对象,以分析、判断其质量是否达到技术标准或用户的要求,而采取随机抽样检验获取的质量数据。

(二)质量数据的波动及其原因

在工程施工过程中经常可看到在相同的设备、原材料、工艺及操作人员条件下,生产的同一种产品的质量不同,反映在质量数据上,即具有波动性,其影响因素有偶然性因素和系统性因素两大类。偶然性因素引起的质量数据波动属于正常波动,偶然因素是无法或难以控制的因素,所造成的质量数据的波动量不大,没有倾向性,作用是随机的,工程质量只有偶然因素影响时,生产才处于稳定状态。由系统因素造成的质量数据波动属于异常波动,系统因素是可控制、易消除的因素,这类因素不经常发生,但具有明显的倾向性,对工程质量的影响较大。

质量控制的目的就是要找出出现异常波动的原因,即系统性因素是什么,并加以排除,使质量只受随机性因素的影响。

(三)质量数据的收集

质量数据的收集总的要求应当是随机地抽样,即整批数据中每一个数据都有被抽到的相同机会。常用的方法有随机法、系统抽样法、二次抽样法和分层抽样法。

(四)样本数据特征

为了进行统计分析和运用特征数据对质量进行控制,经常要使用许多统计特征数据。统计特征数据主要有均值、中位数、极值、极差、标准偏差、变异系数,其中均值、中位数表示数据集中的位置;极差、标准偏差、变异系数表示数据的波动情况,即分散程度。

二、质量控制的统计方法

通过对质量数据的收集、整理和统计分析,找出质量的变化规律和存在的质量问题,提出进一步的改进措施,这种运用数学工具进行质量控制的方法是所有涉及质量管理的人员所必须掌握的,它可以使质量控制工作定量化和规范化。下面介绍几种在质量控制中常用的数学工具及方法。

(一)直方图法

1.直方图的用途

直方图又称频率分布直方图,它们将产品质量频率的分布状态用直方图形来表示,根据直方图形的分布形状及与公差界限的距离来观察、探索质量分布规律,分析和判断整个生产过程是否正常。

利用直方图可以制定质量标准,确定公差范围,可以判明质量分布情况是否符合标准的要求。

2. 直方图的分析

直方图有以下几种类型,见图 6-4。

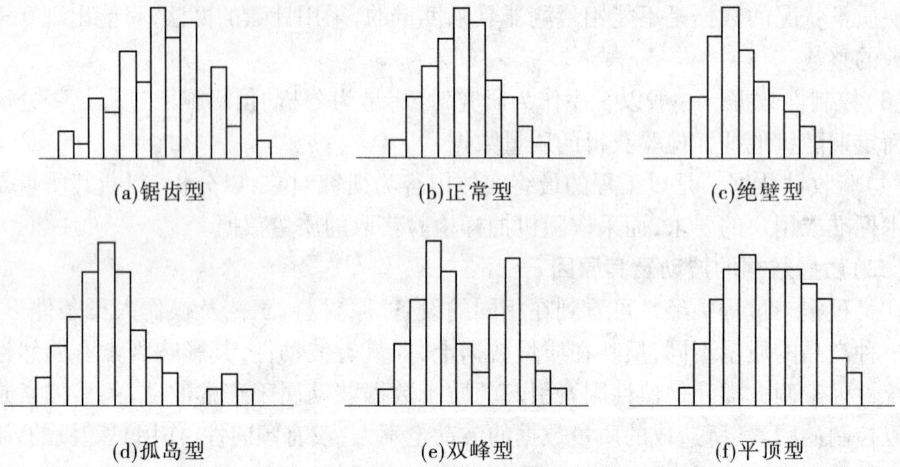

图 6-4 直方图类型

(1)锯齿型。原因一般是分组不当或组距确定不当,如图 6-4(a)所示。

(2)正常型。说明生产过程正常,质量稳定,如图 6-4(b)所示。

(3)绝壁型。一般是剔除下限以下的数据造成的,如图 6-4(c)所示。

(4)孤岛型。一般是材质发生变化或他人临时替班造成的,如图 6-4(d)所示。

(5)双峰型。把两种不同的设备或工艺的数据混在一起造成的,如图 6-4(e)所示。

(6)平顶型。生产过程中有缓慢变化的因素起主导作用,如图 6-4(f)所示。

3. 注意事项

(1)直方图是属于静态的,不能反映质量的动态变化。

(2)画直方图时,数据不能太少,一般应大于 50 个数据,否则画出的直方图难以正确反映总体的分布状态。

(3)直方图出现异常时,应注意将收集的数据分层,然后再画出直方图。

(4)直方图呈正态分布时,可求平均值和标准差。

(二)排列图法

排列图法又称巴雷特法、主次排列图法,是分析影响质量主要问题的有效方法,将众多的因素进行排列,主要因素就一目了然了,如图 6-5 所示。

排列图法由一个横坐标、两个纵坐标、几个长方形和一条曲线组成。左侧的纵坐标是频数或件数,右侧的纵坐标是累计频率,横坐标则是项目或因素,按项目频数大小顺序在横轴上自左至右画长方形,其高度为频数,再根据右侧的纵坐标画出累计频率曲线,该曲线也称巴雷特曲线。

(三)因果分析图法

因果分析图也叫鱼刺图、树枝图,这是一种逐步深入研究和讨论质量问题的图示方法。在工程建设过程中,任何一种质量问题的产生一般都是由多种原因造成的,这些原因

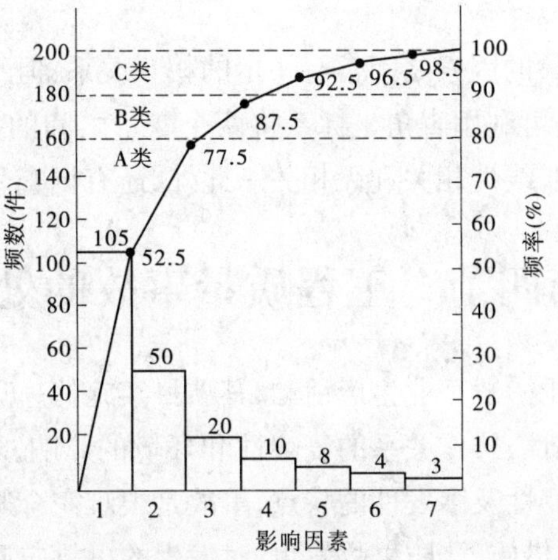

图 6-5　排列图

有大有小，把这些原因按照大小顺序分别用主干、大枝、中枝、小枝来表示，这样就可一目了然地观察出导致质量问题的原因，并以此为据制定相应对策，如图 6-6 所示。

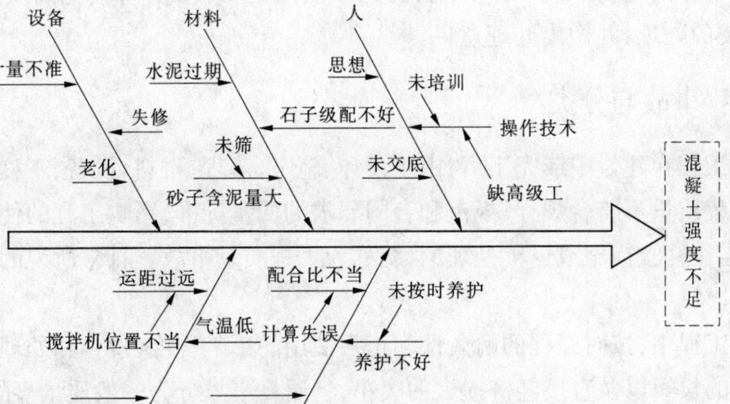

图 6-6　因果分析图

（四）管理图法

管理图也称控制图，它是反映生产过程随时间变化而变化的质量动态，即反映生产过程中各个阶段质量波动状态的图形，如图 6-7 所示。管理图利用上下控制界限，将产品质量特性控制在正常波动范围内，一旦有异常反应，通过管理图就可以发现，并及时处理。

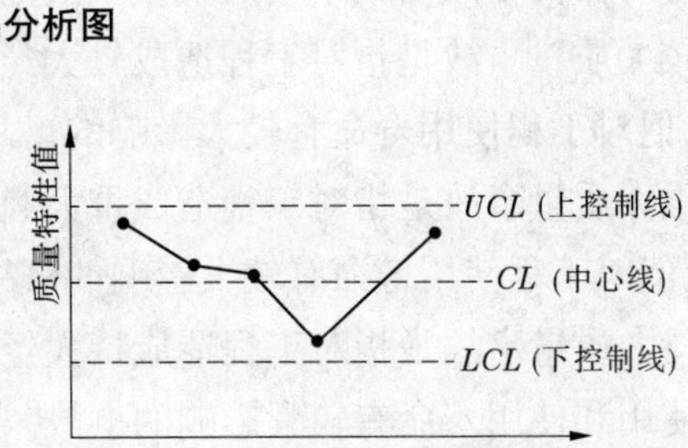

图 6-7　控制图

(五)相关图法

产品质量与影响质量的因素之间常有一定的相互关系,但不一定是严格的函数关系,这种关系称为相关关系,可利用直角坐标系将两个变量之间的关系表达出来。相关图的形式有正相关、负相关、非线性相关和无相关。此外,还有调查表法、分层法等。

第四节　工程质量事故的处理

工程建设项目不同于一般工业生产活动,其项目实施的一次性、生产组织特有的流动性和综合性、劳动的密集性、协作关系的复杂性和环境的影响,均导致建筑工程质量事故具有复杂性、严重性、可变性及多发性的特点,事故是很难完全避免的。因此,必须加强组织措施、经济措施和管理措施,严防事故发生,对发生的事故应调查清楚,按有关规定进行处理。

需要指出的是,不少事故开始时经常只被认为是一般的质量缺陷,容易被忽视。随着时间的推移,待认识到这些质量缺陷问题的严重性时,则往往处理困难,或难以补救,或导致建筑物失事。因此,除了明显的不会有严重后果的缺陷外,对其他的质量问题均应分析,进行必要的处理,并做出处理意见。

一、工程事故与分类

凡水利工程在建设中或完工后,由于设计、施工、监理、材料、设备、工程管理和咨询等方面造成工程质量不符合规程、规范和合同要求的质量标准,影响工程的使用寿命或正常运行,一般需作补救措施或返工处理的,统称为工程质量事故。日常所说的事故大多指施工质量事故。

在水利工程中,按对工程的耐久性和正常使用的影响程度,检查和处理质量事故对工期影响时间的长短以及直接经济损失的大小,将质量事故分为一般质量事故、较大质量事故、重大质量事故和特大质量事故。

一般质量事故是指对工程造成一定的经济损失,经处理后不影响正常使用、不影响工程使用寿命的事故。小于一般质量事故的统称为质量缺陷。

较大质量事故是指对工程造成较大经济损失或延误较短工期,经处理后不影响正常使用,但对工程使用寿命有较大影响的事故。

重大质量事故是指对工程造成重大经济损失或延误较长工期,经处理后不影响正常使用,但对工程使用寿命有较大影响的事故。

特大质量事故是指对工程造成特大经济损失或长时间延误工期,经处理后仍对工程正常使用和使用寿命有较大影响的事故。

如《水利工程质量事故处理暂行规定》规定:一般质量事故,它的直接经济损失在20万~100万元,事故处理的工期在一个月内,且不影响工程的正常使用与寿命。一般建筑工程对事故的分类略有不同,主要表现在经济损失大小的规定。

二、工程事故的处理方法

(一)事故发生的原因

工程质量事故发生的原因很多,最基本的还是人、机械、材料、工艺和环境几方面。一般可分为直接原因和间接原因两类。

直接原因主要有人的行为不规范和材料、机械的不符合规定状态。如设计人员不按规范设计、监理人员不按规范进行监理、施工人员违反操作规程等,属于人的行为不规范;又如水泥、钢材等某些指标不合格,属于材料不符合规定状态。

间接原因是指质量事故发生地的环境条件,如施工管理混乱,质量检查监督失职,质量保证体系不健全等。间接原因往往导致直接原因的发生。

事故原因也可从工程建设的参建各方来寻查,业主、监理、设计、施工和材料、机械、设备供应商的某些行为或各种方法也会造成质量事故。

(二)事故处理的目的

工程质量事故分析与处理的目的主要是正确分析事故原因,防止事故恶化;创造正常的施工条件;排除隐患,预防事故发生;总结经验教训,区分事故责任;采取有效的处理措施,尽量减少经济损失,保证工程质量。

(三)事故处理的原则

质量事故发生后,应坚持"三不放过"的原则,即事故原因不查清不放过,事故主要责任人和职工未受到教育不放过,补救措施不落实不放过。

发生质量事故,应立即向有关部门(业主、监理单位、设计单位和质量监督机构等)汇报,并提交事故报告。

由质量事故而造成的损失费用,坚持事故责任是谁就由谁承担的原则。若责任在施工承包商,则事故分析与处理的一切费用由承包商自己负责;施工中事故责任不在承包商,则承包商可依据合同向业主提出索赔;若事故责任在设计或监理单位,应按照有关合同条款给予相关单位必要的经济处罚;构成犯罪的,移交司法机关处理。

(四)事故处理的程序及方法

事故处理的程序是:①下达工程施工暂停令;②组织调查事故;③事故原因分析;④事故处理与检查验收;⑤下达复工令。

事故处理的方法有两大类:

(1)修补。适合于通过修补可以不影响工程的外观和正常使用的质量事故。此类事故是施工中多发的。

(2)返工。这类事故是严重违反规范或标准,影响工程使用和安全,且无法修补的,必须返工。

有些工程质量问题,虽严重超过了规程、规范的要求,已具有质量事故的性质,但可针对工程的具体情况,通过分析论证,不需作专门处理,但要记录在案。如混凝土蜂窝、麻面等缺陷,可通过涂抹、打磨等方式处理;由于欠挖或模板问题使结构断面被削弱,经设计复核验算仍能满足承载要求的,也可不作处理,但必须记录在案,并有设计单位和监理单位的鉴定意见。

第五节　工程质量评定与验收

一、工程质量评定

(一)质量评定的意义

工程质量评定,是依据国家或部门统一制定的现行标准和方法,对照具体施工项目的质量结果,确定其质量等级的过程。水利工程按《水利水电工程施工质量检验与评定规程》(SL 176—2007)(以下简称《检验与评定规程》)执行。其意义在于统一评定标准和方法,正确反映工程的质量,使之具有可比性;同时也考核企业等级和技术水平,促进施工企业提高质量。

工程质量评定以单元工程质量评定为基础,其评定的先后次序是单元工程、分部工程和单位工程。

工程质量的评定在施工单位(承包商)自评的基础上,由建设(监理)单位复核,报政府质量监督机构核定。

(二)评定依据

(1)国家与水利水电部门有关行业规程、规范和技术标准。

(2)经批准的设计文件、施工图纸、设计修改通知、厂家提供的设备安装说明书及有关技术文件。

(3)工程合同采用的技术标准。

(4)工程试运行期间的试验及观测分析成果。

(三)评定标准

1. 单元工程质量评定标准

单元工程质量等级按《检验与评定规程》进行。当单元工程质量达不到合格标准时,必须及时处理,其质量等级按如下确定:①全部返工重做的,可重新评定等级。②经加固补强并经过鉴定能达到设计要求的,其质量只能评定为合格。③经鉴定达不到设计要求,但建设(监理)单位认为能基本满足安全和使用功能要求的,可不补强加固;或经补强加固后,改变外形尺寸或造成永久缺陷的,经建设(监理)单位认为能基本满足设计要求的,其质量可按合格处理。

2. 分部工程质量评定标准

分部工程质量合格的条件是:①单元工程质量全部合格;②中间产品质量及原材料质量全部合格,金属结构及启闭机制造质量合格,机电产品质量合格。

优良的条件是:①单元工程质量全部合格,其中有 50% 以上达到优良,主要单元工程、重要隐蔽工程及关键部位的单位工程质量优良,且未发生过质量事故;②中间产品质量全部合格,其中混凝土拌和物质量达到优良,原材料质量、金属结构及启闭机制造质量合格,机电产品质量合格。

3. 单位工程质量评定标准

单位工程质量合格的条件是:①分部工程质量全部合格;②中间产品质量及原材料质

量全部合格，金属结构及启闭机制造质量合格，机电产品质量合格；③外观质量得分率达70%以上；④施工质量检验资料基本齐全。

单位工程质量优良的条件是：①分部工程质量全部合格，其中有50%以上达到优良，主要分部工程质量优良，且未发生过重大质量事故；②中间产品质量全部合格，其中混凝土拌和物质量达到优良，原材料质量、金属结构及启闭机制造质量合格，机电产品质量合格；③外观质量得分率达85%以上；④施工质量检验资料齐全。

4. 工程质量评定标准

单位工程质量全部合格，工程质量可评为合格；若其中50%以上的单位工程优良，且主要建筑物单位工程质量优良，则工程质量可评优良。

二、工程质量验收

（一）概述

工程验收是在工程质量评定的基础上，依据一个既定的验收标准，采取一定的手段来检验工程产品的特性是否满足验收标准的过程。水利工程验收分为分部工程验收、阶段验收、单位工程验收和竣工验收。按照验收的性质，可分为投入使用验收和完工验收。

工程验收的目的是检查工程是否按照批准的设计进行建设；检查已完工程在设计、施工、设备制造安装等方面的质量，并对验收遗留问题提出处理要求；检查工程是否具备运行或进行下一阶段建设的条件；总结工程建设中的经验教训，并对工程作出评价；及时移交工程，尽早发挥投资效益。

工程验收的依据是有关法律、规章和技术标准，主管部门有关文件，批准的设计文件及相应设计变更、修改的设计文件，施工合同，监理签发的施工图纸和说明，设备技术说明书等。当工程具备验收条件时，应及时组织验收。未经验收或验收不合格的工程不得交付使用或进行后续工程施工。验收工作应相互衔接，不应重复进行。

工程进行验收时必须要有质量评定意见，阶段验收和单位工程验收应有水利工程质量监督单位的工程质量评价意见；竣工验收必须有水利工程质量监督单位的工程质量评定报告，竣工验收委员会在其基础上鉴定工程质量等级。

（二）工程验收的主要工作

1. 分部工程验收的主要工作

分部工程验收应具备的条件是该分部工程的所有单元工程已经完建且质量全部合格。分部工程验收的主要工作：鉴定工程是否达到设计标准，按现行国家或行业技术标准评定工程质量等级，对验收遗留问题提出处理意见。分部工程验收的图纸、资料和成果是竣工验收资料的组成部分。

2. 阶段验收的主要工作

根据工程建设需要，当工程建设达到一定关键阶段（如基础处理完毕、截流、水库蓄水、机组启动、输水工程通水等）时，应进行阶段验收。阶段验收的主要工作：检查已完工程的质量和形象面貌；检查在建工程建设情况；检查待建工程的计划安排和主要技术措施落实情况，以及是否具备施工条件；检查拟投入使用工程是否具备运用条件；对验收遗留问题提出处理要求。

3. 完工验收的主要工作

完工验收应具备的条件是所有分部工程已经完建并验收合格。完工验收的主要工作:检查工程是否按批准设计完成;检查工程质量,评定质量等级,对工程缺陷提出处理要求;对验收遗留问题提出处理要求;按照合同规定,施工单位向项目法人移交工程。

4. 竣工验收的主要工作

工程在投入使用前必须通过竣工验收。竣工验收应在全部工程完建后 3 个月内进行。进行验收确有困难的,经工程验收主持单位同意,可以适当延长期限。竣工验收应具备以下条件:①工程已按批准设计规定的内容全部建成;②各单位工程能正常运行;③历次验收所发现的问题已基本处理完毕;④归档资料符合工程档案资料管理的有关规定;⑤工程建设征地补偿及移民安置等问题已基本处理完毕,工程主要建筑物安全保护范围内的迁建和工程管理土地征用已经完成;⑥工程投资已经全部到位;⑦竣工决算已经完成并通过竣工审计。

竣工验收的主要工作:审查项目法人《工程建设管理工作报告》和初步验收工作组《初步验收工作报告》;检查工程建设和运行情况;协调处理有关问题;讨论并通过《竣工验收鉴定书》。

习 题

6-1 什么是质量认证?

6-2 试述全面质量管理的基本概念。

6-3 全面质量管理的工作原则是什么?

6-4 试述水利工程事故的分类。

6-5 通常情况下事故处理的程序是什么?

6-6 工程质量评定的依据通常有哪些?

6-7 试述工程验收的主要工作。

第七章　施工成本管理

本章重点

施工项目成本的分类，施工项目成本管理的内容，成本控制的依据，工程结算办法。

教学目标

通过本章学习，了解施工成本管理的基本任务；掌握施工成本控制的基本方法、施工成本降低的措施、工程价款结算与索赔。

第一节　施工成本管理的基本任务

一、施工项目成本的概念

施工项目成本是指建筑施工企业完成单位施工项目所发生的全部生产费用的总和，包括完成该项目所发生的直接工程费、措施费、规费、管理费（见表7-1）。但是不包括利润和税金，也不包括构成施工项目价值的一切非生产性支出。

表7-1　施工项目成本的构成

<table>
<tr><td rowspan="9">直接成本</td><td rowspan="3">直接工程费</td><td>人工费</td></tr>
<tr><td>材料费</td></tr>
<tr><td>施工机械使用费</td></tr>
<tr><td rowspan="6">措施费</td><td>环境保护费、文明施工费、安全施工费</td></tr>
<tr><td>临时设施费、夜间施工费、二次搬运费</td></tr>
<tr><td>大型机械设备进出场及安装费</td></tr>
<tr><td>混凝土、钢筋混凝土模板及支架费</td></tr>
<tr><td>脚手架费、已完成工程及设备保护费、施工排水费、降水费</td></tr>
<tr><td rowspan="7">间接成本</td><td rowspan="3">规费</td><td>工程排污费、工程定额测定费、住房公积金</td></tr>
<tr><td>社会保障费，包括养老、失业、医疗保险费</td></tr>
<tr><td>危险作业意外伤害保险费</td></tr>
<tr><td rowspan="4">管理费</td><td>管理人员工资、办公费、差旅交通费、工会经费</td></tr>
<tr><td>固定资产使用费、工具用具使用费、劳动保险费</td></tr>
<tr><td>职工教育经费、财产保险费、财务费</td></tr>
<tr><td>税金，包括房产税、车船使用税、土地使用税、印花税</td></tr>
</table>

二、施工项目成本的主要形式

(一)直接成本和间接成本

施工项目成本按照生产费用计入成本的方法可分为直接成本和间接成本。直接成本是指直接用于并能够直接计入施工项目的费用,如人工工资、材料费用等。间接成本是指不能够直接计入施工项目的费用,只能按照一定的计算基数和一定的比例分配计入施工项目的费用,如管理费、规费等。

(二)固定成本和变动成本

施工项目成本按照生产费用与产量的关系可分为固定成本和变动成本。固定成本是指在一定期间和一定工程量的范围内,成本的数量不会随工程量的变动而变动,如折旧费、大修费等。变动成本是指成本的发生会随工程量的变化而变动的费用,如人工费、材料费等。

(三)预算成本、计划成本和实际成本

施工项目成本按照控制的目标,从发生的时间可分为预算成本、计划成本和实际成本。

预算成本是根据施工图结合国家或地区的预算定额及施工技术等条件计算出的工程费用。它是确定工程造价的依据,也是施工企业投标的依据,同时也是编制计划成本和考核实际成本的依据。它反映的是一定范围内的平均水平。

计划成本是施工项目经理在施工前,根据施工项目成本管理目的,结合施工项目的实际管理水平编制的计算成本。它有利于加强项目成本管理、建立健全施工项目成本责任制,控制成本消耗,提高经济效益。它反映的是企业的平均先进水平。

实际成本是施工项目在报告期内通过会计核算计算出的项目的实际消耗。

三、施工项目成本管理的基本内容

施工项目成本管理包括成本预测和成本决策、成本计划编制、成本计划实施、成本核算、成本检查、成本分析以及成本考核。成本计划的编制与实施是关键的环节。因此,在进行施工项目成本管理的过程中,必须具体研究每一项内容的有效工作方式和关键控制措施,从而取得施工项目整体的成本控制效果。

(一)施工项目成本预测

施工项目成本预测是根据一定的成本信息结合施工项目的具体情况,采取一定的方法对施工项目成本可能发生或发展的趋势作出的判断和推测。成本决策则是在预测的基础上确定出降低成本的方案,并从可选的方案中选择最佳的成本方案。

成本预测的方法有定性预测法和定量预测法。

1. 定性预测法

定性预测法是指具有一定经验的人员或有关专家依据自己的经验和能力水平对成本未来发展的态势或性质作出分析和判断。该方法受人为因素影响很大,并且不能量化,具体包括专家会议法、专家调查法(德尔斐法)、主管概率预测法。

2. 定量预测法

定量预测法是指根据收集的比较完备的历史数据,运用一定的方法计算分析,以此来判断成本变化的情况。此法受历史数据的影响较大,可以量化,具体包括移动平均法、指数滑移法、回归预测法。

【例 7-1】 某项目部的固定成本为 150 万元,单位建筑面积的变动成本为 380 元/ m^2,单位销售价格为 480 元/ m^2,试预测保本承包规模和保本承包收入。

解: $$保本承包规模=\frac{固定成本}{单位销售价格-单位变动成本}=\frac{1\ 500\ 000}{480-380}=15\ 000(m^2)$$

$$保本承包收入=\frac{单位销售价格\times 固定成本}{单位销售价格-单位变动成本}=\frac{480\times 1\ 500\ 000}{480-380}=7\ 200\ 000(元)$$

(二)施工项目成本计划

计划管理是一切管理活动的首要环节,施工项目成本计划是在预测和决策的基础上对成本的实施作出计划性的安排和布置,是施工项目降低成本的指导性文件。

制订施工项目成本计划应遵循以下原则:

(1)从实际出发。根据国家的方针政策,从企业的实际情况出发,充分挖掘企业内部潜力,使降低成本指标切实可行。

(2)与其他目标计划相结合。制定工程项目成本计划必须与其他各项计划(如施工方案、生产进度、财务计划等)密切结合。一方面,工程项目成本计划要根据项目的生产、技术组织措施、劳动工资、材料供应等计划来编制;另一方面,工程项目成本计划又影响着其他各种计划指标适应降低成本指标的要求。

(3)采用先进的经济技术定额的原则。根据施工的具体特点有针对性地采取切实可行的技术组织措施来保证。

(4)统一领导、分级管理。在项目经理的领导下,以财务和计划部门为中心,发动全体职工共同总结降低成本的经验,找出降低成本的正确途径。

(5)弹性原则。应留有充分的余地,保持目标成本的一定弹性。在制定期内 ,项目经理部内外技术经济状况和供销条件会发生一些未预料的变化,尤其是供应材料,市场价格千变万化,给目标的制定带来了一定的困难,因而在制定目标时应充分考虑这些情况,使成本计划保持一定的适应能力。

(三)施工项目成本控制

成本控制包括事前控制、事中控制和事后控制。成本计划属于事前控制,此处所讲的控制是指项目在施工过程中,通过一定的方法和技术措施,加强对各种影响成本的因素进行管理,将施工中所发生的各种消耗和支出尽量控制在成本计划内,属于事中控制。

1. 工程前期的成本控制(事前控制)

事前控制是通过成本的预测和决策,落实降低成本措施、编制目标成本计划而层层展开的,分为工程投标阶段和施工准备阶段。

2. 实施期间的成本控制(事中控制)

事中控制的任务是建立成本管理体系;项目经理部应将各项费用指标进行分解,以确定各个部门的成本指标;加强成本的控制。事中控制要以合同造价为依据,从预算成本和实际成本两方面控制项目成本。实际成本控制应包括对主要工料的数量和单价、分包成本和各项费用等影响成本的主要因素进行控制。其中,主要是加强施工任务单和限额领料单的管理;将施工任务单和限额领料单的结算资料与施工预算进行核对,计算分部(分项)工程成本差异,分析差异原因,采取相应的纠偏措施;做好月度成本原始资料的收集和整理核算;在月度成本核算的基础上,实行责任成本核算。经常检查对外经济合同履行情况;定期检查各责任部门和责任者的成本控制情况,检查责、权、利的落实情况。

3. 竣工验收阶段的成本控制(事后控制)

事后控制主要是重视竣工验收工作,对照合同价的变化,将实际成本与目标成本之间的差距加以分析,进一步挖掘降低成本的潜力。其中,主要是安排时间,完成工程竣工扫尾工程,把时间降到最低;重视竣工验收工作,顺利交付使用;及时办理工程结算;在工程保修期间,应由项目经理指定保修工作者,并责成保修工作者提交保修计划;将实际成本与计划成本进行比较,计算成本差异,明确是节约还是浪费;分析成本节约或超支的原因和责任归属。

(四)施工项目成本核算

施工项目成本核算是指对项目产生过程所发生的各种费用进行核算。它包括两个基本环节:一是归集费用,计算成本实际发生额;二是采取一定的方法计算施工项目的总成本和单位成本。

1. 施工项目成本核算的对象

(1)一个单位工程由几个施工单位共同施工,各单位都应以同一单位工程作为成本核算对象。

(2)规模大、工期长的单位工程可以划分为若干部位,以分部工程作为成本的核算对象。

(3)同一建设项目,由同一施工单位施工,并在同一施工地点,属于同一结构类型,开工、竣工时间相近的若干单位工程可以合并作为一个成本核算对象。

(4)改、扩建的零星工程可以将开工、竣工时间相近的,且属于同一个建设项目的各单位工程合并成一个成本核算对象。

(5)土方工程、打桩工程可以根据实际情况,以一个单位工程为成本核算对象。

2. 工程项目成本核算的基本框架

工程项目成本核算的基本框架如表7-2所示。

(五)施工项目成本分析

施工项目成本分析就是在成本核算的基础上采取一定的方法,对所发生的成本进行比较分析,检查成本发生的合理性,找出成本的变动规律,寻求降低成本的途径,主要有对比分析法、连环替代法、差额计算法和挣值法。

1. 对比分析法

对比分析法是通过实际完成成本与计划成本或承包成本进行对比,找出差异,分析原因以便改进。这种方法简单易行,但注意比较指标的内容要保持一致。

2. 连环替代法

连环替代法可用来分析各种因素对成本形成的影响。例如,某工程的材料成本资料如表7-3所示。分析的顺序是先绝对量指标,后相对量指标;先实物量指标,后货币量指标。

表 7-2　工程项目成本核算的基本框架

人工费核算	内包人工费
	外包人工费
材料费核算	编制材料消耗汇总表
周转材料费核算	实行内部租赁制
	项目经理部与出租方按月结算租赁费
	周转材料进出时,加强计量验收制度
	租用周转材料的进退场费,按照实际发生数,由调入方负担
	对 U 形卡、脚手架等零件,在竣工验收时进行清点,按实际情况计入成本
	实行租赁制周转材料不再分配负担周转材料差价
结构件费核算	按照单位工程使用对象编制结构耗用月报表
	结构单价以项目经理部与外加工单位签订合同为准
	结构件耗用的品种和数量应与施工产值相对应
	结构件的高进、高出价差核算同材料费的高进、高出价差核算一致
	若发生结构件的一般价差,可计入当月项目成本
	部位分项分包,按照企业通常采用的类似结构件管理核算方法
	在结构件外加工和部位分项分包施工过程中,尽量获取经营利益或转嫁压价让利风险所产生的利益
机械使用费核算	机械设备实行内部租赁制
	租赁费根据机械使用台班、停用台班和内部租赁价计算,计入项目成本
	机械进出场费,按规定由承租项目单位承担
	各类大中小型机械,其租赁费全额计入项目机械成本
	结算原始凭证由项目指定人签证开班数和停班数,据以结算费用
	向外单位租赁机械,按当月租赁费用金额计入项目机械成本
其他直接费核算	材料二次搬运费
	临时设施摊销费
	生产工具用具使用费
	除上述费用外其他直接费均按实际发生的有效结算凭证计入项目成本
施工间接费核算	要求以项目经理部为单位编制工资单和奖金单列支工作人员薪金
	劳务公司所提供的炊事人员、服务人员、警卫人员承包服务费计入施工间接费
	内部银行的存贷利息,计入内部利息
	先在项目施工间接费总账归集,再按一定分配标准计入收益成本
分包工程成本核算	包清工工程,纳入外包人工费内核算
	部分分项分包工程,纳入结构件费内核算
	双包工程
	机械作业分包工程
	项目经理部应增设分建成本项目,核算双包工程、机械作业分包工程成本状况

表 7-3 材料成本资料

项目	单位	计划	实际	差异	差异率(%)
工程量	m^3	100	110	+10	+10.0
单位材料消耗量	kg/m^3	320	310	-10	-3.1
材料单价	元/kg	40	42	+2.0	+5.0
材料成本	元	1 280 000	1 432 200	+152 200	+11.9

3. 差额计算法

差额计算法是因素分析法的简化。仍按表 7-3 计算,其结果见表 7-4。

表 7-4 材料成本影响因素分析法

计算顺序	替换因素	影响成本的变动因素			成本(元)	与前一次差异(元)	差异原因
		工程量(m^3)	单位材料消耗量(kg/m^3)	单价(元/kg)			
①替换基数		100	320	40.0	1 280 000		
②一次替换	工程量	110	320	40.0	1 408 000	128 000	工程量增加
③二次替换	单耗量	110	310	40.0	1 364 000	-44 000	单位耗量节约
④三次替换	单价	110	310	42.0	1 432 200	68 200	单价提高
合计						152 200	

由于工程量增加使成本增加,即

$$(110-100)\times 320\times 40=128\ 000(\text{元})$$

由于单耗量节约使成本降低,即

$$(310-320)\times 110\times 40=-44\ 000(\text{元})$$

由于单价提高使成本增加,即

$$(42-40)\times 110\times 310=68\ 200(\text{元})$$

4. 挣值法

挣值法主要用来分析成本目标实施与期望之间的差异,是一种偏差分析方法,其分析过程如下。

1)明确三个关键变量

项目计划完成工作的预算成本($BCWS$),$BCWS$ = 计划工作量 × 预算定额;项目已完成工作的实际成本($ACWP$);项目已完成的预算成本($BCWP$),$BCWP$ = 已完成工作量 × 该工作量的预算定额。

2)两种偏差的计算

项目成本偏差 $C_v = BCWP - ACWP$。当 C_v 大于零时,表明项目实施处于节约状态;当 C_v 小于零时,表明项目实施处于超支状态。项目进度偏差 $S_v = BCWP - BCWS$。当 S_v 大于零时,表明项目实施超过了进度计划;当 S_v 小于零时,表明项目实施落后于计划进度。

3）两个指数变量

计划完工指数 $SCI = BCWP/BCWS$。当 SCI 大于1时，表明项目实际完成的工作量超过计划工作量；当 SCI 小于1时，表明项目实际完成的工作量落后于计划工作量。

成本绩效指数 $CPI = ACWP/BCWP$。当 CPI 大于1时，表明实际成本多于计划成本，资金使用率较低；当 CPI 小于1时，表明实际成本少于计划成本，资金使用率较高。

（六）成本考核

成本考核就是在施工项目竣工后，对项目成本的负责人考核其成本完成情况，以作到有奖有罚，避免“吃大锅饭”，以提高职工的劳动积极性。

施工项目成本考核的目的是通过衡量项目成本降低的实际成果，对成本指标完成情况进行总结和评价。

施工项目成本考核应分层进行，企业对项目经理部进行成本管理考核，项目经理部对项目部内部各作业队进行成本管理考核。

施工项目成本考核的内容是既要对计划目标成本的完成情况进行考核，又要对成本管理工作业绩进行考核。

施工项目成本考核的要求如下：

（1）企业对项目经理部考核的时候，以责任目标成本为依据；

（2）项目经理部以控制过程为考核重点；

（3）成本考核要与进度、质量、安全指标的完成情况相联系；

（4）应形成考核文件，为对责任人进行奖罚提供依据。

第二节　施工项目成本控制的基本方法

在施工项目成本控制过程中，因为一些因素的影响会发生一定的偏差，所以应采取相应的措施、方法进行纠偏。

一、施工项目成本控制的原则

（1）以收定支的原则；

（2）全面控制的原则；

（3）动态性原则；

（4）目标管理原则；

（5）例外性原则；

（6）责、权、利、效相结合的原则。

二、施工项目成本控制的依据

（1）工程承包合同；

（2）施工进度计划；

（3）施工项目成本计划；

（4）各种变更资料。

三、施工项目成本控制的步骤

(1)比较施工项目成本计划与实际的差值,确定是节约还是超支;

(2)分析节约或超支的原因;

(3)预测整个项目的施工成本,为决策提供依据;

(4)施工项目成本计划在执行的过程中出现偏差,采取相应的措施加以纠正;

(5)检查成本完成情况,为今后的工作积累经验。

四、施工项目成本控制的手段

(一)计划控制

计划控制是用计划的手段对施工项目成本进行控制。施工项目成本预测和决策为成本计划的编制提供依据。编制成本计划首先要设计降低成本技术组织措施,然后编制降低成本计划,将承包成本额降低而形成计划成本,成为施工过程中成本控制的标准。

成本计划编制方法有以下两种。

1.常用方法

在概预算编制能力较强、定额比较完备的情况下,特别是施工图预算与施工预算编制经验比较丰富的企业,施工项目成本目标可由定额估算法产生。施工图预算反映的是完成施工项目任务所需的直接成本和间接成本,它是招投标中编制标底的依据,也是施工项目考核经营成果的基础。施工预算是施工项目经理部根据施工定额制定的,作为内部经济核算的依据。

过去,通常以两算(概算、预算)对比差额与技术措施带来的节约额来估算计划成本的降低额。其计算公式为

$$计划成本降低额 = 两算对比差额 + 技术措施节约额$$

2.计划成本法

施工项目成本计划中计划成本的编制方法通常有以下几种:

(1)施工预算法。计算公式为

$$计划成本 = 施工预算成本 - 技术措施节约额$$

(2)技术措施法。计算公式为

$$计划成本 = 施工图预算成本 - 技术措施节约额$$

(3)成本习性法。计算公式为

$$计划成本 = 施工项目变动成本 + 施工项目固定成本$$

(4)按实计算法。施工项目部以该项目的施工图预算的各种消耗量为依据,结合成本计划降低目标,由各职能部门结合本部门的实际情况,分别计算各部门的计划成本,最后汇总项目的总计划成本。

(二)预算控制

预算控制是在施工前根据一定的标准(如定额)或要求(如利润)计算的买卖(交易)价格,在市场经济中也可以叫做估算或承包价格。它作为一种收入的最高限额,减去预期利润,便是工程预算成本数额,也可以用来作为成本控制的标准。用预算控制成本可分为

两种类型:一是包干预算,即一次性包死预算总额,不论中间有何变化,成本总额不予调整;二是弹性预算,即先确定包干总额,但是可根据工程的变化进行商洽,作出相应的变动。我国目前大部分是弹性预算控制。

(三)会计控制

会计控制是指以会计方法为手段,以记录实际发生的经济业务及证明经济业务的合法凭证为依据,对成本的支出进行核算与监督,从而发挥成本控制作用。会计控制方法系统性强、严格、具体、计算准确、政策性强,是理想的也是必须的成本控制方法。

(四)制度控制

制度是例行活动应遵行的方法、程序、要求及标准作出的规定。成本的控制制度就是通过制定成本管理的制度,对成本控制作出具体的规定,作为行动的准则,约束管理人员和工人,达到控制成本的目的。如成本管理责任制度、技术组织措施制度、成本管理制度、定额管理制度、材料管理制度、劳动工资管理制度、固定资产管理制度等,都与成本控制关系非常密切。

在施工项目成本管理中,上述手段同时进行并综合使用,不应孤立地使用某一种手段。

五、施工项目成本的常用控制方法

(一)偏差分析法

在施工成本控制中,把已完工程成本的实际值与计划值的差异称为施工项目成本偏差,即

施工项目成本偏差 = 已完工程实际成本 - 已完工程计划成本

若计算结果为正数,表示施工项目成本超支;否则为节约。

该方法为事后控制的一种方法,也可以说是成本分析的一种方法。

(二)以施工图预算控制成本

采用此法时,要认真分析企业实际的管理水平与定额水平之间的差异,否则达不到控制成本的目的。具体的处理方法如下。

1. 人工费的控制

项目经理与施工作业队签订劳动合同时,应该将人工费单价定得低一些,其余的部分可以用于定额外人工费和关键工序的奖励费。这样人工费就不会超支,而且还留有余地,以备关键工序之需。

2. 材料费的控制

按"量价分离"方法计算工程造价的条件下,水泥、钢材、木材的价格由市场价格而定,实行高进高出,即地方材料的预算价格 = 基准价 ×(1 + 材差系数)。由于材料价格随市场价格变动频繁,所以项目材料管理人员必须经常关注材料市场价格的变动,并积累详细的市场信息。

3. 周转设备使用费的控制

施工图预算中的周转设备使用费 = 耗用数 × 市场价格,而实际发生的周转设备使用费等于企业内部的租赁价格或摊销率,由于两者计算方法不同,只能以周转设备预算费的总量来控制实际发生的周转设备使用费的总量。

4. 施工机械使用费的控制

施工图预算中的机械使用费 = 工程量 × 定额台班单价。由于施工项目的特殊性，实际的机械使用率不可能达到预算定额的取定水平；加上机械的折旧率又有较大的滞后性，往往使施工图预算的施工机械使用费小于实际发生的机械使用费。在这种情况下，就可以用施工图预算的机械使用费和增加的机械费补贴来控制机械费的支出。

5. 构件加工费和分包工程费的控制

在市场经济条件下，混凝土构件、金属构件、木制品和成型钢筋的加工，以及相关的打桩、吊装、安装、装饰和其他专项工程的分包，都要以经济合同来明确双方的权利和义务。签订这些合同的时候绝不允许合同金额超过施工图预算。

(三) 以施工预算控制成本消耗

以施工过程中的各种消耗量，包括人工工日、材料消耗、机械台班消耗量为控制依据，以施工图预算所确定的消耗量为标准，人工单价、材料价格、机械台班单价按照承包合同所确定的单价为控制标准。该方法由于选取的定额是企业定额，它反映企业的实际情况，控制标准相对能够结合企业的实际，比较切实可行。具体的处理方法如下：

(1) 项目开工以前，编制整个工程项目的施工预算作为指导和管理施工的依据。

(2) 对生产班组的任务安排，必须签发施工任务单和限额领料单，并向生产班组进行技术交底。

(3) 施工任务单和限额领料单在执行过程中，要求生产班组根据实际完成的工程量和实际消耗人工、实际消耗材料作好原始记录，作为施工任务单和限额领料单结算的依据。

(4) 在任务完成后，根据回收的施工任务单和限额领料单进行结算，并按照结算内容支付报酬。

第三节　施工项目成本降低的措施

降低施工项目成本的途径应该是既开源又节流，只开源不节流或者只节流不开源，都不可能达到降低成本的目的。一方面主要是控制各种消耗和单价，另一方面是增加收入。

一、加强图纸会审，减少设计浪费

施工单位应该在满足用户的要求和保证工程质量的前提下，联系项目施工的主、客观条件，对设计图纸进行认真地会审，并提出积极的修改意见，在取得用户和设计单位的同意后，修改设计图纸，同时办理增减账。

二、加强合同预算管理，增加工程预算收入

深入研究招标文件、合同文件，正确编写施工图预算；把合同规定的“开口”项目作为增加预算收入的重要方面；根据工程变更资料及时办理增减账。因此，项目承包方应就工程变更对既定施工方法、机械设备使用、材料供应、劳动力调配和工期目标影响程度，以及实施变更内容所需要的各种资料进行合理估价，及时办理增减账手续，并通过工程结算从建设单位取得补偿。

三、制定先进合理的施工方案，减少不必要的窝工等损失

施工方案不同，工期就不同，所需的机械也不同，因而发生的费用也不同。因此，制定施工方案要以合同工期和上级要求为依据，联系项目规模、性质、复杂程度、现场条件、装备情况、人员素质等因素综合考虑。

四、落实技术措施，组织均衡施工，保证施工质量，加快施工进度

(1)根据施工具体情况，合理规划施工现场平面布置（包括机械布置，材料、构件的堆放场地，车辆进出施工现场的运输道路，临时设施搭建数量和标准等），为文明施工、减少浪费创造条件。

(2)严格执行技术规范和以预防为主的方针，确保工程质量，减少零星工程的修补，消灭质量事故，不断降低质量成本。

(3)根据工程设计特点和要求，运用自身的技术优势，采用有效的技术组织措施，实行经济与技术相结合的道路。

(4)严格执行安全施工操作规程，减少一般安全事故，确保安全生产，将事故损失降到最低。

五、降低材料因为量差和价差所产生的材料成本

(1)材料采购和构件加工要求选择质优价廉、运距短的供应单位。对到场的材料、构件要正确计量，认真验收，若遇到不合格产品或用量不足要进行索赔。切实做到降低材料、构件的采购成本，减少采购加工过程中的管理损耗。

(2)根据项目施工的进度计划，及时组织材料、构件的供应，保证项目施工的顺利进行，防止因停工造成的损失。在构件生产过程中，要按照施工顺序组织配套供应，以免因规格不齐造成施工间隙，浪费时间和人力。

(3)在施工过程中，严格按照限额领料制度控制材料消耗，同时还要做好余料回收和利用工作，为考核材料的实际消耗水平提供正确的数据。

(4)根据施工需要，合理安排材料储备，减少资金占用率，提高资金利用效率。

六、提高机械的利用效果

(1)根据工程特点和施工方案，合理选择机械的型号、规格和数量。

(2)根据施工需要，合理安排机械施工，充分发挥机械的效能，减少机械使用成本。

(3)严格执行机械维修和养护制度，加强平时的维修保养，保证机械完好和运转良好。

七、重视人的因素，加强激励职能的利用，调动职工的积极性

(1)对关键工序施工的关键班组要实行重奖。

(2)对材料操作损耗特别大的工序，可由生产班组直接承包。

(3)实行钢模零件和脚手架螺栓有偿回收。

(4)实行班组“落手清”承包。

第四节　工程价款结算与索赔

一、工程价款的结算

(一)预付工程款

预付工程款是指施工合同签订后、工程开工前,发包方预先支付给承包方的工程价款(该款项一般用于准备材料,所以又称工程备料款)。预付工程款不得超过合同金额的30%。

(二)工程进度款

工程进度款是指在施工过程中,根据合同约定按照工程形象进度划分不同阶段支付的工程价款。

(三)竣工结算

竣工结算是指工程竣工后,根据施工合同、招投标文件、竣工资料、现场签证等编制的工程结算总造价的文件。根据竣工结算文件,承包方与发包方办理竣工总结算。

(四)工程尾款

工程尾款是指工程竣工结算时,保留的工程质量保证(保修)金,待工程交付使用质保期满后清算的款项。

二、结算办法

根据中华人民共和国财政部、建设部2004年颁布的《建设工程价款结算暂行办法》(财建[2004]369号)规定,工程结算办法介绍如下。

(一)预付工程款交付

包工包料工程的预付款按合同约定拨付,原则上预付比例不低于合同金额的10%,不高于合同金额的30%,对于重大工程项目,按年度工程计划逐年预付。

在具备施工条件的前提下,发包人应在双方签订合同后的一个月内或不迟于约定的开工日期前的7 d内预付工程款,发包人不按约定支付的,承包人应在预付时间到期后10 d内向发包人发出要求预付的通知,发包人收到通知后仍不按要求预付的,承包人发出通知14 d后停止施工,发包人应从约定应付之日起向承包人支付应付款利息,并承担违约责任。

预付工程款必须在合同中预定抵扣方式,并在工程进度款中进行抵扣。

凡是没有签订合同或是不具备施工条件的工程,发包人不得预付工程款,不得以预付工程款的名义转移资金。

(二)工程进度款支付

按月结算支付,即实行按月支付进度款,竣工后清算的方法。合同工期在两年以上的工程,在年终进行工程盘点,办理年度结算。

分段结算支付,即当年开工、当年不能竣工的工程按照工程形象进度划分不同的阶段支付工程进度款,具体划分在合同中应予以明确。

根据工程计量结果,承包人向发包人提出支付工程进度款申请,14 d内,发包人应按不低于工程价款的60%,不高于工程价款的90%向承包人支付工程进度款。按约定的时间发包人应扣回的预付工程款,与工程进度款同期结算抵扣。一般情况下,预付工程款是在剩余工程款中的材料费等于预付工程款时开始抵扣,即“起扣点”。

发包人超过约定的支付时间不支付工程进度款的,承包人应及时向发包人发出要求付款的通知,发包人受到承包人通知后仍不能按照要求付款的,可与承包人协商签订延期付款的协议,经承包人同意后可延期付款,协议应明确延期支付的时间和从工程计量结果确认后第15天起计算应付款的利息。

发包人不按合同约定支付工程进度款且双方又未达成延期付款的协议,而导致施工无法进行的,承包人可停止施工,由发包人承担违约责任。

三、竣工结算

工程竣工后,双方应按照合同价款及合同价款的调整内容以及索赔事项进行工程竣工结算。

(一)工程竣工结算的方式

工程竣工结算分为单位工程竣工结算、单项工程竣工结算和建设项目竣工总结算。

(二)工程竣工结算的审编

单位工程竣工结算由承包人编制、发包人审查;实行总承包的工程由具体承包人编制,在总承包人审查的基础上由发包人审查。

单项工程竣工结算或者建设项目竣工总结算由总承包人编制,发包人可直接进行审查,也可以委托具有相关资质的工程造价机构进行审查。政府投资项目由同级财政部门审查。单项工程竣工结算或建设项目竣工总结算经发包人及承包人签字盖章后有效。

(三)工程竣工结算审查期限

单项工程竣工后,承包人应在提交竣工验收报告的同时向发包人递交竣工结算报告及完整的结算资料,发包人按以下规定时限进行核对并提交审查意见:

(1)500万元以下,从接到竣工结算报告和完整的竣工结算资料之日起20 d内;

(2)500万~2 000万元,从接到竣工结算报告和完整的竣工结算资料之日起30 d内;

(3)2 000万~5 000万元,从接到竣工结算报告和完整的竣工结算资料之日起45 d内;

(4)5 000万元以上,从接到竣工结算报告和完整的竣工结算资料之日起60 d内;

(5)建设项目竣工总结在最后一个单项工程竣工结算审查确认后15 d内汇总,送发包人后30 d内审查完毕。

(四)合同外零星项目工程价款结算

发包人要求承包人完成合同外零星项目,承包人应在接受发包人要求的7 d内就用工数量和单价、机械台班数量和单价、使用材料金额等向发包人提出施工签证,发包人签证后施工,若发包人未签证,承包人施工后发生争议的,责任由承包人承担。

(五)工程尾款

发包人根据确认的竣工结算报告向承包人支付竣工结算款,保留5%左右的质量保证金,待工程交付使用一年质保期到期后清算,质保期内若有反修,则发生费用应在质量保证金中扣除。

四、工程索赔

(一)索赔的原因

1. 业主违约

业主违约常表现为业主或其委托人未能按合同约定为承包商提供施工的必要条件,或未能在约定的时间内支付工程款,有时也可能是监理工程师的不适当决定和苛刻的检查等。

2. 合同缺陷

合同文件规定不严谨甚至矛盾、有遗漏或错误等的合同缺陷对于合同双方来说是不应该的,除非某一方存在恶意而另一方又太马虎。

3. 施工条件变化

施工条件变化对工程造价和工期影响较大。

4. 工程变更

施工中发现设计问题、改变质量等级或施工顺序、指令增加新的工作、变更建筑材料、暂停或加快施工等常常令工程变更。

5. 工期拖延

施工中由于天气、水文地质等因素的影响常常出现工期拖延。

6. 监理工程师的指令

监理工程师的指令可能造成工程成本增加或工期延长。

7. 国家政策以及法律法规变更

对直接影响工程造价的政策以及法律法规的变更,合同双方应约定办法处理。

(二)索赔的程序

(1)承包人向监理工程师发出索赔意向通知书;

(2)承包人向监理工程师递交索赔报告;

(3)监理工程师审查索赔报告;

(4)监理工程师与承包商协商补偿;

(5)监理工程师索赔处理决定;

(6)业主审查索赔处理;

(7)承包商对最终索赔处理。

(三)索赔价款结算

发包人未能按合同约定履行自己的各项义务或发生错误,给另一方造成经济损失的,由受损方按合同约定条款提出索赔,索赔金额按合同约定支付。

习　题

7-1　简述施工项目管理成本管理的内容及措施?

7-2　施工项目管理成本控制的方法有哪些?

7-3　施工项目成本核算的方法有哪些?

7-4　施工项目成本控制的依据有哪些?

第八章　施工进度管理

本章重点

常用施工进度计划的控制方法，施工进度计划实施中的调整方法，解决施工进度拖延的基本策略与措施。

教学目标

了解进度、指标、进度控制、工期控制及控制过程的概念，实际进度和工期的表述以及施工进度拖延的原因，解决施工进度拖延应注意的问题；掌握施工进度计划的控制方法，解决施工进度拖延的基本策略与措施。

第一节　概　述

施工管理水平对缩短建设工期、降低工程造价、提高施工质量、保证施工安全至关重要。施工管理工作涉及施工、技术、经济等活动。其管理活动是从制订计划开始，通过计划的制订进行协调与优化，确定管理目标；然后在实施过程中按计划目标进行指挥、协调与控制；根据实施过程中反馈的信息调整原来的控制目标，通过施工项目的计划、组织、协调与控制，实现施工管理的目标。

一、进度的概念

进度通常是指工程项目实施结果的进展情况，在工程项目实施过程中要消耗时间（工期）、劳动力、材料、成本等才能完成项目的任务。当然项目实施结果应该以项目任务的完成情况，如工程的数量来表达。但由于工程项目对象系统（技术系统）的复杂性，常常很难选定一个恰当的、统一的指标来全面反映工程的进度。有时时间和费用与计划都吻合，但工程实物进度（工作量）未达到目标，则后期就必须投入更多的时间和费用。

在现代工程项目管理中，人们已赋予进度以综合的含义，它将工程项目任务、工期、成本有机地结合起来，形成一个综合的指标，能全面反映项目的实施状况。进度控制已不只是传统的工期控制，而且还将工期与工程实物、成本、劳动消耗、资源等统一起来。

二、进度指标

进度控制的基本对象是工程活动，包括项目结构图上各个层次的单元，上至整个项目，下至各个工作包（有时直到最低层次网络上的工程活动）。项目进度状况通常是通过各工程活动完成程度（百分比）逐层统计汇总计算得到的。进度指标的确定对进度的表达、计算、控制有很大影响。由于一个工程有不同的子项目、工作包，它们的工作内容和性质不同，必须挑选一个共同的、对所有工程活动都适用的计量单位。

(一)持续时间

持续时间(工程活动的或整个项目的)是进度的重要指标。人们常用已经使用的工期与计划工期相比较来描述工程完成程度。例如,计划工期二年,现已经进行了一年,则工期已达 50%。一个工程活动,计划持续时间为 30 d,现已经进行了 15 d,则已完成 50%。但通常还不能说工程进度已达 50%,因为工期与人们通常概念上的进度是不一致的,工程的效率和速度关系不是一条直线,如通常工程项目开始时工作效率很低,进度慢;到工程中期投入最大,进度最快;而后期投入又较少,所以工期达到 50%,并不能表示进度达到了 50%,何况在已进行的工期中还存在各种停工、窝工、干扰因素,实际效率可能远低于计划效率。

(二)按工程活动的结果状态数量描述

按工程活动的结果状态数量描述主要针对专门的领域,其生产对象简单、工程活动简单。例如,设计工作按资料数量(图纸、规范等),混凝土工程按体积(墙、基础、柱),设备安装按吨位,管道、道路按长度,预制件按数量、重量、体积,运输量按吨、千米,土石方按体积或运载量等。

特别当项目的任务仅为完成这些分部工程时,以它们做指标比较能反映实际。

(三)已完成工程的价值量

已完成工程的价值量是用已经完成的工作量与相应的合同价格(单价),或预算价格计算的。它将不同种类的分项工程统一起来,能够较好地反映工程的进度状况,这是常用的进度指标。

(四)资源消耗指标

最常用的资源消耗指标有劳动工时、机械台班、成本的消耗等。它们有统一性和较好的可比性,即各个工程活动直到整个项目部都可用它们作为指标,这样可以统一分析尺度,但在实际工程中要注意以下问题:

(1)投入资源数量和进度有时会有背离,会产生误导。例如,某活动计划需 100 工时,现已用了 60 工时,则进度已达 60%。这仅是偶然的,计划劳动效率和实际效率不会完全相等。

(2)由于实际工作量和计划经常有差别,即计划 100 工时,由于工程变更,工作难度增加,工作条件变化,应该需要 120 工时,现已完成 60 工时,实质上仅完成了 50%,而不是 60%,所以只有当计划正确(或反映最新情况),并按预定的效率施工时才得到正确的结果。

(3)用成本反映工程进度是经常的,但这里有如下因素需要剔除:①不正常原因造成的成本损失,如返工、窝工、工程停工;②由于价格原因(如材料涨价、工资提高)造成的成本增加;③考虑实际工程量、工程(工作)范围的变化造成的影响。

三、工期控制和进度控制

工期和进度是两个既互相联系,又有区别的概念。

工期计划可以得到各项目单元的计划工期的各个时间参数,其分别表示各层次的项目单元(包括整个项目)的持续时间、开始时间和结束时间以及允许的变动余地(各种时差)等,因此将它们作为项目的目标之一。

工期控制的目的是使工程实施活动与工期计划在时间上吻合,即保证各工程活动按计划及时开工、按时完成,保证总工期不推迟。

进度控制的总目标与工期控制是一致的,但控制过程中它不仅追求时间上的吻合,而且还追求在一定时间内工作量的完成程度(劳动效率和劳动成果)或消耗的一致性。

进度控制和工期控制的关系表现为:

(1)工期常常作为进度的一个指标,它在表示进度计划及其完成情况时有重要作用,所以进度控制首先表现为工期控制,有效的工期控制能达到有效的进度控制,但仅用工期表达进度会产生误导。

(2)进度的拖延最终会表现为工期拖延。

(3)进度的调整常常表现为对工期的调整,为加快进度,改变施工次序、增加资源投入,则意味着通过采取措施使总工期提前。

四、进度控制的过程

(1)采用各种控制手段保证项目及各个工程活动按计划及时开始,在工程过程中记录各工程活动的开始时间和结束时间及完成程度。

(2)在各控制期末(如月末、季末,一个工程阶段结束)将各活动的完成程度与计划对比,确定整个项目的完成程度,并结合工期、生产成果、劳动效率、消耗等指标,评价项目进度状况,分析其中的问题。

(3)对下期工作作出安排,对一些已开始但尚未结束的项目单元的剩余时间作估算,提出调整进度的措施,根据工程已完成状况作出新的安排和计划,调整网络(如变更逻辑关系、延长或缩短持续时间、增加新的活动等),重新进行网络分析,预测新的工期状况。

(4)对调整措施和新计划作出评审,分析调整措施的效果,分析新的工期是否符合目标要求。

第二节　实际工期和进度的表达

一、工作包的实际工期和进度的表达

进度控制的对象是各个层次的项目单元,而最低层次的工作包是主要对象,有时进度控制还要细到具体的网络计划中的工程活动。有效的进度控制必须能迅速且正确地在项目参加者(工程小组、分包商、供应商等)的工作岗位上反映如下进度信息:

(1)项目正式开始后,必须监控项目的进度以确保每项活动按计划进行,掌握各工作包(或工程活动)的实际工期信息,如实际开始时间,记录并报告工期受到的影响及原因,这些必须明确反映在工作包的信息卡(报告)上。

(2)工作包(或工程活动)所达到的实际状态,即完成程度和已消耗的资源。在项目控制期末(一般为月底)对各工作包的实施状况、完成程度、资源消耗量进行统计。这时,如果一个工程活动已完成或未开始,则已完成的进度为100%,未开始的为0,但这时必然

有许多工程活动已开始但尚未完成。为了便于比较精确地进行进度控制和成本核算,必须定义它的完成程度。通常有以下几种定义模式:①0~100%,即开始后完成前进度一直为0,直到完成进度才为100%,这是一种比较悲观的反映。②50%~100%,一经开始直到完成前都认为进度为50%,完成后才为100%。③实物工作量或成本消耗、劳动消耗所占的比例,即按已完成的工作量占总计划工作量的比例计算。④按已消耗工期与计划工期(持续时间)的比例计算。这在横道图计划与实际工期对比和网络调整中各得到应用。⑤按工序(工作步骤)分析定义。这里要分析该工作包的工作内容和步骤,并定义各个步骤的进度份额。例如,某基础混凝土工程,它的施工程度如表8-1所示。

表8-1　某基础混凝土工程施工程序

步骤	时间(d)	工时投入	份额(%)	累计进度(%)
放样	0.5	24	3	3
支模	4	216	27	30
钢筋	6	240	30	60
隐蔽工程验收	0.5	0	0	60
混凝土浇捣	4	280	35	95
养护拆模	5	40	5	100
合计	20	800	100	100

各步骤占总进度的份额由进度描述指标的比例来计算。例如,可以按工时投入比例,也可以按成本比例。如果到月底隐蔽工程验收刚完,则该分项工程完成60%,而如果混凝土浇捣完成一半,则达77%。

当工作包内容复杂,无法用统一的、均衡的指标衡量时,可以采用按工序(工作步骤)定义的方法,该方法的优点是可以排除工时投入浪费、初期的低效率等造成的影响,可以较好地反映工程进度。例如,上述某基础混凝土工程中,支模已经完成,绑扎钢筋工作量仅完成了70%,则如果绑扎钢筋全完成进度为60%,现绑扎钢筋仍有30%未完成,则该分项工程的进度为

$$60\% - 30\%(1 - 70\%) = 60\% - 9\% = 51\%$$

这比前面的各种方法都要精确。

工程活动完成程度的定义不仅对进度描述和控制有重要作用,有时它还是业主与承包商之间工程价款结算的重要参数。

(3)预算该工作包到结束尚需要的时间或结束的日期常常需要考虑剩余工作量、已有的拖延、后期工作效率的提高等因素。

二、施工项目进度计划的控制方法

施工项目进度控制是工程项目进度控制的主要环节,常用的控制方法有横道图控制法、S形曲线控制法、香蕉形曲线比较法等。

（一）横道图控制法

人们常用的、最熟悉的方法是用横道图编制实施性进度计划，指导项目的实施。其简明、形象、直观、编制方法简单、使用方便。

横道图控制法是在项目过程实施中，收集检查实际进度的信息，经整理后直接用横道线表示，并直接与原计划的横道线进行比较。

利用横道控制图检查时，图示清楚明了，可在图中用粗细不同的线条分别表示实际进度与计划进度。在横道图中，完成任务量可以用实物工程量、劳动消耗量和工作量等不同方式表示。

（二）S 形曲线控制法

S 形曲线是一个以横坐标表示时间，纵坐标表示完成工作量的曲线图。工作量的具体内容可以是实物工程量、工时消耗或费用，也可以是相对的百分比。对于大多数工程项目来说，在整个项目实施期内单位时间（以天、周、月、季等为单位）的资源消耗（人、财、物的消耗）通常是中间多而两头少。由于这一特性，资源消耗累加后便形成一条中间陡而两头平缓的形如 S 的曲线。

同横道图一样，S 形曲线也能直观反映工程项目的实际进展情况。项目进度控制工程师事先绘制进度计划的 S 形曲线。在项目施工过程中，每隔一定时间按项目实际进度情况绘制完工进度的 S 形曲线，并与原计划的 S 形曲线进行比较，如图 8-1 所示。

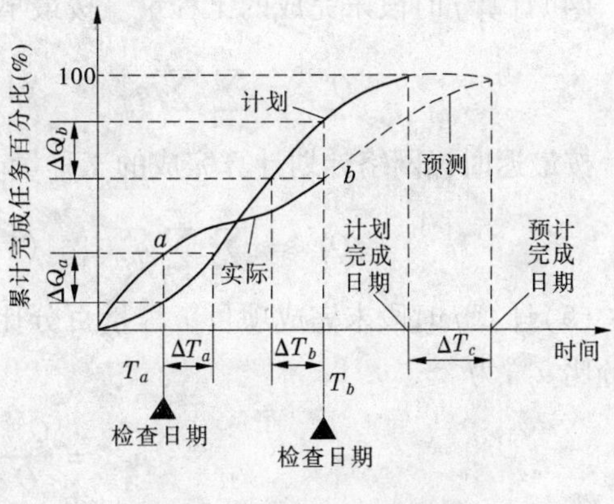

图 8-1　S 形曲线比较图

（1）项目实际进展速度。如果项目实际进展的累计完成量在原计划的 S 形曲线左侧，表示此时的实际进度比计划进度超前，如图 8-1 中 a 点；反之，如果项目实际进展的累计完成量在原计划的 S 形曲线右侧，表示实际进度比计划进度拖后，如图 8-1 中 b 点。

（2）进度超前或拖延时间。如图 8-1 中，ΔT_a 表示 T_a 时刻进度超前时间；ΔT_b 表示 T_b 时刻进度拖延时间。

（3）工程量完成情况。在图 8-1 中，ΔQ_a 表示 T_a 时刻超额完成的工程量；ΔQ_b 表示 T_b 时刻拖欠的工程量。

（4）项目后续进度的预测。在图 8-1 中，虚线表示项目后续进度若仍按原计划速度实施，总工期拖延的预测值为 ΔT_c。

（三）香蕉形曲线比较法

香蕉形曲线是由两条以同一开始时间、同一结束时间的 S 形曲线组合而成的。其中一条 S 形曲线是按最早开始时间安排进度所绘制的 S 形曲线，简称 ES 曲线；而另一条 S 形曲线是按最迟开始时间安排进度所绘制的 S 形曲线，简称 LS 曲线。除项目的开始点和结束点外，ES 曲线在 LS 曲线上方，同一时刻两条曲线所对应完成的工作量是不同的。在项目实施过程中，理想的状况是任一时刻的实际进度在两条曲线所包区域内的曲线 R，如图 8-2 所示。

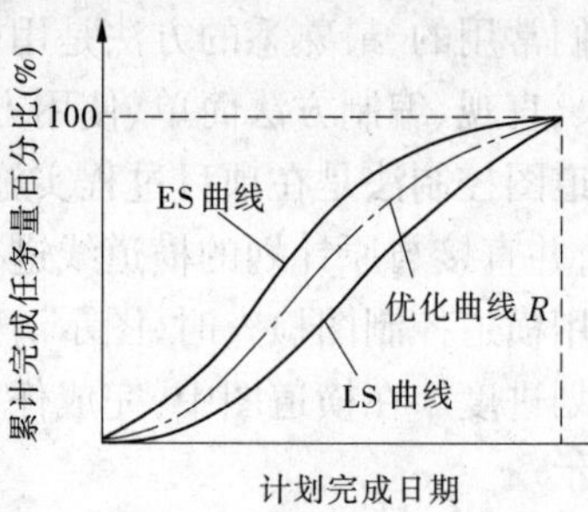

图 8-2　香蕉形曲线图

香蕉形曲线的绘制步骤如下：

(1)计算时间参数。在项目的网络计划基础上，确定项目数目 n 和检查次数 m，计算项目工作的时间参数 ES_i、LS_i($i=1,2,\cdots,n$)。

(2)确定在不同时间计划完成的工程量。以项目的最早时标网络计划确定工作在各单位时间的计划完成工程量 q_{ij}^{ES}，即第 i 项工作按最早开始时间开工，第 j 时段内计划完成的工程量($1\leqslant i\leqslant n$，$0\leqslant j\leqslant m$)；以项目的最迟时标网络计划确定工作在各单位时间的计划完成工程量 q_{ij}^{LS}，即第 i 项工作按最迟开始时间开工，第 j 时段内计划完成的工程量($1\leqslant i\leqslant n,0\leqslant j\leqslant m$)。

(3)计算项目总工程量 Q，即

$$Q = \sum_{i=1}^{n}\sum_{j=1}^{m} q_{ij}^{ES} \tag{8-1}$$

或

$$Q = \sum_{i=1}^{n}\sum_{j=1}^{m} q_{ij}^{LS} \tag{8-2}$$

(4)计算 j 时段末完成的工程量。按最早时标网络计划计算完成的工程量 Q_j^{ES} 为

$$Q_j^{ES} = \sum_{i=1}^{n}\sum_{j=1}^{m} q_{ij}^{ES} \quad (1 \leqslant i \leqslant n,\ 0 \leqslant j \leqslant m) \tag{8-3}$$

按最迟时标网络计划计算完成的工程量 Q_j^{LS} 为

$$Q_j^{LS} = \sum_{i=1}^{n}\sum_{j=1}^{m} q_{ij}^{LS} \quad (1 \leqslant i \leqslant n,\ 0 \leqslant j \leqslant m) \tag{8-4}$$

(5)计算 j 时段末完成项目工程量百分比。按最早时标网络计划计算完成工程量的百分比 μ_j^{ES} 为

$$\mu_j^{ES} = \frac{Q_j^{ES}}{Q} \times 100\% \tag{8-5}$$

按最迟时标网络计划计算完成工程量的百分比 μ_j^{LS} 为

$$\mu_j^{LS} = \frac{Q_j^{LS}}{Q} \times 100\% \tag{8-6}$$

(6)绘制香蕉形曲线。以(μ_j^{ES},j) ($j=0,1,\cdots,m$)绘制 ES 曲线；以 (μ_j^{LS},j)($j=0,1,\cdots,m$)绘制 LS 曲线，由 ES 曲线和 LS 曲线构成项目的香蕉形曲线。

三、进度计划实施中的调整方法

(一)分析偏差对后续工作及工期的影响

当进度计划出现偏差时，需要分析偏差对后续工作产生的影响。分析的方法主要是利用网络计划中工作的总时差和自由时差来判断。工作的总时差 (TF)不影响项目工期，但影响后续工作的最早开始时间，是工作拥有的最大机动时间；而工作的自由时差是

指在不影响后续工作的最早开始时间的条件下，工作拥有的最大机动时间。利用时差分析进度计划出现的偏差可以了解进度偏差对进度计划的局部影响（后续工作）和对进度计划的总体影响（工期）。具体分析步骤如下：

(1)判断进度计划偏差是否在关键线路上。如果出现工作的进度偏差，则 $TF=0$，说明该工作在关键线路上。无论其偏差有多大，都对其后续工作和工期产生影响，必须采取相应的调整措施；如果 $TF\neq 0$，则说明工作在非关键线路上。偏差的大小对后续工作和工期是否产生影响以及影响程度，还需要进一步分析判断。

(2)判断进度偏差是否大于总时差，如果工作的进度偏差大于工作的总时差，说明偏差必将影响后续工作和总工期。如果偏差小于或等于工作的总时差，说明偏差不会影响项目的总工期，但它是否对后续工作产生影响还需进一步与自由时差进行比较判断来确定。

(3)判断进度偏差是否大于自由时差。如果工作进度的偏差大于工作的自由时差，说明偏差将对后续工作产生影响，但偏差不会影响项目的总工期；反之，如果偏差小于或等于工作的自由时差，说明偏差不会对后续工作产生影响，原进度计划可不作调整。

采用上述分析方法，进度控制人员可以根据工作的偏差对后续工作的不同影响采取相应的进度调整措施，以指导项目进度计划的实施。具体的判断分析过程如图 8-3 所示。

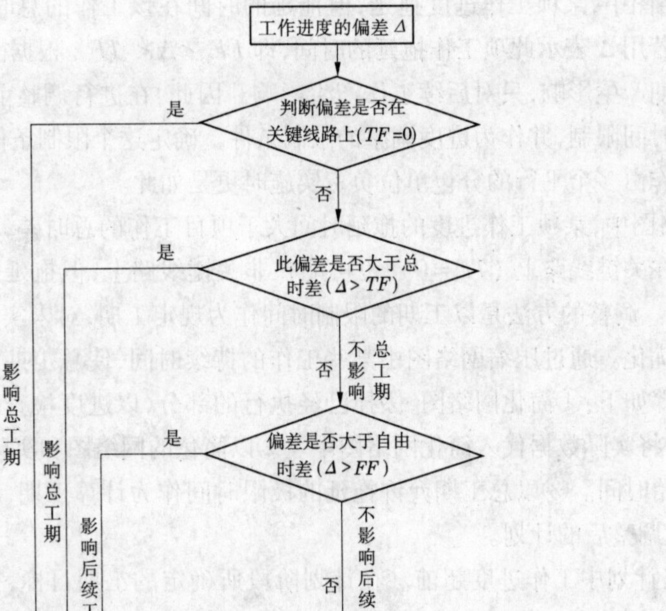

图 8-3　进度偏差对后续工作和工期影响的分析过程

(二)进度计划实施中的调整方法

当进度控制人员发现问题后,对实施进度进行调整。为了实现进度计划的控制目标,究竟采取何种调整方法,要在分析的基础上确定。从实现进度计划的控制目标来看,可行的调整方案可能有多种,存在一个方案优选的问题。一般来说,进度调整的方法主要有改变工作之间的逻辑关系和改变工作延续时间两种。

1. 改变工作之间的逻辑关系

改变工作之间的逻辑关系主要是通过改变关键线路上工作之间的先后顺序、逻辑关系来实现缩短工期的目的。例如,若原进度计划比较保守,各项工作依次实施,即某项工作结束后,另一项工作才开始。通过改变工作之间的逻辑关系,变顺序关系为平行搭接关系,便可达到缩短工期的目的。这样进行调整,由于增加了工作之间的平行搭接时间,进度控制工作就显得更加重要,实施中必须做好协调工作。

2. 改变工作延续时间

改变工作延续时间主要是对关键线路上的工作进行调整,工作之间的逻辑关系并不发生变化。例如,某项目的进度拖延后,为了加快进度,可采用压缩关键线路上工作的持续时间,增加相应的资源来达到加快进度的目的。这种调整通常在网络计划图上直接进行,其调整方法与限制条件及对后续工作的影响程度有关,一般可考虑以下三种情况。

(1)在网络图中,某项工作进度拖延,但拖延的时间在该工作的总时差范围以内,自由时差以外。若用Δ表示此项工作拖延的时间,即$FF < \Delta < TF$。根据前面的分析,这种情况不会对工期产生影响,只对后续工作产生影响。因此,在进行调整前,要确定后续工作允许拖延的时间限制,并作为进度调整的限制条件。确定这个限制条件有时很复杂,特别是当后续工作由多个平行的分包单位负责实施时更是如此。

(2)在网络图中,某项工作进度的拖延时间大于项目工作的总时差,即$\Delta > TF$。这时该项工作可能在关键线路上($TF = 0$),也可能在非关键线路上,但拖延的时间超过了总时差($\Delta > TF$)。调整的方法是以工期的限制时间作为规定工期,对未实施的网络计划进行工期-费用优化。通过压缩网络图中某些工作的持续时间,使总工期满足规定工期的要求。具体步骤如下:①简化网络图,去掉已经执行的部分,以进度检查时间作为开始节点的起点时间,将实际数据代入简化网络图中。②以简化的网络图和实际数据为基础,计算工作最早开始时间。③以总工期允许拖延的极限时间作为计算工期,计算各工作最迟开始时间,形成调整后的计划。

(3)在网络计划中工作进度超前。在计划阶段所确定的工期目标,往往是综合考虑各方面因素优选的合理工期。正因为如此,网络计划中工作进度的任何变化,无论是拖延还是超前都可能造成其他目标的失控(如造成费用增加等)。例如,在一个施工总进度计划中,由于某项工作的超前,致使资源的使用发生变化。这不仅影响原进度计划的继续执行,也影响各项资源的合理安排,特别是施工项目采用多个分包单位进行平行施工时,因进度安排发生了变化,导致协调工作的复杂化。在这种情况下,对进度超前的项目也需要加以控制。

第三节　进度拖延原因分析及解决措施

一、进度拖延原因分析

项目管理者应按预定的项目计划定期评审实施进度情况，分析并确定拖延的根本原因。进度拖延是工程项目过程中经常发生的现象，各层次的项目单元，各个阶段都可能出现延误，分析进度拖延的原因可以采用许多方法，其中包括：

(1)通过工程活动(工作包)的实际工期记录与计划对比确定被拖延的工程活动及拖延量。

(2)采用关键线路分析的方法确定各拖延对总工期的影响。由于各工程活动(工作包)在网络中所处的位置(关键线路或非关键线路)不同，其对整个工期拖延的影响不同。

(3)采用因果关系分析图(表)，影响因素分析表，工程量、劳动效率对比分析等方法详细分析各工程活动(工作包)对整个工期拖延的影响因素和各因素影响量的大小。

进度拖延的原因是多方面的，包括工期及计划的失误、边界条件变化、管理过程中的失误和其他原因。

(一)工期及计划的失误

计划失误是常见的现象。人们在计划期将持续时间安排得过于乐观。包括：

(1)计划时忘记(遗漏)部分必需的功能或工作。

(2)计划值(如计划工作量、持续时间)不足，相关的实际工作量增加。

(3)资源或能力不足，例如，计划时没考虑到资源的限制或缺陷，没有考虑如何完成工作。

(4)出现了计划中未能考虑到的风险或状况，未能使工程实施达到预定的效率。

(5)在现代工程中，上级(业主、投资者、企业主管)常常在一开始就提出很紧迫的工期要求，使承包商或其他设计人、供应商的工期太紧，而且许多业主为了缩断工期，常常压缩承包商做标期、前期准备的时间。

(二)边界条件变化

(1)工作量的变化可能是由于设计的修改、设计的错误、业主新的要求、修改项目的目标及系统范围的扩展造成的。

(2)外界(如政府、上层系统)对项目新的要求或限制，设计标准的提高可能造成项目资源的缺乏，使得工程无法及时完成。

(3)环境条件的变化，如不利的施工条件不仅造成对工程实施过程的干扰，有时直接要求调整原来已确定的计划。

(4)发生不可抗力事件，如地震、台风、动乱、战争等。

(三)管理过程中的失误

(1)计划部门与实施者之间，总分包商之间，业主与承包商之间缺少沟通。

(2)工程实施者缺乏工期意识，例如，管理者拖延了图纸的供应和批准，任务下达时缺少必要的工期说明和责任落实，拖延了工程活动。

(3)项目参加单位对各个活动(各专业工程和供应)之间的逻辑关系(活动链)没有清楚地了解,下达任务时也没有作详细的解释,同时对活动的必要前提条件准备不足,各单位之间缺少协调和信息沟通,许多工作脱节,资源供应出现问题。

(4)由于其他方面未完成项目计划规定的任务造成拖延。例如,设计单位拖延设计、运输不及时、上级机关拖延批准手续、质量检查拖延、业主不果断处理问题等。

(5)承包商没有集中力量施工,材料供应拖延,资金缺乏,工期控制不紧。这可能是由于承包商同期工程太多,力量不足造成的。

(6)业主没有集中资金的供应,拖欠工程款,或业主的材料、设备供应不及时。

(四)其他原因

由于采取其他调整措施造成工期的拖延,如设计的变更、质量问题的返工、实施方案的修改。

二、解决进度拖延的措施

(一)基本策略

对已产生的进度拖延可以采用以下基本策略:

(1)采取积极的措施赶工,以弥补或部分地弥补已经产生的拖延。主要通过调整后期计划,采取措施赶工,修改网络等方法解决进度拖延问题。

(2)不采取特别的措施,在目前进度状态的基础上,仍按照原计划安排后期工作。但通常情况下,拖延的影响会越来越大。有时刚开始仅一两周的拖延,到最后会导致一年拖延的结果。这是一种消极的办法,最终结果必然损害工期目标和经济效益。

(二)可以采取的赶工措施

与在计划阶段压缩工期一样,解决进度拖延有许多方法,但每种方法都有它的适用条件、限制,必然会带来一些负面影响。在人们以往的讨论以及实际工作中,都将重点集中在时间问题上,这是不对的。许多措施常常没有效果,或引起其他更严重的问题,最典型的是增加成本开支、现场混乱和引起质量问题。因此,应该将它作为一个新的计划过程来处理。

在实际工程中经常采用以下赶工措施:

(1)增加资源投入。例如,增加劳动力、材料、周转材料和设备的投入量。这是最常用的办法。它会带来以下几个问题:①造成费用增加,如增加人员的调遣费用、周转材料一次性费用、设备的进出场费用;②由于增加资源造成资源使用效率的降低;③加剧资源供应困难,如有些资源没有增加的可能性,加剧项目之间或工序之间对资源的激烈竞争。

(2)重新分配资源。例如,将服务部门的人员投入到生产中去,投入风险准备资源,采用加班或多班制工作。

(3)减少工作范围。包括减少工作量或删去一些工作包(或分项工程),但这可能产生以下影响:①损害工程的完整性、经济性、安全性、运行效率,或提高项目运行费用;②必须经过上层管理者,如投资者、业主的批准。

(4)改善工具、器具以提高劳动效率。

(5)提高劳动生产率。主要通过辅助措施和合理的工作过程,这里要注意以下几个问题:①加强培训,通常培训应尽可能提前;②注意工人级别与工人技能的协调;③工作中的激励机制,例如奖金、小组精神发扬、个人负责制、目标明确;④改善工作环境及项目的公用设施(需要花费);⑤项目小组在时间上和空间上合理的组合和搭接;⑥避免项目组织中的矛盾,多沟通。

(6)将部分任务转移。如分包、委托给另外的单位,将原计划由自己生产的结构构件改为外购等。当然这不仅有风险、产生新的费用,而且需要增加控制和协调工作。

(7)改变网络计划中工程活动的逻辑关系,如将前后顺序工作改为平行工作,或采用流水施工的方法。这又可能产生以下几个问题:①工程活动逻辑上的矛盾性;②资源的限制,平行施工要增加资源的投入强度,尽管投入总量不变;③工作面限制及由此产生的现场混乱和低效率问题。

(8)将一些工作包合并,特别是在关键线路上按先后顺序实施的工作包合并,与实施者一道研究,通过局部调整实施过程和人力、物力的分配达到缩短工期的目的。

通常,A_1、A_2 两项工作如果由两个单位分包按次序施工(见图 8-4),则持续时间较长,而如果将它们合并为 A,由一个单位来完成,则持续时间就大大缩短。这是由于:①两个单位分别负责,它们都经过前期准备低效率→正常施工→后期低效率过程,则总的平均效率很低。②由两个单位分别负责时,中间有一个对 A_1 工作的检查、打扫和场地交接及对 A_2 工作准备的过程,会使工期延长,这是由分包合同或工作任务单决定的。③如果合并由一个单位完成,则平均效率会较高,而且许多工作能够穿插进行。④实践证明,采用设计-施工总承包,或项目管理总承包,比分阶段、分专业平行包工期会大大缩短。⑤修改实施方案,例如,将现浇混凝土改为场外预制、现场安装,这样可以提高施工速度。又如在一国际工程中,原施工方案为现浇混凝土,工期较长,进一步调查发现该国技术工缺乏,劳动力的素质和可培训性较差,无法保证原工期,后来采用预制装配施工方案,大大缩短了工期。当然这一方面必须有可用的资源,另一方面又要考虑是否会造成成本的超支。

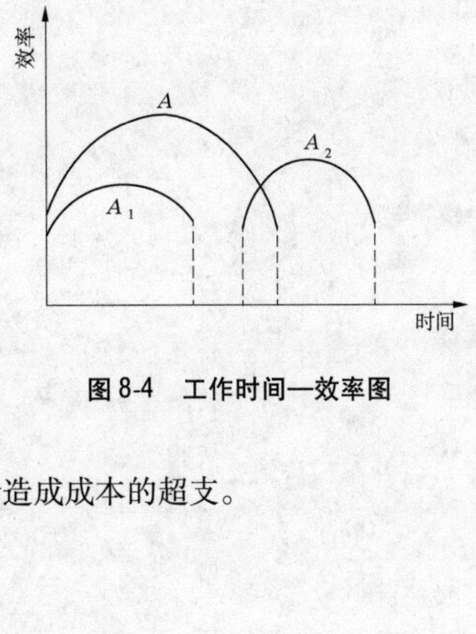

图 8-4 工作时间—效率图

(三)应注意的问题

在选择措施时,要考虑到以下几点:

(1)赶工应符合项目的总目标与总战略。

(2)措施应是有效的、可以实现的。

(3)花费比较省。

(4)对项目的实施及承包商、供货商的影响面较小。

在制订后续工作计划时,这些措施应与项目的其他过程协调。

在实际工作中,人们常常采用了许多事先认为有效的措施,但实际效力却很小,常常达不到预期缩短工期的效果,主要原因有以下几种:

(1)这些计划是无正常计划期状态下的计划,常常是不周全的。

(2)缺少协调,没有将加速的要求、措施、新的计划、可能引起的问题通知相关各方,如其他分包商、供货商、运输单位、设计单位。

(3)人们对以前造成拖延的问题的影响认识不清。例如,由于外界干扰到目前为止已造成拖延,实质上,这些影响是有惯性的,还会继续扩大,所以即使现在采取措施,在一段时间内,其效果很小,拖延仍会继续扩大。

习题

8-1 简述工期与进度的联系与区别。

8-2 工程项目中导致工期拖延的原因有哪些?

8-3 解决工期拖延有哪些主要措施?

8-4 在解决工期拖延时应注意哪些问题?

8-5 以你所熟悉的工程项目为例列举反映进度的主要指标。

8-6 调查一个实际工程项目,了解它的实际及计划工期情况,作出对比分析,指出其原因。

第九章 施工合同管理

本章重点

合同的主要类型,施工合同的实施与管理,施工索赔。

教学目标

通过本章学习,了解水利工程施工合同及施工合同管理的基本概念,合同的谈判与签约;熟悉工程合同的主要类型,施工合同的主要内容;掌握施工合同实施中的主要工作、施工索赔问题及其处理的基本方法。

第一节 概 述

水利工程施工合同是指水利工程的项目法人(发包方)和工程承包商(施工单位或承包方)为完成商定的水利工程而明确相互权利、义务关系的协议,即承包方进行工程建设施工,发包方支付工程价款的合同。

水利工程施工合同管理是指水利建设主管机关、相应的金融机构,以及建设单位、监理单位、承包企业依照法律和行政法规、规章制度,采取法律的、行政的手段,对施工合同关系进行组织、指导、协调和监督,保护施工合同当事人的合法权益,处理施工合同纠纷,防止和制裁违法行为,保证施工合同法规的贯彻实施等一系列活动。

施工合同明确了在施工阶段承包人和发包人的权利和义务,施工合同的正确签订是履行合同的基础。合同的最终实现需要发包人和承包人双方严格按照合同的各项条款和条件,全面履行各自的义务,才能享受其权利,最终完成工程任务。

依法签订的施工合同,合同双方的权益都受到法律保护。当一方不履行合同,使对方的权益受到侵害时,就可以以施工合同为依据,根据有关法律,追究违约一方的法律责任。

一、合同谈判与签订

合同是影响利润最主要的因素,而合同谈判和合同签订是获得尽可能多利润的最好机会。如何利用这个机会签订一份有利的合同,是每个承包商都十分关心的问题。

(一)合同谈判的主要内容

1. 关于工程范围

承包商所承担的工程范围,包括施工、设备采购、安装和调试等。在签订合同时要做到明确具体、范围清楚、责任明确,否则将导致报价漏项。

2. 关于合同价格条款

合同依据计价方式的不同主要有总价合同、单价合同和成本加酬金合同,在谈判中根据工程项目的特点加以确定。

3. 关于付款

付款问题可归纳为三个方面，即价格问题、货币问题、支付方式问题。承包人应对合同的价格调整条款、合同规定的货币价值浮动的影响、支付时间、支付方式和支付保证金等条款予以充分的重视。

4. 关于工期和维修期的条款

(1)被授标的承包人首先应根据投标文件中自己填报的工期及考虑工程量的变动而产生的影响，与发包人最后确定工期。若有可能，应根据承包人的项目准备情况、季节和施工环境因素等商洽一个适当的开工日期。

(2)单项工程较多的项目应争取分批竣工，提交发包人验收，并从该批验收起计算该部分的维修期；应规定在发包人验收并接收前，承包人有权不让发包人随意使用等条款，以缩短自己的责任期限。

(3)在合同中应明确承包人保留由于工程变更、恶劣的气候影响等原因对工期产生不利影响时要求合理地延长工期的权利。

(4)合同文本中应当对保修工程的范围、保修责任及保修期的开始和结束时间有明确的说明，承包人应该只承担由于材料和施工方法及操作工艺等不符合规定而产生的缺陷。

(5)承包人应力争用维修保函来代替发包人扣留的保证金，这对发包人并无风险，是一种比较公平的做法。

5. 关于完善合同条件的问题

完善合同条件包括关于合同图纸，关于合同的某些措辞，关于违约罚金和工期提前奖金、工程量验收以及衔接工序和隐蔽工程施工的验收程序，关于施工占地，关于开工和工期，关于向承包人移交施工现场和基础资料，关于工程交付、预付款保函的自动减款条款。

(二)合同最后文本的确定和合同的签订

1. 合同文件内容

(1)建设工程合同文件构成：合同协议书、工程量及价格单、合同条件、投标人须知、合同技术条件(附投标图纸)、发包人授标通知、双方共同签署的合同补遗(有时也以合同谈判会议纪要形式表示)、中标人投标时所递交的主要技术和商务文件、其他双方认为应作为合同的一部分文件。

(2)对所有在招投标及谈判前后各方发出的文件、文字说明、解释性资料进行清理，对凡是与上述合同构成相矛盾的文件，应宣布作废。可以在双方签署的合同补遗中，对此作出排除性质的说明。

2. 关于合同协议的补遗

在合同谈判阶段，双方谈判的结果一般以合同补遗的形式表示，有时也可以以合同谈判纪要形式形成书面文件。这一文件将成为合同文件中极为重要的组成部分，因为它最终确认了合同签订人之间的意志，所以在合同解释中优先于其他文件。

3. 合同的签订

发包人或监理工程师在合同谈判结束后，应按上述内容和形式完成一个完整的合同文件草案，并经承包人授权代表认可后正式形成文件，承包人代表应认真审核合同草案的全部内容。在双方认为满意并核对无误后，由双方代表草签，至此合同谈判阶段即告结束。此时,承包人应及时准备和递交履约保函,准备正式签署承包合同。

二、工程合同的类型

(一)按合同签约的对象内容划分

1. 建设工程勘察、设计合同

建设工程勘察、设计合同是指业主(发包人)与勘察人、设计人为完成一定的勘察、设计任务,明确双方权利、义务的协议。

2. 建设工程施工合同

建设工程施工合同通常也称为建筑安装工程承包合同,是指建设单位(发包方)和施工单位(承包方)为了完成商定的或通过招投标确定的建筑工程安装任务,明确相互权利、义务关系的书面协议。

(二)按合同签约各方的承包、发包关系划分

1. 总包合同

建设单位(发包方)将工程项目建设全过程或其中某个阶段的全部工作发包给一个承包单位总包,发包方与总包方签订的合同称为总包合同。总包合同签订后,总承包单位可以将若干专业性工作交给不同的专业承包单位去完成,并统一协调和监督它们的工作。一般情况下,建设单位仅同总承包单位发生法律关系,而不同各专业承包单位发生法律关系。

2. 分包合同

总承包方与发包方签订了总包合同之后,将若干专业性工作分包给不同的专业承包单位去完成,总承包方分别与几个分包方签订的分包合同。对于大型工程项目,有时也可由发包方直接与每个承包方签订合同,而不采取总包形式。这时每个承包方都处于同样地位,各自独立完成本单位所承包的任务,并直接向发包方负责。

(三)按承包合同的不同计价方法划分

1. 固定总价合同

采用这类合同的工程,其总价是以施工图纸和工程说明书为计算依据的,在招标时将造价一次包死。在合同执行过程中,不能因为工程量、设备、材料价格、工资等变动而调整合同总价,但人力不可抗拒的各种自然灾害、国家统一调整价格、设计有重大修改等情况除外。

2. 单价合同

单价合同可分为三种形式。

1)工程量清单合同

这种合同通常由建设单位委托设计、咨询单位计算出工程量清单,分别列出分部(分项)工程量。承包人在投标时填报单价,并计算出总造价。在工程施工过程中,各分部(分项)的实际工程量应按实际完成量计算,并按投标时承包人所填报的单价计算实际工程总造价。这种合同的特点是在整个施工过程中单价不变,工程承包金额将有变化。

2)单价一览表合同

这种合同包括一个单价一览表,发包单位只在表中列出各分部(分项)工程,但不列出工程量。承包单位投标时只填各分部(分项)工程的单价。工程施工过程中按实际完成的工程量和原填单价计价。

3) 成本加酬金合同

这种合同中的合同总价由两部分组成：一部分是工程直接成本，工程直接成本是按工程施工过程中实际发生的直接成本实报实销；另一部分是事先商定好的一笔支付给承包人的酬金。

三、《建设工程施工合同(示范文本)》简介

建设部和国家工商行政管理总局于 1999 年发布了《建设工程施工合同(示范文本)》(GF—1999—0201)(以下简称《示范文本》)，这是一种主要适用于施工总承包的合同。该《示范文本》由协议书、通用条款和专用条款三部分组成，并附有“承包人承揽工程项目一览表”、“发包人供应材料设备一览表”、“工程质量保修书”三个附件。

(一)协议书内容

(1)工程概况。工程名称、工程地点、工程内容、工程立项批准文号和资金来源。

(2)工程承包范围。承包人承包工程的工作范围和内容。

(3)合同工期。开工、竣工日期，合同工期应填写的总日历天数。

(4)质量标准。工程质量必须达到国家标准规定的合格标准，双方也可以约定达到国家标准规定的优良标准。

(5)合同价款。合同价款应填写双方确定的合同金额(分别用大、小写表示)。

(6)组成合同的文件。合同文件应能相互解释、互为说明。除专用条款另有约定外，组成合同的文件及优先解释顺序如下：①合同协议书。②中标通知书。③投标书及其附件。④本合同专用条款。⑤本合同通用条款。⑥标准规范及有关技术文件。⑦图纸。⑧工程量清单。⑨工程报价单或预算书。

(7)本协议书中有关词语含义与本合同第二部分通用条款中分别赋予它们的定义相同。

(8)承包人向发包人承诺按照合同约定进行施工、竣工，并在质量保修期内承担工程质量保修责任。

(9)发包人向承包人承诺按照合同约定的期限和方式支付合同价款及其他应当支付的款项。

(10)合同的生效。

(二)通用条款内容

(1)词语定义及合同文件。

(2)双方一般权利和义务。

(3)施工组织设计和工期。

(4)质量与检验。

(5)安全施工。

(6)合同价款与支付。

(7)材料设备供应。

(8)工程变更。

(9)竣工验收与结算。

(10)违约、索赔和争议。

(11)其他。

(三)专用条款内容

(1)专用条款谈判依据及注意事项。

(2)专用条款与通用条款是相对应的。

(3)专用条款具体内容是发包人与承包人协商将工程具体要求填写在合同文本中。

(4)建设工程合同专用条款的解释优于通用条款。

第二节　施工合同的实施与管理

一、合同分析

合同分析是将合同目标和合同条款规定落实到合同实施的具体问题和具体事件上,用以指导具体工作,使合同能顺利地履行。合同分析应作为工程施工合同管理的起点。

(一)施工合同分析的必要性

(1)在一个工程中,合同往往几份、十几份甚至几十份,合同之间关系复杂。

(2)合同文件和工程活动的具体要求(如工期、质量、费用等)、合同各方的责任关系、事件和活动之间的逻辑关系极为复杂。

(3)许多参与工程的人员所涉及的活动和问题仅为合同文件的部分内容,因此合同管理人员应对合同进行全面分析,再向各职能人员进行合同交底以提高工作效率。

(4)合同条款的语言有时不够明了,必须在合同实施前进行分析,以便合同管理工作。

(5)在合同中存在的问题和风险包括合同审查时已发现的风险和还可能隐藏着的风险,在合同实施前有必要作进一步的全面分析。

(6)在合同实施过程中,双方会产生许多争执,解决这些争执也必须作合同分析。

(二)合同分析的内容

1. 合同的法律基础

通过分析合同签订和实施所依据的法律、法规,承包人了解适用于合同的法律的基本情况(范围、特点等),指导整个合同实施和索赔工作。对合同中明示的法律要重点分析。

2. 合同类型

不同类型的合同,其性质、特点、履行方式不一样,双方的责任、权利关系和风险分担不一样。这直接影响合同双方的责任和权利的划分,影响工程施工中的合同管理和索赔。

3. 承包人的主要任务

(1)承包人的主要任务,即合同标的。承包人在设计、采购、生产、试验、运输、土建、安装、验收、试生产、缺陷责任期维修等方面的主要责任,施工现场的管理责任,给发包人的管理人员提供生活和工作条件的责任等。

(2)工作范围。它通常由合同中的工程量清单、图纸、工程说明、技术规范定义。工程范围的界限应很清楚,否则会影响工程变更和索赔,特别是固定总价合同。

(3)工程变更的规定。重点分析工程变更程序和工程变更的补偿范围。

4. 发包人的责任

主要分析发包人的权利和合作责任。发包人的权利是承包人的合作责任，是承包人容易产生违约行为的地方；发包人的合作责任是承包人顺利完成合同规定任务的前提，同时又是承包人进行索赔的理由。

5. 合同价格

应重点分析合同采用的计价方法、计价依据、价格调整方法、合同价格所包括的范围及工程款结算方法和程序。

6. 工期拖延

在实际工程中，工期拖延极为常见和频繁，对合同实施和索赔影响很大，要特别重视。

7. 违约责任

如果合同的一方未遵守合同规定，造成对方损失，应受到相应的合同处罚。

(1)承包人不能按合同规定的工期完成工程的违约金或承担发包人损失的条款。

(2)由于管理上的疏忽造成对方人员和财产损失的赔偿条款。

(3)由于预谋和故意行为造成对方损失的处罚和赔偿条款。

(4)由于承包人不履行或不能正确履行合同责任，或出现严重违约时的处理规定。

(5)由于发包人不履行或不能正确履行合同责任，或出现严重违约时的处理规定，特别是对发包人不及时支付工程款的处理规定。

8. 验收、移交和保修

(1)验收。包括许多内容，如材料和机械设备的进场验收、隐蔽工程验收、单项工程验收、全部工程竣工验收等。

在合同分析中，应对重要的验收要求、时间、程序以及验收所带来的法律后果作说明。

(2)移交。竣工验收合格即办理移交。应详细分析工程移交的程序，对工程尚存的缺陷、不足之处以及应由承包人完成的剩余工作，发包人可保留其权利，并指令承包人限期完成，承包人应在移交证书上注明的日期内尽快地完成这些剩余工程或工作。

(3)保修。分析保修期限和保修责任的划分。

9. 索赔程序和争执的解决

重点分析索赔的程序、争执的解决方式和程序及仲裁条款，包括仲裁所依据的法律，仲裁地点、方式和程序，仲裁结果的约束力等。

二、合同交底

合同交底是以合同分析为基础、以合同内容为核心的交底工作，涉及到合同的全部内容，特别是关系到合同能否顺利实施的核心条款。合同交底的目的是将合同目标和责任具体落实到各级人员的工程活动中，并指导管理及技术人员以合同为行为准则。合同交底一般包括以下主要内容：

(1)工程概况及合同工作范围；

(2)合同关系及合同涉及各方之间的权利、义务与责任；

(3)合同工期控制总目标及阶段控制目标，目标控制的网络表示及关键线路说明；

(4)合同质量控制目标及合同规定执行的规范、标准和验收程序；

(5)合同对本工程的材料、设备采购、验收的规定；

(6)投资及成本控制目标，特别是合同价款的支付及调整的条件、方式和程序；

(7)合同双方争议问题的处理方式、程序和要求；

(8)合同双方的违约责任；

(9)索赔的机会和处理策略；

(10)合同风险的内容及防范措施；

(11)合同进展文档管理的要求。

三、合同控制

(一)合同控制的作用

(1)进行合同跟踪，分析合同实施情况，找出偏离，以便及时采取措施，调整合同实施过程，达到合同总目标。

(2)在整个工程过程中，能使项目管理人员一直清楚地了解合同实施情况，对合同实施现状、趋向和结果有一个清醒的认识。

(二)合同控制的依据

(1)合同和合同分析结果，如各种计划、方案、商洽变更文件等，是比较的基础，是合同实施的目标和依据。

(2)各种实际的工程文件，如原始记录，各种工程报表、报告、验收结果、计量结果等。

(3)工程管理人员每天对现场的书面记录。

(三)合同控制措施

(1)合同问题处理措施。分析合同执行差异的原因及差异责任，进行问题处理。

(2)工程问题处理措施。包括技术措施、组织措施、管理措施、经济措施和合同措施。

四、工程合同档案管理

合同的档案管理是对合同资料的收集、整理、归档和使用，合同资料的种类如下：

(1)合同资料，如各种合同文本、招标文件、投标文件、图纸、技术规范等。

(2)合同分析资料，如合同总体分析、网络图、横道图等。

(3)工程实施中产生的各种资料，如发包人的各种工作指令、签证、信函、会议纪要和其他协议，各种变更指令、申请、变更记录，各种检查验收报告、鉴定报告。

(4)工程实施中的各种记录、施工日记等，官方的各种文件、批件，反映工程实施情况的各种报表、报告、图片等。

第三节 施工合同索赔管理

一、索赔的概念与分类

(一)索赔的概念

索赔是指在合同实施过程中，合同当事人一方因对方违约或其他过错，或虽无过错但无法防止的外因致使受到损失时,要求对方给予赔偿或补偿的法律行为。索赔是双向的,承包人可以向发包人索赔,发包人也可以向承包人索赔。一般称后者为反索赔。

(二)索赔的分类

1. 按索赔发生的原因分类

如施工准备、进度控制、质量控制、费用控制和管理等原因引起的索赔,这种分类能明确指出每一索赔的根源所在,使发包人和工程师便于审核分析。

2. 按索赔的目的分类

(1)工期索赔。工期索赔就是要求发包人延长施工时间,使原规定的工程竣工日期顺延,从而避免违约罚金的发生。

(2)费用索赔。费用索赔就是要求发包人补偿费用损失,进而调整合同价款。

3. 按索赔的依据分类

(1)合同内索赔。合同内索赔是指索赔涉及的内容在合同文件中能够找到依据,或可以根据该合同某些条款的含义,推论出一定的索赔权。

(2)合同外索赔。合同外索赔是指索赔内容虽在合同条款中找不到依据,但索赔权利可以从有关法律法规中找到依据。

(3)道义索赔。道义索赔是指由于承包人失误,或发生承包人应负责任的风险而造成承包人重大的损失所产生的索赔。

4. 按索赔的有关当事人分类

(1)承包人和发包人之间的索赔;

(2)总承包人与分承包人之间的索赔;

(3)承包人与供货人之间的索赔;

(4)承包人向保险公司、运输公司索赔等。

5. 按索赔的处理方式分类

(1)单项索赔。单项索赔就是采取一事一索赔的方式,每一件索赔事件发生后,即报送索赔通知书,编报索赔报告,要求单项解决支付。

(2)总索赔。总索赔又称综合索赔或一揽子索赔,一般是在工程竣工或移交前,承包人将施工中未解决的单项索赔集中考虑,提出综合索赔报告,由合同双方当事人在工程移交前进行最终谈判,以一揽子方案解决索赔问题。

二、索赔的起因

(一)发包人违约

发包人违约主要表现为未按施工合同规定的时间和要求提供施工条件、任意拖延支付工程款、无理阻挠和干扰工程施工造成承包人经济损失或工期拖延、发包人所指定分包商违约等。

(二)合同调整

合同调整主要表现为设计变更、施工组织设计变更、加速施工、代换某些材料、有意提高设备或原材料的质量标准引起的合同差价、图纸设计有误或由于工程师指令错误等,造成工程返工、窝工、待工,甚至停工。

(三)合同缺陷

(1)合同条款规定用语含糊,不够准确,难以分清双方的责任和权益。

(2)合同条款中存在着漏洞,对实际各种可能发生的情况未作预测和规定,缺少某些必不可少的条款。

(3)合同条款之间互为矛盾,即在不同的条款和条文中,对同一问题的规定和解释要求不一致。

(4)合同的某些条款中隐含着较大的风险,即对承包人方面要求过于苛刻,约束条款不对等、不平衡。

(四)不可预见因素

(1)不可预见障碍。如古井、墓坑、断层、溶洞及其他人工构筑障碍物等。

(2)不可抗力因素。如异常的气候条件、高温、台风、地震、洪水、战争等。

(3)其他第三方原因。与工程相关的其他第三方所发生的问题对本工程项目的影响。如银行付款延误、邮路延误、车站压货等。

(五)国家政策、法规的变化

(1)建筑工程材料价格上涨,人工工资标准的提高。

(2)银行贷款利率调整,以及货币贬值给承包商带来的汇率损失。

(3)国家有关部门在工程中推广、使用某些新设备、施工新技术的特殊规定。

(4)国家对某种设备建筑材料限制进口、提高关税的规定等。

(六)发包人或监理工程师管理不善

(1)工程未完成或尚未验收,发包人提前进入使用,并造成了工程损坏。

(2)工程在保修期内,由于发包人工作人员使用不当,造成工程损坏。

(七)合同中断及解除

(1)国家政策变化、不可抗力和双方之外的原因导致工程停建或缓建造成合同中断。

(2)合同履行中,双方在组织管理中不协调、不配合以至矛盾激化,使合同不能再继续履行下去,或发包人严重违约,承包人行使合同解除权,或承包人严重违约,发包人行使驱除权解除合同等。

三、索赔的程序

(一)索赔意向通知

当索赔事项出现时,承包人将索赔意向在事项发生 28 d 内以书面形式通知工程师。

(二)索赔报告提交

承包人在合同规定的时限内递送正式的索赔报告,主要内容包括索赔的合同依据、索赔理由、索赔事件发生经过、索赔要求(费用补偿或工期延长)及计算方法,并附相应证明材料。

(三)工程师对索赔的处理

工程师在收到承包人索赔报告后,应及时审核索赔资料,并在合同规定时限内给予答复或要求承包人进一步补充索赔理由和证据,逾期可视为该项索赔已经认可。

(四)索赔谈判

工程师提出索赔处理决定的初步意见后,发包人和承包人就此进行索赔谈判,作出索赔的最后决定。若谈判失败,即进入仲裁与诉讼程序。

四、索赔证据的要求

(1)事实性。索赔证据必须是在实施合同过程中确实存在和发生的,必须完全反映实际情况,能经得住推敲。

(2)全面性。所提供的证据应能说明事件的全过程,不能零乱和支离破碎。

(3)关联性。索赔证据应能互相说明,相互具有关联性,不能互相矛盾。

(4)及时性。索赔证据的取得及提出应当及时。

(5)具有法律效力。一般要求证据必须是书面文件,有关记录、协议、纪要必须是双方签署的,工程中的重大事件、特殊情况的记录及统计必须由监理工程师签证认可。

五、反索赔

索赔管理的任务不仅在于对己方产生的损失的追索,而且在于对将产生或可能产生的损失的防止。追索损失主要通过索赔手段进行,而防止损失主要通过反索赔进行。

索赔和反索赔是进攻和防守的关系。在合同实施过程中,合同双方都在进行合同管理,都在寻找索赔机会,一旦干扰事件发生,一方进行索赔,不能进行有效的反索赔,同样要蒙受损失,所以反索赔与索赔有同等重要的地位。

反索赔的目的是防止损失的发生,它包括以下两方面的内容:

(1)防止对方提出索赔。在合同实施中进行积极防御,使自己处于不能被索赔的地位。如防止自己违约,完全按合同办事。

(2)反击对方的索赔要求。如对对方的索赔报告进行反驳,找出理由和证据,证明对方的索赔报告不符合事实情况,不符合合同规定,没有根据,计算不准确,以避免或减轻自己的赔偿责任使自己不受或少受损失。

习 题

9-1 简述水利工程施工合同及水利工程施工合同管理的概念。

9-2 合同谈判的主要内容有哪些?

9-3 工程合同的类型有哪些?

9-4 施工合同文件一般由哪几部分组成?

9-5 简述合同分析的主要内容。

9-6 合同交底主要进行哪些工作?

9-7 简述施工合同控制的作用。

9-8 什么是索赔、反索赔?索赔的类型有哪些?

9-9 简述索赔的程序。

9-10 对索赔证据的要求是什么?

第十章 施工安全与环境管理

本章重点

施工安全控制的程序、要求、方法、技术措施与安全检查，环境安全控制的意义、组织管理、污染防治。

教学目标

熟悉施工安全的特点、目的、任务、组织建立，环境安全的意义、特点、组织建立、管理制度和污染类型；掌握施工安全控制的程序、要求、方法、技术措施与安全检查，环境安全控制的组织管理方法、污染防治措施。

第一节 施工安全管理

一、施工安全管理的目的和任务

施工安全管理的目的是最大限度地保护生产者的人身安全，控制影响工作环境内所有员工（包括临时工作人员、合同方人员、访问者和其他有关人员）安全的条件和因素，避免因使用不当对使用者造成安全危急，防止安全事故的发生。

施工安全管理的任务是建筑生产安全企业为达到建筑施工过程中安全的目的，所进行的组织、控制和协调活动，主要内容包括制定、实施、实现、评审和保持安全方针所需的组织机构、策划活动、管理职责、实施程序、所需资源等。施工企业应根据自身实际情况制定方针，并通过实施、实现、评审、保持、改进来建立组织机构、策划活动、明确职责、遵守安全法律法规、编制程序控制文件、实施过程控制，提供人员、设备、资金、信息等资源，对安全与环境管理体系按国家标准进行评审，按计划、实施、检查、总结循还过程进行提高。

二、施工安全管理的特点

（一）安全管理的复杂性

水利工程施工具有项目固定性、生产的流动性、外部环境影响的不确定性，这些决定了施工安全管理的复杂性。

生产的流动性主要指生产要素的流动性，它是指生产过程中人员、工具和设备的流动，主要表现在以下几个方面：

（1）同一工地不同工序之间的流动；

（2）同一工序不同工程部位之间的流动；

（3）同一工程部位不同时间段之间的流动；

(4)施工企业向新建项目迁移的流动。

外部环境因素对施工安全影响很多，主要表现在以下几个方面：

(1)露天作业多；

(2)气候变化大；

(3)地质条件变化；

(4)地形条件影响；

(5)地域、人员交流障碍影响。

以上生产因素和环境因素的影响使施工安全管理变得复杂，考虑不周会出现安全问题。

(二)安全管理的多样性

受客观因素影响，水利工程项目具有多样性特点，使得建筑产品具有单件性，每一个施工项目都要根据特定条件和要求进行施工生产，安全管理具有多样性特点，主要表现在以下几个方面：

(1)不能按相同的图纸、工艺和设备进行批量重复生产；

(2)因项目需要设置的组织机构，项目结束后组织机构便不存在，生产经营的一次性特征突出；

(3)新技术、新工艺、新设备、新材料的应用给安全管理带来新的难题；

(4)人员的改变、安全意识、经验不同带来安全隐患。

(三)安全管理的协调性

施工过程的连续性和分工决定了施工安全管理的协调性。水利施工项目不能像其他工业产品一样可以分成若干部分或零部件同时生产，必须在同一个固定的场地按严格的程序连续生产，上一道工序完成才能进行下一道工序，上一道工序生产的结果往往被下一道工序所掩盖，而每一道工序都是由不同的部门和人员来完成的。这样，就要求在安全管理中不同部门和人员作好横向配合和协调，共同注意各施工生产过程接口处安全管理的协调，确保整个生产过程和安全。

(四)安全管理的强制性

工程建设项目建设前，已经通过招标投标程序确定了施工单位。由于目前建筑市场供大于求，施工单位大多以较低的标价中标，实施中安全管理费用投入严重不足，不符合安全管理规定的现象时有发生，从而要求建设单位和施工单位重视安全管理经费的投入，达到安全管理的要求，政府也要加大对安全生产的监管力度。

三、施工安全控制的特点、程序、要求

(一)安全控制的概念

1. 安全生产的概念

安全生产是指施工企业使生产过程避免人身伤害、设备损害及其不可接受的损害风险的状态。

不可接受的损害风险通常是指超出了法律、法规和规章的要求，超出了方针、目标和企业规定的其他要求，超出了人们普遍接受的要求(通常是隐含的要求)。

安全与否是一个相对的概念，根据风险接受程度来判断。

2. 安全控制的概念

安全控制是指企业通过对安全生产过程中涉及的计划、组织、监控、调节和改进等一系列致力于满足施工安全措施所进行的管理活动。

（二）安全控制的方针与目标

1. 安全控制的方针

安全控制的目的是安全生产，因此安全控制的方针是"安全第一，预防为主"。

安全第一是指把人身的安全放在第一位，安全为了生产，生产必须保证人身安全，充分体现以人为本的理念。

预防为主是实现安全第一的手段，采取正确的措施和方法进行安全控制，从而减少甚至消除事故隐患，尽量把事故消除在萌芽状态，这是安全控制最重要的思想。

2. 安全控制的目标

安全控制的目标是减少和消除生产过程中的事故，保证人员健康安全，避免财产损失。安全控制目标具体包括以下内容：

（1）减少和消除人的不安全行为的目标；

（2）减少和消除设备、材料的不安全状态的目标；

（3）改善生产环境和保护自然环境的目标；

（4）安全管理的目标。

（三）施工安全控制的特点

1. 安全控制面大

由于规模大、生产工序多、工艺复杂、流动施工作业多、野外作业多、高空作业多、作业位置多、施工中不确定因素多，因此水利工程施工中安全控制涉及范围广、控制面大。

2. 安全控制动态性强

水利工程建设项目的单件性使每个工程所处的条件不同，危险因素和措施也会有所不同，员工进驻一个新的工地，面对新的环境，需要大量时间去熟悉和对工作制度及安全措施进行调整。

工程施工项目施工的分散性使现场施工分散于场地的不同位置和建筑物的不同部位，面对新的具体的生产环境，除熟悉各种安全规章制度和技术措施外，还需作出自己的研究判断和处理。有经验的人员也必须适应不断变化的新问题、新情况。

3. 安全控制体系具有交叉性

工程项目施工是一个系统工程，受自然环境和社会环境影响大，施工安全控制和工程系统、质量管理体系、环境和社会系统联系密切，交叉影响，建立和运行安全控制体系要相互结合。

4. 安全控制必须具有严谨性

安全事故的出现是随机的，偶然中存在必然性，一旦失控，就会造成伤害和损失。因此，安全状态的控制必须严谨。

(四)施工安全控制程序

1. 确定项目的安全目标

按目标管理的方法在以项目经理为首的项目管理系统内进行分解,从而确定每个岗位的安全目标,实现全员安全控制。

2. 编制项目安全技术措施计划

对生产过程中的不安全因素,应采取技术手段加以控制和消除,并采用书面文件的形式作为工程项目安全控制的指导性文件,落实预防为主的方针。

3. 落实项目安全技术措施计划

安全技术措施包括安全生产责任制、安全生产设施、安全教育和培训、安全信息的沟通和交流,通过安全控制使生产作业的安全状况处于可控制状态。

4. 安全技术措施计划的验证

安全技术措施计划的验证包括安全检查、不符合因素纠正、安全记录检查、安全技术措施修改与再验证。

5. 安全生产控制的持续改进

安全生产控制的持续改进直到完成工程项目全面工作的结束。

(五)施工安全控制的基本要求

(1)必须取得安全行政主管部门颁发的《安全施工许可证》后方可施工。

(2)总承包企业和每一个分包单位都应持有《施工企业安全资格审查认可证》。

(3)各类人员必须具备相应的执业资格才能上岗。

(4)新员工都必须经过安全教育和必要的培训。

(5)特种工种作业人员必须持有特种工种作业上岗证,并严格按期复查。

(6)对查出的安全隐患要做到五个落实:落实责任人、落实整改措施、落实整改时间、落实整改完成人、落实整改验收人。

(7)必须控制好安全生产的六个节点:技术措施、技术交底、安全教育、安全防护、安全检查、安全改进。

(8)现场的安全警示设施齐全,所有现场人员必须带安全帽,高空作业人员必须系安全带等防护工具,并符合国家和地方的有关安全规定。

(9)现场施工机械尤其是起重机械等设备必须经安全检查合格后方可使用。

四、施工安全控制的方法

(一)危险源

1. 危险源的定义

危险源是可能导致人身伤害或疾病、财产损失、工作环境破坏或几种情况同时出现的危险和有害因素。

危险因素强调突发性和瞬时作用,有害因素强调在一定时间内的慢性损害和积累作用。危险源是安全控制的主要对象,也可以将安全控制称为危险源控制或安全风险控制。

2. 危险源分类

施工生产中的危险源是以多种多样的形式存在的,危险源所导致的事故主要有能量的意外释放和有害物质的泄露。根据危险源在事故中的作用，把危险源分为两大类：第一类危险源和第二类危险源。

1）第一类危险源

可能发生能量意外释放的载体或危险物质称为第一类危险源。能量或危险物质的意外释放是事故发生的物理本质，通常把产生能量的能量源或拥有能量的载体作为第一类危险源进行处理。

2）第二类危险源

造成约束、限制能量的措施破坏或失效的各种不安全因素称为第二类危险源。在施工生产中，为了利用能量，使用各种施工设备和机器让能量在施工过程中流动、转换、做功，加快施工进度。而这些设备和设施可以看成约束能量的工具，在正常情况下，生产过程中的能量和危险物是受到控制和约束的，不会发生意外释放，也就是不会发生事故，一旦这些约定或限制措施受到破坏或者失效，包括出现故障，则会发生安全事故。这类危险源包括三个方面：人的不安全行为，物的不安全状态，环境的不良条件。

3. 危险源与事故

安全事故的发生是上述两种危险源共同作用的结果。第一类危险源是事故发生的前提，第二类危险源的出现是第一类危险源导致安全事故的必要条件。在事故发生和发展过程中，两类危险源相互依存和作用。第一类危险源是事故的主体，决定事故的严重程度；第二类危险源的出现决定事故发生的大小。

（二）危险源控制方法

1. 危险源识别与风险评价方法

1）危险源识别方法

（1）专家调查法。是通过向有经验的专家咨询、调查、分析、评价危险源的方法。

专家调查法的优点是简便、易行；缺点是受专家的知识、经验限制，可能出现疏漏。常用方法是头脑风暴法和德尔斐法。

（2）安全检查表法。是运用事先编制好的检查表实施安全检查和诊断项目进行系统的安全检查，识别工程项目存在的危险源。检查表的内容一般包括项目类型、检查内容及要求、检查后的处理意见等。可用回答是、否或做符号标识注明检查日期，并由检查人和被检查部门或单位签字。

安全检查表法的优点是简单扼要、容易掌握，可以先组织专家编制检查表，制定检查项目，使施工安全检查系统化、规范化；缺点是只作一些定性分析和评价。

2）风险评价方法

风险评价是评估危险源所带来的风险大小，以及确定风险是否允许的过程。根据评价结果对风险进行分级，按不同的风险等级有针对性地采取风险控制措施。

2. 危险源的控制方法

1）第一类危险源的控制方法

防止事故发生的方法有消除危险源、限制能量、对危险物质隔离。

避免或减少事故损失的方法有隔离，个体防护，使能量或危险物质按事先要求释放，采取避难、援救措施。

2)第二类危险源的控制方法

减少故障的方法有增加安全系数、提高可靠度、设置安全监控系统。

故障安全设计包括最乐观方案:故障发生后,在没有采取措施前,使系统和设备处于安全的能量状态之下;最悲观方案:故障发生后,系统处于最低能量状态下,直到采取措施前,不能运转;最可能方案:保证采取措施前,设备、系统发挥正常功能。

3.危险源的控制策划

(1)尽可能完全消除有不可接受风险的危险源,如用安全品取代危险品;

(2)不可能消除时,应努力采取降低风险的措施,如使用低压电器等;

(3)在条件允许时,应使工作环境适宜于人类生存,如考虑降低人精神压力和体能消耗;

(4)应尽可能利用先进技术来改善安全控制措施;

(5)应考虑采取保护每个工作人员的措施;

(6)应将技术管理与程序控制结合起来;

(7)应考虑引入设备安全防护装置维护计划的要求;

(8)应考虑使用个人防护用品;

(9)应有可行、有效的应急方案;

(10)预防性测定指标要符合监视控制措施计划要求;

(11)组织应根据自身的风险选择适合的控制策略。

五、施工安全生产组织机构建立

为了保证施工过程不发生安全事故,必须建立安全管理的组织机构,健全安全管理规章制度。统一施工生产项目的安全管理目标、安全措施、检查制度、考核办法、安全教育措施等。具体工作如下:

(1)成立以项目经理为首的安全生产施工领导小组,具体负责施工期间的安全工作。

(2)项目副经理、技术负责人、各科负责人和生产工段的负责人等作为安全小组成员,共同负责安全工作。

(3)设立专职安全员,聘用有国家安全员职业资格的人员或经培训持证上岗,专门负责施工过程中的工作安全,只要施工现场有施工作业人员,安全员就要上岗值班,在每个工序开工前,安全员要检查工程环境和设施情况,认定安全后方可进行工序施工。

(4)各技术及其他管理科室和施工段要设兼职安全员,负责本部门的安全生产预防和检查工作,各作业班组组长要兼本班组的安全检查员,具体负责本班组的安全检查。

(5)工程项目部应定期召开安全生产工作会议,总结前期工作,找出问题,布置落实后面工作,利用施工空闲时间进行安全生产工作培训,在培训工作中和其他安全工作会议上,安全小组领导成员要讲解安全工作的重要意义,学习安全知识,增强员工安全警觉意识,把安全工作落实在预防阶段。根据工程的具体特点把不安全的因素和相应措施装订成册,使全体员工学习和掌握。

(6)严格按国家有关安全生产规定,在施工现场设置安全警示标识,在不安全因素的部位设立警示牌,严格检查进场人员配带安全帽、高空作业配带安全带情况,严格持证上岗工作,风雨天禁止高空作业,遵守施工设备专人使用制度,严禁在场内乱拉用电线路,严禁非电工人员从事电工工作。

(7)安全生产工作和现场管理结合起来,同时进行,防止因管理不善产生安全隐患,工地防风、防雨、防火、防盗、防疾病等预防措施要健全,都要有专人负责,以确保各项措施及时落实到位。

(8)完善安全生产考核制度,实行安全问题一票否决制,安全生产互相监督制,提高自检、自查意识,开展科室、班组经验交流和安全教育活动。

(9)对构件和设备吊装、爆破、高空作业、拆除、上下交叉作业、夜间作业、疲劳作业、带电作业、汛期施工、地下施工、脚手架搭设拆除等重要安全环节,必须在开工前进行技术交底、安全交底、联合检查后,确认安全,方可开工。在施工过程中,加强安全员的旁站检查,加强专职指挥协调工作。

六、施工安全技术措施计划与实施

(一)工程施工措施计划

1.施工措施计划的主要内容

施工措施计划的主要内容包括工程概况、控制目标、控制程序、组织机构、职责权限、规章制度、资源配置、安全措施、检查评价、激励机制等。

2.特殊情况应考虑安全计划措施

(1)对高空作业、井下作业等专业性强的作业,电器、压力容器等特殊工种的作业,应制定单项安全技术规程,并对管理人员和操作人员的安全作业资格和身体状况进行合格检查。

(2)对于结构复杂、施工难度大、专业性较强的工程项目,除制订总体安全保证计划外,还须制订单位工程和分部(分项)工程安全技术措施。

3.制定和完善施工安全操作规程

制定和完善施工安全操作规程是编制各施工工种,特别是危险性大的工种的施工安全操作要求,作为施工安全生产规范和考核的依据。

4.施工安全技术措施

施工安全技术措施包括安全防护设施和安全预防措施,主要有防火、防毒、防爆、防洪、防尘、防雷击、防触电、防坍塌、防物体打击、防机械伤害、防起重机械滑落、防高空坠落、防交通事故、防寒、防暑、防疫、防环境污染等方面的措施。

(二)施工安全措施计划的落实

1.安全生产责任制

安全生产责任制是指企业对项目经理部各部门、各类人员所规定的在他们各自职责范围内对安全生产应负责任的制度,建立安全生产责任制是施工安全技术措施的重要保证。

2.安全教育

要树立全员安全意识,安全教育的要求如下:

(1)广泛开展安全生产的宣传教育,使全体员工真正认识到安全生产的重要性和必要性，掌握安全生产的基础知识，牢固树立安全第一的思想，自觉遵守安全生产的各项法规和规章制度。

(2)安全教育的主要内容有安全知识、安全技能、设备性能、操作规程、安全法规等。

(3)对安全教育要建立经常性的安全教育考核制度。考核结果要记入员工人事档案。

(4)一些特殊工种，如电工、电焊工、架子工、司炉工、爆破工、机操工、起重工、机械司机、机动车辆司机等，除一般安全教育外，还要进行专业技能培训，经考试合格后，取得资格才能上岗工作。

(5)工程施工中采用新技术、新工艺、新设备，或人员调到新工作岗位时，也要进行安全教育和培训，否则不能上岗。

3. 安全技术交底

1)基本要求

(1)实行逐级安全技术交底制度，从上到下，直到全体作业人员；

(2)安全技术交底工作必须具体、明确、有针对性；

(3)交底的内容要针对分部(分项)工程施工中给作业人员带来的潜在危害；

(4)应优先采用新的安全技术措施；

(5)应将施工方法、施工程序、安全技术措施等优先向工段长、班级组长进行详细交底。定期向多工种交叉施工或多个作业队同时施工的作业队进行书面交底，并保持书面交底的交接的书面签字记录。

2)主要内容

(1)工程施工项目作业特点和危险点；

(2)针对各危险点的具体措施；

(3)应注意的安全事项；

(4)对应的安全操作规程和标准；

(5)发生事故应及时采取的应急措施。

七、施工安全检查

施工安全检查的目的是消除安全隐患、防止安全事故发生、改善劳动条件及提高员工的安全生产意识，是施工安全控制工作的一项重要内容。通过安全检查可以发现工程中的危险因素，以便有计划地采取相应的措施，保证安全生产的顺利进行。项目的施工生产安全检查应由项目经理组织，定期进行检查。

(一)安全检查的类型

施工安全检查的类型分为日常性检查、专业性检查、季节性检查、节假日前后检查和不定期检查等。

1. 日常性检查

日常性检查是经常的、普遍的检查，一般每年进行 1 ~4 次。项目部、科室每月至少进行 1 次，施工班组每周、每班次都应进行检查，专职安全技术人员的日常性检查应有计划、有部位、有记录、有总结地周期性进行。

2. 专业性检查

专业性检查是指针对特种作业、特种设备、特殊场地进行的检查，如电焊、气焊、起重设备、运输车辆、锅炉压力容器、易燃易爆场所等，由专业检查员进行检查。

3. 季节性检查

季节性检查是根据季节性的特点，为保障安全生产的特殊要求所进行的检查，如春季空气干燥、风大，重点检查防火、防爆；夏季多雨、雷电、高温，重点检查防暑、降温、防汛、防雷击、防触电；冬季检查防寒、防冻等。

4. 节假日前后检查

节假日前后检查是针对节假期间容易产生麻痹思想的特点而进行的安全检查，包括假前的综合检查和假后的遵章守纪检查等。

5. 不定期检查

不定期检查是指在工程开工前、停工前、施工中、竣工时、试运转时进行的安全检查。

(二)安全检查的注意事项

(1)安全检查要深入基层，紧紧依靠员工，坚持领导与群众相结合的原则，组织好检查工作。

(2)建立检查的组织领导机构，配备适当的检查力量，选聘具有较高的技术业务水平的专业人员。

(3)做好检查各项准备工作，包括思想、业务知识、法规政策、检查设备和奖励等准备工作。

(4)明确检查的目的、要求，既严格要求，又防止一刀切，从实际出发，分清主次，力求实效。

(5)把自查与互查相结合，基层以自查为主，管理部门之间相互检查，互相学习，取长补短，交流经验。

(6)检查与整改相结合，检查是手段，整改是目的，发现问题及时采取切实可行的防范措施。

(7)建立检查档案，结合安全检查的实施，逐步建立健全检查档案，收集基本数据，掌握基本安全状态，为及时消除隐患提供数据，同时也为以后的职业健康安全检查打下基础。

(8)制订安全检查表时，应根据用途和目的具体确定安全检查表的种类。安全检查表的种类主要有设计用安全检查表、厂级安全检查表、车间安全检查表、班组安全检查表、岗位安全检查表、专业安全检查表，制订检查表要在安全技术部门指导下充分依靠员工来进行，初步制订检查表后，经过讨论、试用再加以修订，制订安全检查表。

(三)安全检查的主要内容

安全生产检查的主要内容是做好五查。

(1)查思想。主要检查企业干部和员工对安全生产工作的认识。

(2)查管理。主要检查安全管理是否有效，包括安全生产责任制、安全技术措施计划、安全组织机构、安全保证措施、安全技术交底、安全教育、持证上岗、安全设施、安全标识、操作规程、违规行为、安全记录等。

(3)查隐患。主要检查作业现场是否符合安全生产的要求,是否存在不安全因素。

(4)查事故。查明安全事故的原因、明确责任、对责任人作出处理,明确落实整改措施等要求。另外,检查对伤亡事故是否及时报告、认真调查、严肃处理。

(5)查整改。主要检查对过去提出的问题的整改情况。

(四)安全检查的主要规定

(1)定期对安全控制计划的执行情况进行检查、记录、评价、考核,对作业中存在的安全隐患签发安全整改通知单,要求相应部门落实整改措施并进行检查。

(2)根据工程施工过程的特点和安全目标的要求确定安全检查的内容。

(3)安全检查应配备必要的设备,确定检查组成人员,明确检查方法和要求。

(4)检查方法采取随机抽样、现场观察、实地检测等,记录检查结果,纠正违章指挥和违章作业。

(5)对检查结果进行分析,找出安全隐患,评价安全状态。

(6)编写安全检查报告并上交。

(五)安全事故处理的原则

(1)事故原因不清楚不放过。

(2)事故责任者和员工没受教育不放过。

(3)事故责任者没受处理不放过。

(4)没有制定防范措施不放过。

八、安全事故处理程序

(1)报告安全事故。

(2)处理安全事故。抢救伤员、排除险情、防止事故扩大,做好标识、保护现场。

(3)进行安全事故调查。

(4)对事故责任者进行处理。

(5)编写调查报告并上报。

第二节　环境安全管理

一、环境安全管理概念及意义

(一)环境安全管理概念

环境安全是指在工程项目施工过程中保持施工现场良好的作业环境、卫生环境和工作秩序。环境安全主要包括以下几个方面的工作:

(1)规范施工现场的场容,保持作业环境的清洁卫生。

(2)科学组织施工,使生产有序进行。

(3)减少施工对当地居民、过路车辆和人员及环境的影响。

(4)保证职工的安全和身体健康。

环境保护是按照法律法规、各级主管部门和企业的要求,保护和改善作业现场的环境，控制现场的各种粉尘、废水、固体废弃物、噪声、振动等对环境的污染和危害。环境保护也是文明施工的重要内容之一。

（二）现场环境保护的意义

（1）保护和改善施工环境是保证人们身体健康和社会文明的需要。采取专项措施防止粉尘、噪声和水源污染，保护好作业现场及其周围的环境是保证职工和相关人员身体健康、体现社会总体文明的一项利国利民的重要工作。

（2）保护和改善施工现场环境是消除外部干扰、保护施工顺利进行的需要。随着人们的法制观念和自我保护意识的增强，尤其对距离当地居民或公路等较近的项目，施工扰民和影响交通的问题比较突出，项目部应针对具体情况及时采取防治措施，减少对环境的污染和对他人的干扰，这也是施工生产顺利进行的基本条件。

（3）保护和改善施工环境是现代化大生产的客观要求。现代化施工广泛应用新设备、新技术、新的生产工艺，对环境质量要求很高，若有粉尘或振动超标就可能损坏设备、影响功能发挥，使设备难以发挥作用。

（4）保护和改善施工环境是保护人类生存环境、保证社会和企业可持续发展的需要。人类社会即将面临环境污染危机的挑战。为了保护子孙后代赖以生存的环境，每个公民和企业都有责任和义务保护环境。良好的环境和生存条件也是企业发展的基础和动力。

二、环境安全的组织与管理

（一）组织和制度管理

（1）施工现场应成立以项目经理为第一责任人的文明施工管理组织。分包单位应服从总包单位的文明施工管理组织的统一管理，并接受监督检查。

（2）各项施工现场管理制度应有文明施工的规定，包括个人岗位责任制、经济责任制、安全检查制度、持证上岗制度、奖惩制度、竞赛制度和各项专业管理制度等。

（3）加强和落实现场文明检查、考核及奖惩管理，以促进施工文明和管理工作的提高。检查范围和内容应全面周到，包括生产区、生活区、场容场貌、环境文明及制度落实等内容。应对检查发现的问题采取整改措施。

（二）收集环境安全管理材料

（1）上级关于文明施工的标准、规定、法律法规等资料。

（2）施工组织设计（方案）中对施工环境安全的管理规定、各阶段施工现场环境安全的措施。

（3）施工环境安全自检资料。

（4）施工环境安全教育、培训、考核计划的资料。

（5）施工环境安全活动各项记录资料。

（三）加强环境安全的宣传和教育

（1）在坚持岗位练兵的基础上，要采取派出去、请进来、短期培训、上技术课、登黑板报、听广播、看录像、看电视等方法狠抓教育工作。

（2）要特别注意对临时工的岗前教育。

（3）专业管理人员应熟练掌握文明施工的规定。

三、现场环境安全管理的基本要求

(1)施工现场必须设置明显的标牌,标明工程项目名称、建设单位、设计单位、施工单位、项目经理和施工现场总代理人的姓名、开工日期、竣工日期、施工许可证批准文号等。施工单位负责施工现场标牌的保护工作。

(2)施工现场的管理人员在施工现场应当佩戴证明其身份的证卡。

(3)应当按照施工平面布置图设置各项临时设施。现场堆放的大宗材料、成品、半成品和机具设备不得侵占场内道路及安全防护设施。

(4)施工现场的用电线路、用电设施的安装和使用必须符合安装规范和安全操作规程,并按照施工组织设计进行架设,严禁任意拉线接电。施工现场必须有保证施工安全要求的夜间照明;危险潮湿场所的照明以及手持照明灯具,必须采用符合安全要求的电压。

(5)施工机械应当按照施工总平面布置图规定的位置和线路设置,不得任意侵占场内道路。施工机械进场需要经过安全检查,经检查合格后方能使用。施工机械人员必须建立机组责任制,并依照有关规定安全检查,经检查合格后方能使用。施工机械操作人员必须建立机组责任制,并依照有关规定持证上岗,禁止无证人员操作。

(6)应保持施工现场道路畅通,排水系统处于良好的使用状态;保持场容场貌的整洁,随时清理建筑垃圾。在车辆、行人通行的地方施工,应当设置施工标志,并对沟井坎穴进行覆盖和铺垫。

(7)施工现场的各种安全设施和劳动保护器具,必须定期进行检查和维护,及时消除隐患,保证其安全有效。

(8)施工现场应当设置各类必要的职工生活设施,并符合卫生、通风、照明等要求。职工的膳食、饮水供应等应当符合卫生要求。

(9)应当做好施工现场安全保卫工作,采取必要的防盗措施,在现场周边设立围护设施。

(10)应当严格依照《中华人民共和国消防法》的规定,在施工现场建立和执行防火管理制度,设置符合消防要求的消防设施,并保持完好的备用状态。在容易发生火灾的地区施工,或者储存、使用易燃易爆器材时,应当采取特殊的消防安全措施。

(11)对项目部所有人员应进行言行规范教育工作,大力提倡精神文明建设,用强有力的制度和频繁的检查教育,杜绝不良行为的出现。对经常外出的采购、财务、后勤等人员,应进行专门的用语和礼貌培训,增强交流和协调能力,预防因用语不当或不礼貌、无能力等原因发生争执和纠纷。

(12)大力提倡团结协作精神,鼓励内部工作经验交流和传、帮、学活动,专人负责并认真组织参建人员业余生活,订购健康文明的书刊,组织职工收看、收听健康活泼的音像节目,定期参加组织项目部进行友谊联欢和简单的体育比赛活动,丰富职工的业余生活。

(13)重要节假日项目部应安排专人负责采购生活物品,集体组织轻松活泼的宴会活动,并尽可能地提供条件让所有职工与家人进行短时间的通话交流,以改善他们的心情。定期将职工在工地上的良好表现反馈给企业人事部门和职工家属,以激励他们的积极性。

四、现场环境污染防治

要达到环境安全管理的基本要求，主要是应防治施工现场的空气污染、水污染、噪声污染，同时对原有的及新产生的固体废弃物进行必要的处理。

（一）施工现场空气污染的防治

（1）施工现场垃圾、渣土要及时清理出现场。

（2）上部结构清理施工垃圾时，要使用封闭式的容器或者采取其他措施处理高空废弃物，严禁临空随意抛撒。

（3）施工现场道路应指定专人定期洒水清扫，形成制度，防止道路扬尘。

（4）对于细颗粒散体材料（如水泥、粉煤灰、白灰等）的运输、储存要注意遮盖、密封，防止和减少飞扬。

（5）车辆开出工地要做到不带泥沙，基本做到不洒土、不扬尘，减少对周围环境的污染。

（6）除设有符合规定的装置外，禁止在施工现场焚烧油毡、橡胶、塑料、皮革、树叶、枯草、各种包装物等废弃物品以及其他会产生有毒、有害烟尘和恶臭气体的物质。

（7）机动车都要安装减少尾气排放的装置，确保符合国家标准。

（8）工地锅炉应尽量采用电热水器。若只能使用烧煤锅炉时，应选用消烟除尘型锅炉，大灶应选用消烟节能回风炉灶，使烟尘降至允许排放范围内。

（9）在离村庄较近的工地应当将搅拌站封闭严密，并在进料仓上方安装除尘装置，采用可靠措施控制工地粉尘污染。

（10）拆除旧建筑物时，应适当洒水，防止扬尘。

（二）施工现场水污染的防治

1. 水污染主要来源

（1）工业污染源：指各种工业废水向自然水体的排放。

（2）生活污染源：主要有食物废渣、食油、粪便、合成洗涤剂、杀虫剂、病原微生物等。

（3）农业污染源：主要有化肥、农药等。

（4）施工现场废水和固体废弃物随水流流入水体的部分，包括泥浆、水泥、油罐、各种油类、混凝土外加剂、重金属、酸碱盐和非金属无机毒物等。

2. 施工过程水污染的防治措施

（1）禁止将有毒、有害废弃物作土方回填。

（2）施工现场搅拌站废水、现制水磨石的污水、电石（碳化钙）的污水必须经沉淀池沉淀合格后再排放，最好将沉淀水用于工地洒水降尘或采取措施回收利用。

（3）现场存放油料的，必须对库房地面进行防渗处理，如采用防渗混凝土地面、铺油毡等措施。使用时，要采取防止油料跑、冒、滴、漏的措施，以免污染水体。

（4）施工现场100人以上的临时食堂的污水排放时可设置简易有效的隔油池，定期清理，防止污染。

（5）工地临时厕所、化粪池应采取防渗漏措施。中心城市施工现场的临时厕所可采取水冲式厕所，并有防蝇、灭蛆措施，防止污染水体和环境。

（三）施工现场噪声的控制

1. 施工现场噪声的控制措施

噪声控制技术可以从声源、传播途径、接收者的防护等方面来考虑。

1）从噪声产生的声源上控制

（1）尽量采用低噪声设备和工艺代替高噪声设备与工艺，如低噪声振捣器、风机、电机空压机、电锯等。

（2）在声源处安装消声器消声，即在通风机、压缩机、燃气机、内燃机及各类排气放空装置等进出风管的适当位置设置消声器。

2）从噪声传播的途径上控制

（1）吸声。利用吸声材料（大多由多孔材料制成）或由吸声结构形成的共振结构（金属或木质薄板钻孔制成的空腔体）吸收声能，降低噪声。

（2）隔声。应用隔声结构，阻碍噪声向空间传播，将接收者与噪声声源分隔。隔声结构包括隔声室、隔声罩、隔声屏障、隔声墙等。

（3）消声。利用消声器阻止传播。允许气流通过消声器降低噪声是防治空气动力性噪声的主要装置，如控制空气压缩机、内燃机产生的噪声等。

（4）减振。对来自振动引起的噪声，通过降低机械振动减小噪声，如将阻尼材料涂在振动源上，或改变振动源与其他刚性结构的连接方式等。

3）对接收者的防护

让处于噪声环境下的人员使用耳塞、耳罩等防护用品，减少相关人员在噪声环境中的暴露时间，以减轻噪声对人体的危害。

4）严格控制人为噪声

进入施工现场不得高声呐喊、无故摔打模板、乱吹口哨，限制高音喇叭的使用，最大限度地减少噪声扰民。

5）控制强噪声作业的时间

凡在居民稠密区进行强噪声作业的，严格控制作业时间。

2. 施工现场噪声的控制标准

凡在人口稠密区进行强噪声作业时，须严格控制作业时间，一般晚 10 点至次日早 6 点之间停止强噪声作业。确系特殊情况必须昼夜施工时，尽量采取降低噪声的措施，并会同建设单位找当地居委会、村委会或当地居民协调，出安民告示，求得群众谅解。

根据国家标准《建筑施工场界噪声限值》（GB 12523—90）的要求，对不同施工作业的噪声限值，如表 10-1 所示。在距离村庄较近的工程施工中，要特别注意噪声尽量不得超过国家标准规定的限值，尤其是夜间工作时。

（四）固体废弃物的处理

1. 建筑工地常见的固体废弃物

（1）建筑渣土，包括砖瓦、碎石、渣土、混凝土碎块、废钢铁、废屑、废弃材料等。

（2）废弃建筑材料，如袋装水泥、石灰等。

（3）生活垃圾，包括炊厨废弃物、丢弃食品、废纸、生活用具、碎玻璃、陶瓷碎片、废电池、废旧日用品、废塑料制品、煤灰渣、废交通工具等。